北京理工大学"双一流"建设精品出版工程

Introduction to Data Science
（3rd Edition）

数据科学导论
（第3版）

杨 旭　丁刚毅◎编著

U0332411

北京理工大学出版社
BEIJING INSTITUTE OF TECHNOLOGY PRESS

内 容 简 介

本书系统性地讲述了与数据科学相关的各方面知识，着重培养数据工程师所需要的技能与思维。本书从与数据科学相关的概念出发，通过丰富、翔实的案例，从各方面展示数据科学的运用方式，并且在其中穿插数据科学研究方式下新的思维模式的讲解，让读者有一个更为直观的认识，也可以从中感受到运用数据科学处理各个领域问题的方法和流程。本书还从工程概论的流程角度来讲述数据科学的工程体系架构，并展望数据科学的未来发展。同时本书特意加强了对数据预处理的理论和技术的讲解。本书可作为计算机相关专业的本科生教材，也可供相关专业技术人员阅读参考。

图书在版编目（CIP）数据

数据科学导论 / 杨旭，丁刚毅编著. —3 版. —北京：北京理工大学出版社，2021.1
（2024.8重印）

ISBN 978-7-5682-9235-1

Ⅰ.①数…　Ⅱ.①杨…②丁…　Ⅲ.①数据处理–高等学校–教材　Ⅳ.①TP274

中国版本图书馆 CIP 数据核字（2020）第 222936 号

出版发行 /	北京理工大学出版社有限责任公司
社　　址 /	北京市海淀区中关村南大街 5 号
邮　　编 /	100081
电　　话 /	（010）68914775（总编室）
	（010）82562903（教材售后服务热线）
	（010）68944723（其他图书服务热线）
网　　址 /	http://www.bitpress.com.cn
经　　销 /	全国各地新华书店
印　　刷 /	廊坊市印艺阁数字科技有限公司
开　　本 /	787 毫米×1092 毫米　1/16
印　　张 /	15
字　　数 /	352 千字
版　　次 /	2021 年 1 月第 3 版　2024 年 8 月第 8 次印刷
定　　价 /	49.00 元

责任编辑 / 王晓莉
文案编辑 / 王晓莉
责任校对 / 周瑞红
责任印制 / 李志强

前言

中国古代《易传·系辞上传》有言："是故，易有太极，是生两仪，两仪生四象，四象生八卦，八卦定吉凶，吉凶生大业。"从无诞生了有，有分阴阳，阴阳化四方，四方演八极，八极而定万物之吉凶，知过去与未来。似乎很玄，却不无道理。阴阳好比 0、1，四方代表二维平面，八极就是三维空间，加上时间，所有一切就都有迹可循，如何不可通晓？这其中的核心就是数据。有形的、无形的，天上的、地下的，过去的、未来的，何物何事何时，俱可归于数据。只要数据在手，无物可逃过你法眼。

谷歌的首席经济学家哈尔·瓦里安也说过："与数据相关的能力——包括获取数据、理解数据、处理数据、从数据中提取价值、用可视化方式展现数据、交流数据——将成为未来数十年至关重要的一项能力。不仅专业技术人员应该掌握它，即使是在我们的小学、中学和大学，也都应该传授相关的技巧。因为我们已经进入了大数据时代，数据无处不在、无孔不入。"

本书由"数"开篇，"说"古道今，推陈出"新"，结"语"收章。从数据的定义入手，探讨大数据和数据科学各自的含义，纵论数据的前世今生与当前国际国内对数据的运用和研究情况，分享数据的发展带给我们的新方法、新策略、新生活，最后给出结语。

目 录
CONTENTS

第三部分 新

第四部分　语

图　目　录

第一部分　数

第1章
数　据

1.1　序言

中国古代《易传·系辞上传》有言："是故，易有太极，是生两仪，两仪生四象，四象生八卦，八卦定吉凶，吉凶生大业。"从无诞生了有，有分阴阳，阴阳化四方，四方演八极，八极而定万物之吉凶，知过去与未来。似乎很玄，却不无道理。阴阳好比 0、1，四方代表二维平面，八极就是三维空间，加上时间，所有一切就都有迹可循，如何不可通晓？这其中的核心就是数据。有形的、无形的、天上的、地下的、过去的、未来的，何物何事何时，俱可归于数据。只要数据在手，无物可逃过你法眼。

谷歌的首席经济学家哈尔·瓦里安也说过："与数据相关的能力——包括获取数据、理解数据、处理数据、从数据中提取价值、用可视化方式展现数据、交流数据——将成为未来数十年间至关重要的一项能力。不仅仅专业技术人员应该掌握它，即使是在我们的小学、中学和大学，也都应该传授相关的技巧。因为我们已经进入了大数据时代，数据无处不在、无孔不入。"

本书由"数"开篇，"说"古道今，推陈出"新"，结"语"收章。从数据的定义入手，探讨大数据和数据科学各自的含义，纵论数据的前世今生与当前国际国内对数据的运用和研究情况，分享数据的发展带给我们的新方法、新策略、新生活，最后给出结语。

1.2　数据的定义

1.2.1　数据的定义

究竟什么是数据呢？一提到数据，首先闪过人们脑海的一定是一堆数字。的确，数据最通常也最简单的表现形式就是数字。但数据可不是只包括数字。随着我国大数据战略的推广，"大数据"这个词这几年已火遍全国。但凡了解过大数据的一定知道，所谓大数据，那可是囊括了文本、音频、视频、图像、网络日志、传感器信号，等等。也就是说，这些都是数据（图 1-1）。那数据究竟该怎么定义呢？

图 1-1　都是数据

　　本书中，我们认为数据是指以定性或者定量的方式来描述事物的符号记录，是可定义为意义的实体，它涉及事物的存在形式。

　　简单说，数据就是人为创造的一种对事物的表示方式，是通过观察或实验得来的对现实世界中地方、事件、对象或概念的描述和反映。

　　这里有两个核心的点：

　　1）数据是人创造的，不管是通过观察还是实验得到的，它一定是人的主观意志的表现，带有强烈的主观色彩，而并不是像我们认为的是事物的客观表现。

2）数据既可以是定性的描述方式，也可以是定量的描述方式。数字只代表了一种最简单的定量的对世界的刻画方式，还有许多种对世界的刻画方式，都属于数据。

1.2.2 其他相关概念

数据、信息与知识这三个概念，在后面的学习中会多次出现。这三个概念往往存在一些交叠，容易混淆，在这里先做一下区分。

这三个概念之间最主要的区别是所考虑的抽象层次不同。数据是最低层次的抽象，信息次之，知识则是最高层次的抽象。数据是原始的、零散的，数据本身是没有意义的，数据经过处理依然是数据，只有经过解释和理解才有意义。从数据抽象到信息的过程，就是对数据解读和释义的过程。

人们只有对数据进行解释和理解之后，才可以从数据中提取出有用的信息。只有对信息进行整合和呈现，才能够获得知识。例如，世界第一高峰珠穆朗玛峰的高度为 8 844.43 m，这可以认为是"数据"；而一本关于珠穆朗玛峰地质特性的书籍，则包含了"信息"；而一份包含了攀上珠穆朗玛峰最佳路径信息的报告，就是"知识"了。所以，数据是信息的载体，是形成知识的源泉，是智慧、决策以及价值创造的基石。

信息所涉及的范畴是非常广泛的，从日常生活到技术细节都可以包含在其中。通常而言，信息这个概念，一般是与约束、形式、指示、含义、样式、表达等紧密关联的。数据是一些符号的组合，而当这些符号被用来指示某个事物或者某件事情时，则成了信息。

而知识则是人们对某件物品或某种现象的理论性或实践性的理解，知识一般是形式化或系统化的。知识的获取，一般是通过传授或亲身经历。

比如一碗热汤摆在人们面前，要认识到它很烫这个特性，或者说获取到它很烫这个知识，既可以由长辈告诉我们，也可以通过用手触摸自我感受得到。

数据科学所研究的正是从"数据"整合成"信息"，进而组织成"知识"的整个过程，其中包含了对数据进行采集、分类、录入、储存、处理、统计、分析、整合、呈现等一系列活动。

在数据科学中还有一些概念是人们需要用到的，包括：

➢ 元数据——即数据的数据；

➢ 元信息——即信息的信息；

➢ 数据文件——指信息与元数据的集成，用以描述数据的各个方面。

为了加深对这些概念的理解，这里举两个例子来予以说明。

以岩石样本为例，数据就是所收集的岩石样本的重量、形状、尺寸等；信息则是关于这些岩石样本的成分分析图像；知识指的则是由分析这些岩石样本所获取到的地质活动的相关证据；元数据则指的是这些岩石样本收集的时间、收集的地点等；数据文件则是一本出版了的实验室报告。

以天气为例，数据就是当天的风速、风向、温度等；信息则是由这些数据制成的气象云图；知识则是从中获取到的如高气压系统的分布情况、天气的稳定性等；元数据则指这些天气数据获取时所用的雷达类型、传感器类型等。

第2章
大数据与数据科学

2.1　大数据的概念

"大数据"这个术语最早可以追溯到 Apache 的开源项目 Nutch。Nutch 是一个开源 Java 实现的搜索引擎。当时，大数据用来描述为更新网络搜索引擎，需要进行批量处理或分析的大量数据集。

国际权威研究机构 Gartner 对大数据的定义是："'大数据'是需要新处理模式才能具有更强的决策力、洞察发现力和流程优化能力的海量、高增长率和多样化的信息资产。"

维基百科对大数据的定义是："大数据，或称巨量资料，指的是所涉及的资料量规模巨大到无法透过目前主流软件工具，在合理时间内达到撷取、管理、处理，并整理成为帮助企业经营决策更积极目的的资讯。"

著云台的分析师团队认为，大数据通常用来形容一个公司创造的大量非结构化和半结构化数据，这些数据在用来分析时会花费过多时间和金钱。大数据分析常和云计算联系到一起，因为实时的大型数据集分析需要像 MapReduce 一样的框架来向数十、数百，甚至数千台计算机分配工作。

图 2-1 展示了国际数据公司对大数据的定义。

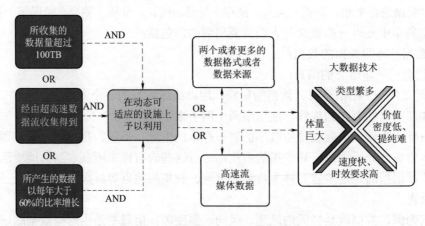

图 2-1　国际数据公司对大数据的定义

从以上这些定义中，可以归结出几个共性，即：

1）大数据是巨量、高增长和多样化的；

2）大数据是一种信息资产；

3）对大数据的解读和分析需要新的处理模式和思维方式。

由此可见，大数据与传统数据最大的区别，就在于它所能带来的机遇与挑战。大数据是流动、变化、快速增长的信息资产，蕴含着巨大的可能和潜力，能够带来无法想象的价值空间，是一个巨大的宝库，而开启这个宝库的钥匙就是人们的头脑，需要以新的思维模式，运用新的技术手段，采取新的模式方法，来解读和分析它，从而获取其中所蕴含的价值。

2.2　大数据的 4 V 特性

大数据的 4 V 特性（图 2-2）是它区别于传统数据的一个最为显著的特征。

大数据的 4 V 特性有多种提法，在本书中，归结为以下四个：

1）体量巨大；

2）类型繁多；

3）价值密度低、提纯难；

4）速度快、时效要求高。

2.2.1　体量（Volume）

大数据的起始计量单位至少是 PB（即 1 000 TB）、EB（100 万个 TB）或 ZB（10 亿个 TB），未来甚至会达到 YB 或者 BB。

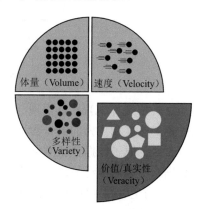

图 2-2　大数据的 4 V 特性

这与数据存储和网络技术的发展密切相关。数据的加工处理技术的提高、网络宽带的成倍增加，以及社交网络技术的迅速发展，使数据产生量和存储量成倍增长。

从某种程度上来说，数据的数量级的大小并不重要，重要的是数据具有了完整性。这也使大数据分析具备了可能性。

那么，是否数据量足够大时，就可以称为大数据呢？或是否可以说体量巨大，才是大数据最重要的特性呢？

为了理解这个问题，现将大数据与数据仓库做一下对比（图 2-3）。

真实世界中的数据可以大致区分为两类，即客观世界中的数据与主观世界中的数据。

客观世界中的数据描述的是物理世界本身。这部分数据大多是数字的或者是关键字数据，多为结构化的数据，适合用计算机和标准统计学方式来处理，通常称为硬数据。硬数据又可以细分为三类：

1）测量数据（Measurement Data）。

测量数据指的是从与计算机或是与互联网相连的传感器网络中采集到的数据。测量数据包括位置、速度、流率、事件计数、化学信号等，这个类型的大数据已被科学家认识和研究多年。

2）原子数据（Atomic Data）。

原子数据指的是由客观事件和人类活动有意义的交织而形成的数据。比如，磁卡读取账

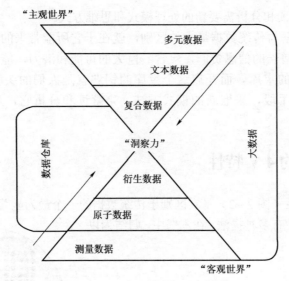

图 2-3 大数据与数据仓库对比

户信息，紧接着 ATM 吐出现金，这就标志着一次取现行为的完成。再比如，一组特定模式的位置、速度和重力的测量数据组合，以及自动导航仪中记录的时间数据，共同标志了一次飞机事故。原子数据包括网络日志记录（Web Log Records）、电子商务事件等。这部分数据在数据仓库领域已经被深入研究。

3）衍生数据（Derived Data）。

衍生数据由原子数据经数学处理而得到，通常用来帮助人们更深刻地理解数据背后的含义。例如，银行事务可以归结起来生成账户统计信息等。生成衍生数据的过程往往会造成一些细节的丢失。

而主观世界中的数据是通过人类认识世界，以及人类之间的互相交流而产生的。相对于硬数据，可以称为软数据。软数据是人类在与世界和社会互动的过程中产生的数据信息，通常结构化程度不高，需要特定的统计和分析方式来进行处理。软数据也可以细分为三类：

1）多元数据（Multiplex Data）。

多元数据包括图像、视频、音频数据等。多为非结构化数据。

2）文本数据（Textual Data）。

文本数据包括文本、文件数据。这类数据通常适合使用统计工具或者文本分析工具进行处理。

3）复合数据（Compound Data）。

复合数据是硬信息与软信息的结合体，也是两者之间的桥梁。通常包含作为对硬数据补充解释的结构化的、带语义的和模式化的数据。复合数据的代表是元数据。复合数据是终极数据，也是数据科学研究中最引人注目的地方。

首先将这两大类数据画到一张图里，形成两个互相对立的金字塔。这里金字塔的每一层的宽度与该类型数据的体量和记录数目大致呈正比例关系（图 2-3）。图中，上面的是主观世界中的数据，下面的是客观世界中的数据，而人们最关心的就是两者之间的交点，也就是数据所蕴含的意义。

数据仓库和大数据的目标都是探索数据宇宙中所蕴含的意义，也都是从高度细节化的数据集开始，逐步朝着人类思维能够理解和把握的，更具有洞察力的小规模数据集方向推进，最后为人类所利用。

但是大数据的关注重点，更强调主观世界中巨量细节化数据，而且传统的数据仓库的分析模式是基于先期假设而开展的，而大数据的研究则基于统计结果来提取和创立假设。

由此可见，并不是说数据量足够大的数据就能称为大数据，而是要符合大数据的全部 4 V 特性才行。

2.2.2 多样性（Variety）

图 2-4 中展示了多种类型的数据各自的特征，任选其中几项：

1）档案数据：非结构化很强，产生速度慢，多样性不强，体量不算大；

2）媒体数据：介于结构化与非结构化之间，产生速度非常快，多样性适中，体量巨大；

3）传感器数据：结构化非常强，产生速度非常快，多样性强，体量巨大。

图中所示的这些类型的数据都包含在大数据的范畴之内，由此可见大数据多样性之一斑。

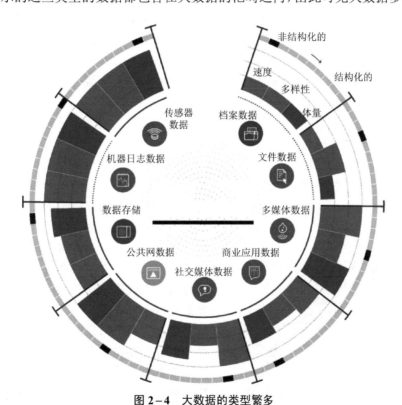

图 2-4 大数据的类型繁多

通常说来，大数据包括网络日志、音频、视频、图片、地理位置信息等各种结构化、半结构化和非结构化的数据。

所谓的结构化数据，是存储在数据库里的，可以用二维表结构来表达实现的数据。

非结构化数据，包括所有格式的办公文档、文本、图片、XML、HTML、报表、图像和音频/视频信息等。

而所谓半结构化数据，就是介于完全结构化数据（如关系型数据库、面向对象数据库中的数据）和完全无结构的数据（如声音、图像文件等）之间的数据。它一般是自描述的，数据的结构和内容混在一起，没有明显的区分。

大数据之所以具有如此强的多样性，其根源就在于随着互联网和物联网的发展，各种设备通过网络连成了一个整体。在互联网上，人类不仅是网络信息的获取者，也成了信息的制造者和传播者。而物联网中连接起来的各种设备、传感器、仪器也在不停制造、产生和传递各种各样的数据。

互联网上传播的数据主要是一些主观性的数据，包括人们发布的文本、图片、音频、视频等，以及在人们上网的过程中所记录下来的浏览日志、点击流等信息。而物联网上所传播的则主要是客观性的数据，通常为仪器、设备和传感器网络所记录的各种声、光、电、温度、湿度、重力、加速度数据。

2.2.3 价值/真实性（Value/Veracity）

究竟数据是怎样升华为智慧的呢？

数据是原始的、零散的，通过对数据的过滤和组织可以得出信息，再将信息进行整合与呈现，就能获取知识，知识最后经由领悟与归纳形成智慧。因此，这是一个不断抽象、不断归纳、不断升华的过程。

大数据的这个特性，更多刻画的是它给人们带来的一个挑战——数据的价值"提纯"。图2-5为寻找数据价值。

一方面，数据噪声、数据污染等因素带来了数据的不一致性、不完整性、模糊性、近似性、伪装性，这给数据"提纯"带来了挑战；

另一方面，超级庞大的数据量、极其复杂的多样特性，也给数据"提纯"增加了难度。

以视频为例，在连续不间断的监控过程中，可能有用的数据仅有一两秒。

图2-5　寻找数据价值

在分析数据的过程中，我们会发现，随着掌握的数据越来越多，统计上显著的相关关系也就越来越多。然而，这些相关关系中，有很多是没有实际意义的，在真正解决问题时很可能将人引入歧途。这种欺骗性会随着数据的增多而呈指数级增长。

可以打一个形象的比喻。数据"提纯"的过程就好比要在一个干草垛中找到一根针。数据本身的污染以及数据分析过程中引入的干扰，很可能将人们引入歧途。这也是大数据时代的特征之一："重大"发现的数量可能会被数据扩张带来的噪声淹没。所以，如果不能很好地处理大数据的"提纯"问题，最终只会产生更大的"干草垛"。

2.2.4 速度（Velocity）

这个特性主要强调的是大数据增长的快速性所带来的实时性要求。

大数据处理技术和传统的数据挖掘技术有一个最大的区别，这就是对处理速度有极严格的要求，一般要在秒级时间范围内给出分析结果，即"1 秒定律"或"秒级定律"，时间太长就失去价值了。

2.2.5 对 4 V 特性的体会

大数据的 4 V 特性，刻画了大数据与传统数据之间的差异，带给人们的既是机遇，也是挑战。

既有的技术架构和路线已经无法高效处理如此海量、多样化、快速增长的数据。因此，大数据技术的战略意义不仅在于掌握庞大的数据信息，还包括对这些含有意义的数据进行专业化处理。

换言之，如果把大数据比作一种产业，那么这种产业实现盈利的关键，在于提高对数据的"加工能力"，通过"加工"实现数据的"增值"。

可以说，大数据时代对人类的数据驾驭能力提出了新的挑战，也为人们获得更为深刻、全面的洞察能力提供了前所未有的空间与潜力。

综合大数据的 4 V 特性，可以给大数据下如下定义：

大数据，就是在计算机技术的快速发展推动下，随着互联网、物联网的推广与普及，所涌现的高速产生、海量、多种类、多来源、多模态，需要运用先进的处理、分析和呈现技术对其进行"提纯"才能产生价值的结构化、半结构化和非结构化数据。

大数据的时代，更要充分发挥数据的能力，为人们出谋划策。

大数据是未来的信息资产，是 21 世纪的"石油"。石油还有采完的一天，可数据却取之不尽。

2.3 数据科学简述

2.3.1 数据科学的定义

"数据科学"这个词从最早提出到现在已经有超过 50 年的历史了。要理解什么是数据科学，首先要明白什么是科学。

图 2-6 对现有的科学体系做了一个总结，可以看到，科学研究的范围小到粒子，大到整个宇宙，囊括了客观世界的方方面面，还涉及主观世界中人的逻辑思维、社会行为等。那究竟什么是科学？

按照达尔文的说法，"科学就是整理事实，从中发现规律，得出结论"。而在我国的《辞海》中对科学有如下定义："科学是关于自然界、社会和思维的知识体系，它是为适应人们生产斗争和阶级斗争的需要而产生和发展的，它是人们实践经验的结晶。"维基百科如是说："科学是一项系统性工程，它以各种可验证、可测试的关于宇宙万物的解释和预测的形式，来创造、构建和组织知识体系。"

可见，科学就是一项系统性的，通过不断的探索和尝试，去获取知识、了解世界的工程。

由此，可以引出数据科学的定义：

数据科学就是一门通过系统性研究来获取与数据相关的知识体系的科学。这里有两个层面的含义：

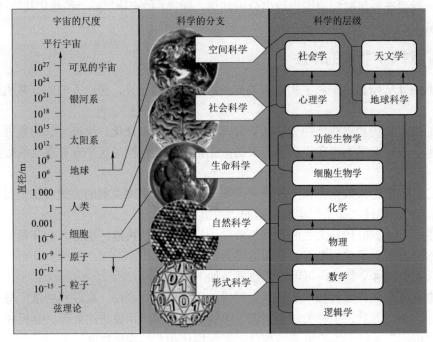

图 2-6　科学体系

1）研究数据本身，研究数据的各种类型、结构、状态、属性及变化形式和变化规律；

2）通过对数据的研究，为自然科学和社会科学的研究提供一种新的方法——称为科学研究的数据方法，其目的在于揭示自然界和人类行为的现象和规律。

2.3.2　数据科学的由来

"数据科学"这个词最早出现在 1960 年，是由丹麦人、图灵奖得主、计算机科学领域的先驱彼得·诺尔（图 2-7）提出的。最初，彼得·诺尔打算用它来代称计算机科学。

1974 年，彼得·诺尔出版了 *Concise Survey of Computer Methods* 一书，对当时的数据处理方法进行了广泛的调研，在书中他多次提到"数据科学"一词。

1997 年，国际知名的统计学家吴建福（图 2-8）在美国密歇根大学做了题为"统计学是否等同于数据科学"的讲座。他把统计学归结为由数据收集、数据建模和分析、数据决策所组成的三部曲，并认为应将"统计学"重命名为"数据科学"。

2002 年，*Data Science Journal* 创稿。2003 年，*The Journal of Data Science* 创稿。

图 2-7　彼得·诺尔
（图灵奖得主，丹麦人）

随着大数据时代的来临，"数据科学"这门学科在近些年来受到了越来越多的关注。

2.3.3　数据科学的研究范畴

虽然有着近 60 年的历史，但数据科学仍可算是一门新兴的学科。它涉及的范围非常广泛（图 2-9），主要涵盖以下几个方面：

图 2-8　吴建福（国际知名统计学家，美国国家工程院院士）

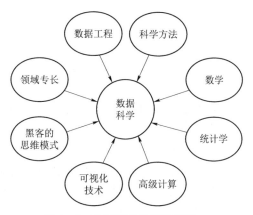

图 2-9　数据科学的研究范畴

1）数据与统计学相关知识，包括数据模型、数据过滤、数据统计和分析、数据结构优化等；

2）计算机科学的相关知识，包括数据的获取技术、数据的处理方法、数据的存储和安全性保障等；

3）图形学的相关知识，包括数据的可视化、数据的协同仿真、虚拟环境的实现等；

4）人工智能的相关知识，包括机器学习算法的应用、神经网络的运用等；

5）领域相关知识，包括处理特定领域的数据分析和解读时需要用到的理论和方法等。

除了上面这些已知的领域外，数据科学在未来还会深入许多目前未知的领域。虽然已有近 60 年的历史，但对数据科学的探索只能算是刚开始，还有许多未知的领域亟待进行探索。

从图 2-10 可以看到，数据科学的研究对象是数据本身，通过研究数据来获取对自然、生命和行为的认识，进而获得信息和知识。数据科学的研究对象、研究目的和研究方法等，都与已有的计算机科学、信息科学和知识科学有着本质的不同。自然科学研究自然现象和规律，认识的对象是整个自然界，即自然界物质的各种类型、状态、属性及运动形式。行为科学是研究自然和社会环境中人的行为以及低级动物行为的科学，包括心理学、社会学、社会人类学等。数据科学支持了自然科学和行为科学的研究工作。而随着数据科学的发展，越来越多的科学研究工作将会直接针对数据进行，这将使人类更好地认识数据，从而更加深刻地认识自然和社会。

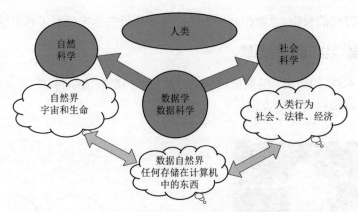

图 2-10 数据科学与其他学科的关系

归结起来看，数据科学的具体研究内容可以分为以下四个方面：

1）基础理论研究（科学）。

基础理论研究的对象是：数据的观察方法和数据推理的理论，包括数据的存在性、数据测度、数据代数、数据相似性与簇论、数据分类与数据百科全书等。

2）实验和逻辑推理方法研究（工程）。

要想做好实验和逻辑推理方法研究（工程），需要建立数据科学的实验方法，建立许多科学假说和理论体系，并通过这些实验方法和理论体系来开展对数据的探索研究，从而认识数据的各种类型、状态、属性及其变化形式和变化规律，揭示自然界和人类行为的现象和规律。

3）数据资源的开发利用方法和技术研究（技术）。

数据资源的开发利用方法和技术研究（技术）主要是指研究数据挖掘、清洗、存储、处理、分析、建模、可视化、展现等一系列过程中所遇到的各种技术难题和挑战。

4）领域数据科学研究（应用）。

领域数据科学研究（应用）主要是指将数据科学的理论和方法应用于各种领域，从而形成针对专门领域的数据科学，例如，脑数据科学、行为数据科学、生物数据科学、气象数据科学、金融数据科学、地理数据科学等。

第二部分　说

第3章
说　　古

3.1　数据简史

人类历史上最早的有记录的数据，可以追溯到穴居的原始人时期。当时的人类，会在作为居处的洞穴墙壁上，以石器或骨器刻画来记录数据。这些被记录的数据，或是简单地记录日期的刻痕，或是形象化地记载一些日常发生事件的壁画（图3-1）。

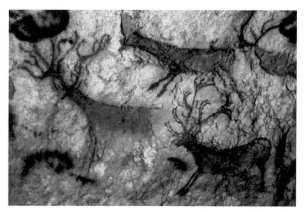

图 3-1　穴居壁画——最古老的数据记录形式

后来，人们创造了结绳记事的方式来记录数据。《周易·系辞下》中有云："上古结绳而治，后世圣人易之以书契。"即在一条绳子上打结，用以记事。上古时期的中国及秘鲁印第安人皆有此习惯。到了近代，一些没有文字的民族，仍将结绳记事来作为数据记录方式传递信息。古人采取的结绳方法，据古书记载为："事大，大结其绳；事小，小结其绳，结之多少，随物众寡。"

图 3-2 所示是古代印加人采用的一种结绳记事的方法，用来计数或记录历史。事大，大结其绳；事小，小结其绳。不过，这种记事的方法已经失传，目前还没有人能够了解其全部含义。

随着数字和文字的出现，古人开始以更加明确的形式来记录数据。古埃及人发明了莎草纸，用来进行记录。埃及博物馆中陈列的各种莎草纸文书、图画表明，莎草纸是人类历史上最早、最便利的书写材料之一，是记录古埃及历史的主要载体（图3-3）。

图 3-2　结绳记事　　　　　　　图 3-3　古埃及人用莎草记录数据

　　我们的祖先在汉代发明了造纸术（图 3-4），这种数据记录方式一直延续到现在。这里一定要强调，本书中所提到的数据，不仅包括数字形式的数据，以文本、图像、语音等方式记录的数据都是数据科学所研究的内容。造纸术的发明和改进，让文本形式的数据记录方式开始盛行起来。

　　最早的录音机，也叫留声机，诞生于 1877 年，是发明大王爱迪生制造的。爱迪生发现了电话传话器里的模板随着说话声而振动的现象，于是他拿短针做了实验，从中得到了很大的启发。说话的快慢高低能使短针产生相应的颤动。那么，反过来，这种颤动也一定能发出原先的说话声音。于是，他开始研究声音重发的问题。

　　1877 年 8 月 15 日，爱迪生让助手克瑞西按图样制造出一台由大圆筒、曲柄、受话机和模板组成的怪机器。爱迪生指着这台怪机器对助手说："这是一台会说话的机器。"他取出一张锡箔，卷在刻有螺旋槽纹的金属圆筒上，让针的一头轻擦着锡箔转动，另一头和受话机连接。爱迪生摇动曲柄，对着受话机唱起了："玛丽有只小羊羔，雪球儿似一身毛……"唱完后，把针又放回原处，再轻悠悠地摇动曲柄。接着，机器不紧不慢、一圈又一圈地转动着，唱起了："玛丽有只小羊羔……"与刚才爱迪生唱的一模一样。他身旁的助手们，见到一架会说话的机器，都惊讶得说不出话来。

　　"会说话的机器"诞生的消息轰动了全世界。1877 年 12 月，爱迪生公开演示了留声机的使用方法（图 3-5），外界舆论马上把他誉为"科学界的拿破仑"。留声机是 19 世纪最让人振奋的三大发明之一。当时即将开幕的巴黎世界博览会立即把它作为时新展品展出。就连当时的美国总统海斯也在留声机旁转了 2 个多小时。

　　10 年后，爱迪生又把留声机上的大圆筒和小曲柄改成类似时钟发条的装置，由发动机带动一个薄薄的蜡制大圆盘转动，从此以后留声机才广为普及。留声机的发明，让音频数据的记录成为可能。

　　在公元前 400 年前，墨子所著《墨经》中已有针孔成像的记载；在 13 世纪，欧洲也出现了利用针孔成像原理制成的映像暗箱，人们可以走进暗箱观赏映像或描绘景物。

　　但直到 1822 年，法国的涅普斯才在感光材料上拍摄出了世界上的第一张照片，不过当时成像不太清晰，而且需要 8 个小时的曝光时间。1826 年，他又在涂有感光性沥青的锡基底板上，通过暗箱拍摄了一张照片。

图 3-4　造纸流程

图 3-5　最早的留声机

　　1839 年，法国的达盖尔制成了第一台实用的银板照相机，它由两个木箱组成，把一个木箱插入另一个木箱中进行调焦，用镜头盖作为快门，来控制长达 30 min 的曝光时间，从而拍摄出清晰的图像，最终实现了静止图像数据的记录（图 3-6）。

　　1874 年，法国的朱尔·让桑发明了一种摄影机。他将感光胶片卷绕在带齿的供片盘上，在一个钟摆机构的控制下，供片盘在圆形供片盒内做间歇供片运动，同时钟摆机构带动快门旋转，每当胶片停下时，快门开启曝光。让桑将这种相机与一架望远镜相接，能以每秒一张的速度拍下行星运动的一组照片。让桑将其命名为摄影枪，这就是现代电影摄影机的始祖。摄影机（图 3-7）的发明，使运动图像数据的记录成为可能。

图 3-6　最古老的照相机

图 3-7　早期的摄影机

　　1946 年 2 月 14 日，美国军方定制的世界第一台电子计算机"电子数字积分计算机"（Electronic Numerical and Calculator，ENIAC）在美国宾夕法尼亚大学问世，这标志着电子计算机时代的到来。从此，人类与数据的关系进入了第二个时代，发生了一场数据存储方式的革命（图 3-8）。

图 3-8　世界上第一台电子计算机

　　计算机的飞速发展，给数据的存储和处理模式带来了巨大的变革。以往的数据需要存储在纸张、胶片、磁带等介质上，一方面，数据的存储无法进行压缩，另一方面，介质的存储需要占用大量的空间。而计算机的发明，从本质上改变了这一点。数据可以通过多种算法进行压缩。而且随着半导体工业的发展，存储能力不断增强，数据所需要的存储实体空间也在不断缩小。如今，一块小小的优盘就可以存储 GB 量级的数据，节约了大量的数据存储空间。

　　随着计算机技术的发展，数据的处理能力也在不断提升。在计算机发明以前，数据都是通过人工的方式来进行处理的。而有了计算机的帮助，通过各种各样的计算方式和统计软件，人们可以快速地处理数据。根据最新的统计，目前世界上最快的计算机——中国制造的天河二号（图 3-9），处理速率已经达到了每秒钟进行 22.86 千万亿次浮点操作的水平。

图 3-9　当前世界上最快的计算机——天河二号

　　互联网的出现，是人类与数据之间的关系进入第三个时代的标志，带来了一场数据产生和传播的革命（图 3-10）。最早的网络是美国国防高级研究计划局（ARPA）建立的。现代计算机网络中的很多概念和方法，如分组交换技术都来自 Arpanet。Arpanet 不仅进行了租用线互联的分组交换技术研究，而且做了无线、卫星网的分组交换技术研究，其结果就是加速了 TCP/IP 的问世。

1977—1979 年，Arpanet 推出了 TCP/IP 体系结构和协议。1980 年前后，Arpanet 上的所有计算机开始了 TCP/IP 协议的转换工作，并以 Arpanet 为主干网建立了初期的 Internet。到 1983 年时，Arpanet 的全部计算机完成了向 TCP/IP 的转换，并在 UNIX（BSD 4.1）上实现了 TCP/IP。到 1984 年时，美国国家科学基金会（NSF）规划建立了 13 个国家超级计算中心及国家教育科技网，随之替代了 Arpanet 的骨干地位。1988 年，Internet 开始对外开放。到了 1991 年 6 月，在接入 Internet 的计算机中，商业用户首次超过了学术界用户，这是 Internet 发展史上的一个里程碑，从此 Internet 的成长速度一发不可收拾。

图 3–10　网络与数据

互联网的精神就在于"开放、分享、平等、合作"。网络的出现，让人与人之间的距离变得越来越近，"地球村"的概念也随之产生。通过网络，人们可以越洋对话，可以浏览海量的数据，可以实时关注国际最新事件。网络让数据的产生和共享进入了一个崭新的时代。

网络时代的来临，造就了数据的大爆炸。据统计，2012 年年底，有超过 6 000 万用户通过社交网站 Facebook 发布了超过 300 亿条新内容；游戏商 Zynga 每天要处理超过 1 PB 的玩家数据；每天通过视频网站 Youtube 浏览的视频量大约为 20 亿次；每个月通过微博 Twitter 所进行的搜索量会达到 320 亿次。

通过传感器网络搜集的数据又是另一大来源。所谓传感器网络，就是由大量部署在作用区域内的、具有无线通信与计算能力的微小传感器节点，通过自组织的方式所构成的、能根据环境自主完成指定任务的分布式智能化网络系统。

传感器网络综合了多种先进技术，如传感器技术、嵌入式计算技术、现代网络及无线通信技术、分布式信息处理技术等。它能够通过各类集成化的微型传感器协作，来实时监测、感知和采集各种环境或监测对象的信息，并可通过嵌入式系统对信息进行处理，并且通过无线通信网络将所感知到的信息传送到用户终端。

利用传感器网络，通过感知识别技术，让物品"开口说话、发布信息"，融合物理世界和信息世界，便可以建立物联网（图 3–11）。物联网的"触手"是位于感知识别层的大量信息生成设备，包括 RFID、传感器网络、定位系统等。传感器网络所感知的数据正是物联网海量信息的重要来源之一。

互联网和物联网，正是数据收集的两大重要渠道，推动了大数据时代的来临。

大数据时代的来临，标志着人类和数据的关系进入第四个时代，带来的是一场数据运用的革命。

一方面，大量的数据被产生和积存下来，只有想办法努力汲取其中的养分，才能让这些数据产生价值，开出智慧的花朵（图 3–12）。

另一方面，大量的数据也提供了更好地了解这个世界运行方式的渠道，让人们通过对数据的分析可以一窥未来（图 3–13）。

图 3－11　物联网

图 3－12　用数据产生智慧之花

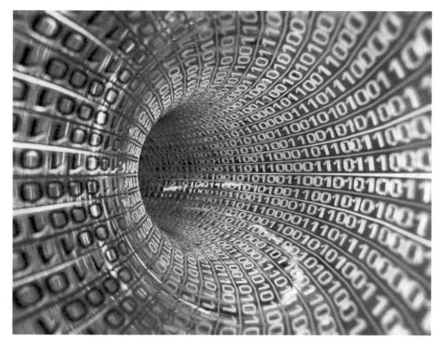

图 3-13　用数据一窥未来

3.2　大数据简史

1944 年，美国作家、诗人、卫斯理大学图书馆管理员弗里蒙特·赖德有史以来第一次提出了"大数据"的概念。他估算出大学图书馆的存书量几乎每 16 年会翻一番。按照这个速度，到 2040 年，美国所有大学的存书将会超过 2 亿册，所需要的存放书架连接起来将达到6 000 mile①长。而如今，仅是耶鲁大学就有近 1 250 万册存书，在校园里面占据了超过 20座建筑物。

1949 年"信息之父"仙农，展开了一项针对诸如穿孔卡片（图 3-14）和图像数据等类型存储的容量研究。在仙农当时的研究列表上存储容量最大的一项，是美国国会图书馆，其中有超过 100 TB 的数据。

1961 年德里克·普赖斯发表了 *Science Since Babylon*，其中对科学知识的研究表明，每15 年左右，科学论文的数量会翻一番，德里克由此提出了"指数增长规律"。

1971 年亚瑟·米勒出版了 *The Assult on Privacy* 一书，指出"人们越来越倾向于按照一个人简历中所包含的数据量来判别他的能力"。

1996 年，电子存储设备开始变得比纸质媒介更为有效，也更经济。

1997 年，美国宇航局研究员迈克尔·考克斯和大卫·埃尔斯沃斯首次使用"大数据"这一术语来描述 20 世纪 90 年代的挑战：超级计算机生成大量的信息。数据集通常很大，超出了主存储器、本地磁盘，甚至远程磁盘的承载能力。他们称之为"大数据问题"。

---

① 1 mile=1.609 344 km。

图 3-14　穿孔卡片

2000 年，启动了一项首次针对世界范围内产生的信息的研究工作，其涉及 4 种媒介：纸质、影视、光学存储和磁存储。研究表明，1999 年世界上已经存在近 1.5 EB 的数据，相当于世界上每个人拥有 250 MB 的数据。

2001 年，道格·莱尼写了 *3D Data Management：Controlling Data Volume，Velocity，and Variety* 一书，书中首次提出了"Volume""Velocity"和"Variety"这"3 V"，10 年后均成了大数据的特性。

2002 年，在"9·11"事件后，美国政府为阻止恐怖主义，涉足大规模数据挖掘。前国家安全顾问约翰·波因德克斯特领导国防部整合现有政府的数据集，组建了一个用于筛选通信、犯罪、教育、金融、医疗和旅行等记录来识别可疑人的大数据库。

2004 年，"9·11"委员会呼吁反恐机构应统一组建"一个基于网络的信息共享系统"，以便能快速处理应接不暇的数据。与此同时，零售商开始积累关于客户购物和个人习惯的大量数据，沃尔玛声称已拥有的数据量比当时互联网上的数据量还要多一倍。

2007—2008 年，根据科学家的预测，添加到数字宇宙中的数据量每 18 个月就会翻一番。

2009 年，研究人员发现如今的美国人每天平均会有 12 个小时在产生数据，相当于平均每天每个人产生 34 GB 的数据。美国奥巴马政府推出 data.gov 网站作为政府开放数据计划的部分举措。该网站的数据集被用于保证一些网站和智能手机应用程序来跟踪从航班到产品召回再到特定区域内失业率的信息。这一行动激发了从肯尼亚到英国的各国政府相继推出类似举措。随着互联网和信息行业的发展，"大数据"逐渐成为互联网信息技术行业的流行词汇，开始引起人们的关注。

2011 年，IBM 的沃森计算机系统（图 3-15）在智力竞赛节目《危险边缘》中打败了两名人类挑战者。后来《纽约时报》评议这一刻为一个"大数据计算的胜利"。

2012 年，"大数据"一词越来越多地被提及，人们开始用它来描述和定义信息爆炸时代产生的海量数据，并命名与之相关的技术发展与创新。美国政府报告要求每个联邦机构都要有一个"大数据"的策略。作为回应，奥巴马政府宣布要实施一项耗资 2 亿美元的大数据研究与发展项目。美国国家卫生研究院将一套人类基因组项目的数据集存放在亚马逊的计算机云内。同时国防部也承诺要开发出可"从经验中进行学习"的"自主式"防御系统。

2013 年，被称为"大数据元年"。但实际上，大数据已有接近 60 年的历史了。

图 3-15　IBM 的沃森计算机系统

3.3　大数据时代来临的表现

都说大数据时代已经来临，为什么？让我们来看一组数据（图 3-16～图 3-18）。

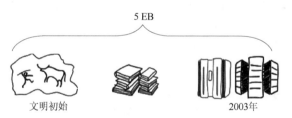

图 3-16　大数据时代来临组图一

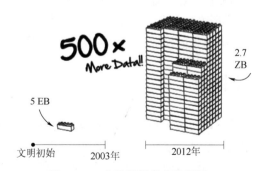

图 3-17　大数据时代来临组图二

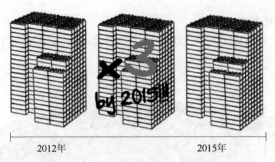

2012年 2015年

图3-18 大数据时代来临组图三

研究表明，从有人类文明以来，直到 2003 年，人类一共产生了 5 EB 的数据。而 2012 年时，几乎每 2 天我们就能产生 5 EB 的数据。到 2012 年年底，人类所产生的数据总量已经达到 2.7 ZB。而且这个数据量每 2 年就会翻一番。到 2015 年，人类所创造的总的数据量达到 8 ZB。

让我们再来看一组名为"互联网上一天"的数据：

1）一天之中，互联网产生的全部内容可以刻满 1.68 亿张 DVD；

2）发出的电子邮件有 2 940 亿封之多（相当于美国 2 年的纸质信件数量）；

3）发出的社区帖子达 200 万个（相当于《时代》杂志 770 年的文字量）；

4）卖出的手机为 37.8 万台，高于全球每天出生的婴儿数量 37.1 万……

可见，大数据的时代确实已经来临。

让我们再来直观感受一下。一份斯坦福大学的报告中曾指出：在 2010 年，整个人类世界产生了约 1 200 EB 的数据。这是什么概念呢？

假设我们用 16 GB 的华为手机来存储这些数据，需要多少部手机呢？粗略一算，大约是 800 多亿部！接下来，让我们把这些手机首尾相连，那么可以环绕地球超过 100 圈！

也许大家觉得 16 GB 的手机也许容量太小了，那么我们翻倍，用 32 GB 的 iPad 来存储这些数据，那需要多少呢？大约需要 400 多亿部。如果，我们把这些 iPad 一个一个叠起来，那么可以从地球表面一直垒到月球！

可能还有人觉得这容量也小了，那么我们直接用 2 TB 的移动硬盘来存储这些数据，那得需要大约 6 291 万个移动硬盘。都知道埃及金字塔冬暖夏凉，用来存东西总没错，那么我们试着用金字塔来存放这些移动硬盘，算一算，几乎需要 292 座！

这还只是 2010 年一年人类所产生的数据，如今已经过去 10 年了，现在我们一年所产生的数据又翻了好几番了，怎能不说我们已经到了大数据的时代呢？

3.4　大数据的产生根源

世界著名咨询公司麦肯锡公司在《大数据，是下一轮创新、竞争和生命力的前沿》专题研究报告中指出："数据，已经渗透到当今每一个行业和业务职能领域，成为重要的生产因素。人们对海量数据的挖掘和运用，预示着新一波生产率的增长和消费者盈余浪潮的到来。大数据的使用将成为个人公司提升竞争力、促进增长的一个关键基础。"

那么，大数据究竟是如何产生的呢？

大数据时代的出现有两个基础：计算机技术的发展是大数据时代出现的技术基础，而互联网和物联网的发展则是大数据时代出现的数据基础。

3.4.1　大数据时代出现的技术基础

计算机技术的飞速发展是大数据时代出现的技术基础。

无线互联技术推动了移动互联网、传感器网络的飞速发展。通过移动互联网，人们可以时时处处访问互联网，从而持续不断地产生和传播数据。而无线传感器网络更是每天不间断地产生各种信号数据。

数据抓取技术让数据获取变得越来越简便。并行处理技术的发展，大大提升了处理巨量数据的能力和效率。高容量、高可靠性存储技术的发展，让人们可以存储更多的数据，可以更快地存取数据。

数据可视化、虚拟现实技术帮助人们把数据转化为更为形象直观的视觉感受，更为深刻地把握数据背后的价值和含义。人工智能技术以机器智慧帮助人们挖掘数据之中的价值，更好地辅助决策。

3.4.2　大数据时代出现的数据基础

互联网和物联网的蓬勃发展是大数据时代出现的数据基础。

互联网，特别是移动互联网的普及（图3-19），让网络无处不在，也让数据无处不在。互联网上产生和传播的数据主要是一些主观性的数据，包括人们发布的文本、图片、音频、视频等，以及人们在上网的过程中所记录下来的浏览日志、点击流等信息，更多的属于非结构化数据。

物联网，简言之就是物物相连的互联网（图3-20）。

图3-19　移动互联网的飞速发展

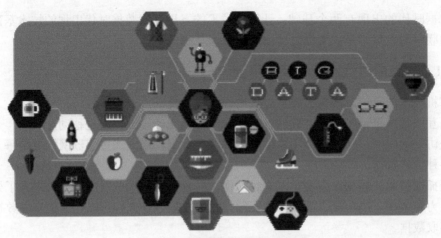

图 3－20　物联网天生就是大数据

当物物相连，物物都能产生数据时，汽车、家具、传感器、衣物这些都能产生数据，试想想看，会是多么大的数据产出量。互联网上的数据主要依靠人来产生，但人需要休息，可是设备不需要休息，因此，物联网天生就是大数据。

与互联网相比，物联网所产生的数据更为结构化、速率更快、体量更大，主要是客观性的数据，通常为仪器、设备和传感器网络所记录的各种声、光、电、温度、湿度、重力、加速度数据。

第 4 章

道　今

4.1　政府篇

4.1.1　联合国的大数据研究

2009 年，联合国启动了"全球脉搏计划"（图 4−1），旨在运用数据相关的创新方法和技术，来帮助决策者快速应对全球性危机，推动全球发展，追踪全球发展趋势，保护世界上的弱势群体，并强化对全球性经济危机的应对能力。其主要关注点是全球民生与经济问题，以及异常情况的处理。

全球脉搏计划的研究内容包括：

1）研究创新性的实时数据分析方法和技术，以便在早期发现全球发展过程中潜在的隐患；

2）组建免费和开源技术工具集，分析实时数据和共享科学推理及假设；

3）建立一个统一的、全球性的 Pulse Lab 系统，总部建在纽约，在国家层面上引导全球脉搏计划的推进。

2012 年，联合国发布大数据政务白皮书《大数据促发展：挑战与机遇》，总结了各国政府如何利用大数据更好地服务和保护人民，指出大数据对于联合国和各国政府来说是一个历史性的机遇，还探讨了如何利用包括社交网络在内的大数据资源造福人类。

2013 年 8 月，《纽约时报》报道，全球脉搏计划的总部——纽约市"Pulse Lab"已有研究人员 14 人，还有一个 10 人的实验室建在印度尼西亚，一个 8 人的实验室建在乌干达。

2014 年，联合国把如何利用大数据应对全球气候挑战作为气候峰会的重要议题。

全球脉搏计划研究的数据主要包含以下四个方面：

1）数据废弃物（Data Exhaust）。它是指在人们使用电子类服务（如手机、电子购物、网络搜索等）的过程中，非主动性收集的事务性数据，以及包括联合国在内的各种组织机构所收集的其他实时数据（诸如股票走势、学校出勤情况等）。这些数据可以用来构建成一个人类行为的感知网络。

2）在线信息（Online Information）。它是指网络上的数据内容，

图 4−1　全球脉搏计划

如新闻报道、社交媒体的互动、生老病死的记录、电子商务、工作招聘信息。这些数据考虑的是网络的使用情况，可构建成为针对人类意图、情感、感知和想法的感知网络。

3）物理传感器数据（Physical Sensors）。它主要包括卫星图像或者是地貌改变的遥感图像、交通数据、光辐射数据、城市发展和布局改变数据等。这些数据侧重于从人类生活的外围去感知人类行为的改变。

4）群智数据（Citizen Reporting or Crowd-sourced Data）。它是指由市民主动产生或提交的数据，如通过手机端的调查、热线电话、用户产生的自定义地图等产生的数据。这部分数据主要用来做验证和反馈。

通过对这四类数据的整合和集成，可以从各个侧面去反映人类世界的情况，从而帮助联合国给全球把脉。

如其中一个2011年在纽约全球脉搏实验室启动的项目，是研究如何通过对社交媒体和在线用户所产生的数据的分析，来发现和预测美国与爱尔兰的工作情况变化。研究者们通过对相关数据的分析，确定了一些可以被用来指示人们工作情况变化的前向因素和后向因素。假设，如果通过对相关数据的分析，发现了比较明显的卖出大排量车购置小排量车，或是从疯狂购物到仅购置必需品，或是从开车出行到乘公交车出行的转换等现象，那么也许预示着解雇高峰可能即将到来（图4-2）。

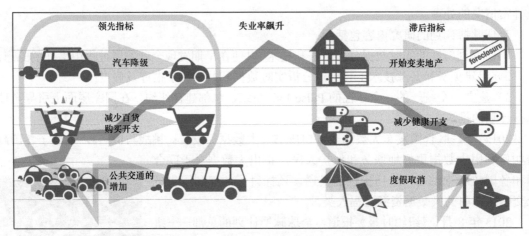

通过社交媒体话题监测失业高峰。

图4-2 通过社交媒体话题监测失业高峰

纽约实验室2013年还启动了另外一个项目，这个项目的分析目的是评估"每个妇女每个儿童运动"自2010年启动以来的影响，并确定在Twitter对话中，公众对与儿童和妇女（特别是母亲）健康有关的问题的认识是否有变化。该项目使用了Crimson Hexagon的分析工具ForeSight，来访问和分析2009年9月至2013年7月所有公开的Tweet文章。该项目制定了相关关键词的分类，以确定与妇女和儿童健康有关的信息（例如，搜索诸如"产妇健康""母乳喂养""儿童接种"等关键词）。在搜索Twitter上出现的关键词后，他们训练了一个监视器来识别相关的Tweet。随后对1 400万条关于妇女和儿童健康的推文进行了分析，以确定其高峰、趋势以及与现实生活事件和运动的可能联系。

如图 4-3 所示，从他们的研究中发现在世界艾滋病日、母亲节、国际劳动妇女节期间，甚至在千年发展目标首脑会议等关键时刻，Tweet 上相关的对话都出现了高潮。这表明宣传工作正在发挥作用，公众对这些问题保持着分享和关注。

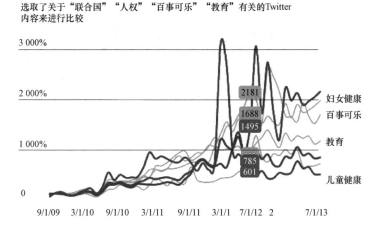

图 4-3　通过 Twitter 话题关注妇女儿童健康

4.1.2　美国的大数据研究

美国政府将大数据上升到了国家战略的高度，并认为大数据是国家的核心资源。美国政府主要将大数据运用在反恐方面。

2002 年，在"9·11"事件后，美国前国家安全顾问约翰·波因德克斯特领导国防部整合现有政府的数据集，组建了一个用于筛选通信、犯罪、教育、金融、医疗和旅行等记录来识别可疑人的大数据库。

从 2007 年开始，美国国家安全局（NSA）开始实施"棱镜"（Prism）计划。美国情报机构一直在 9 家美国互联网公司中进行数据挖掘工作，从音频、视频、图片、邮件、文档以及连接信息中分析个人的联系方式与行动。监控的类型有 10 类：信息电邮、即时消息、视频、照片、存储数据、语音聊天、文件传输、视频会议、登录时间、社交网络资料的细节。其中包括两个秘密监视项目：一是监听民众的电话，二是监视民众的网络活动。

"棱镜"计划实际上缘于美国政府 2004 年开始的"星风"（Stellarwind）监视计划。当时的美国总统小布什等政府核心层通过一些司法程序手段，成功绕开了有关"公民隐私"等法律困境，将"星风"监视计划分拆成了由美国国家安全局执行的 4 个监视项目，除"棱镜"外，还包括"主干道""码头"和"核子"。

其中"棱镜"项目用于监视互联网，并从美国 IT 巨头的公司服务器上收集个人信息。

"主干道"项目负责对通信网络上数以亿兆计的元数据进行存储和分析。在对电话和互联网监视的语义下，元数据主要指通话或通信的时间、地点、使用设备、参与者等，不包括电话或邮件等的内容。根据斯诺登向英国《卫报》提供的一份绝密的美国法庭命令显示，美国国家安全局通过美国国内最大的电信运营商威瑞森（Verizon）收集了数百万美国客户的电话记录，包括美国国内的电话和由国内打往国外的电话。威瑞森公司就是"主干道"项目的一个原始情报信息提供者。

"核子"项目通过拦截通话以及通话者所提及的地点，来实现日常的监控。"核子"项目负责截获电话通话者对话内容及关键词。

"码头"项目及其监控手段是 NSA 所实行的监控项目中最鲜为人知的一个，即使是那些参与其中的情报专家对项目整体也知之甚少。只知道"码头"项目应是对互联网上的元数据进行存储和分析。据美媒估计，"码头"项目所获取的关于美国民众的信息可能远远超过其他三个项目。因为，"码头"项目所监控的电子邮件、网上聊天系统以及其他借助互联网交流的媒介使用频率在当下远胜于普通的电话或者手机。

除了将大数据运用在反恐上，2009 年，美国奥巴马政府推出了 data.gov 网站（图 4-4）作为政府开放数据计划的部分举措。data.gov 开放了 37 万个数据集，并开放网站的 API 和源代码，提供上千个数据应用。

图 4-4   data.gov 网站

该网站的数据集被用于保证一些网站和智能手机应用程序来跟踪从航班到产品召回再到特定区域内失业率的信息，这一行动激发了从肯尼亚到英国的各国政府相继推出类似举措。

2011 年，美国总统科技顾问委员会提出政策建议，指出大数据技术蕴含着重要的战略意义，联邦政府应当加大投资研发力度。

作为回应，2012 年 3 月，奥巴马政府宣布投资 2 亿美元拉动大数据相关产业的发展。从此，美国政府启动了"大数据研究与开发计划"，旨在提高从庞大而复杂的科学数据中提取知识的能力，从而加快科学与工程发现的步伐，以帮助应对包括医疗、能源、国防等在内的一些最紧迫的挑战。

目前，美国已把应对大数据技术革命带来的机遇和挑战，提高到国家战略层面，形成了全体动员格局。奥巴马政府指出，数据就是"未来的新石油"。一个国家拥有数据的规模、活性及解释运用的能力将成为综合国力的重要组成部分。未来，对数据的占有和控制甚至成为陆权、海权、空权之外的另一种国家核心资产。

4.1.3   欧盟的大数据研究

欧盟支持大数据建设的第一步是进行监管和推动公开，欧委会于 2012 年 1 月提交的《通用数据保护条例》等规定，旨在以较低的费用和简捷的重复使用条件，更加便捷地使用和重新使用公共数据。

欧盟对大数据的应用侧重于智慧城市的建设方面：将对智慧城市的评价分为六个方面——智慧经济、智慧治理、智慧生活、智慧人民、智慧环境、智慧移动性。

欧洲许多国家和城市都走在了智慧城市建设的前沿，例如西班牙古老的港口城市桑坦德（图4-5）。在桑坦德，成千上万的传感器不仅能帮助市民了解交通状况，还能自动为公园的绿地浇水，甚至控制街道两旁的路灯。在桑坦德市中心已经安装了近1万个传感器，覆盖面积约为6平方千米。有些传感器安装在路灯、电线杆和建筑物墙壁上，但隐藏在灰色小盒子里，还有的传感器甚至被埋在停车场的沥青地面下。

图4-5　西班牙桑坦德

日复一日，这些传感器能收集到它们可以测量到的一切数据，包括光线、压力、温度、湿度，甚至车辆和行人的动作。每隔几分钟，它们就会把这些数据传输到整个城市的数据收集中心。每条公交路线的公交车都会向数据收集中心发送它所在的位置、里程数和行驶速度，以及它周边的环境，出租车和警车也不例外。甚至桑坦德的居民自己也可以选择成为"人体传感器"，他们需要做的仅仅是在带有GPS功能的手机上下载一个特殊的应用程序。

作为一个数字化城市，桑坦德的一切都被记录下来。一台中央计算机会将所获得的数据编译成一幅不断更新的图表。通过该系统，可以确切地知道哪个路段堵车、哪里的空气质量较差。噪声和臭氧的数据图可以显示该城市哪个地区的数据超过了欧盟的标准。如果某条街道因发生意外被封锁，数据收集中心可以实时观测到该事件对城市其他地方交通情况的影响。在不久的将来，这些传感器还将具备帮助公园优化花草灌溉用水量的功能，不至于造成水资源浪费。此外，清洁工将再也不必每天沿着街道查看每个垃圾箱，因为传感器会事先通知他们哪个垃圾箱需要清空。

假如有人在公交车站等车，希望知道下一班车何时到站，他只需要打开手机上的"城市脉搏"程序，将摄像头对准站牌，就可以得到所有经停该站的公交线路信息，以及公交车抵站的时间。将手机摄像头对准音乐厅，就可以知道未来几天或几周内那里将上演的节目。在超市附近使用"城市脉搏"则可以知道店内的优惠打折活动。对于游客来说，安装该程序也很有帮助，例如，将手机摄像头对准市中心的喷泉，就可以获悉它的修建时间和建造者。

4.2 企业篇

4.2.1 谷歌

谷歌在大数据方面走在了世界的前沿，继发布作为大数据算法起源的 MapReuce、Google File System、Bigtable 等研究之后，又专注于研究面向大数据的网络搜索、图计算、在线可视化等技术，相继发布了 Caffeine、Pregel 和 Dremel。图 4-6 所示为谷歌的大数据布局。

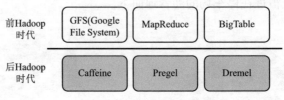

图 4-6　谷歌的大数据布局

Caffeine 是谷歌设计的新一代增量索引系统，它丢弃了 MapReduce，而将索引放置在由谷歌开发的分布式数据库 BigTable 上，使谷歌能够更迅速地添加新的链接（包括新闻报道以及博客文章等）到自身大规模的网站索引系统中，相比于以往的系统，新系统可提供"50% 新生"的搜索结果。

Pregel 是一个用于分布式图计算的计算框架，主要用于图遍历、最短路径、PageRank 计算等，主要用于绘制大量网上信息之间关系的"图形数据库"。

Dremel 采用列式存储，是一个交互式的数据分析系统，可跨越数千台服务器运行，允许"查询"大量的数据，可以以极快的速度处理网络规模的海量数据。

谷歌还拥有世界上最快、最强大、最高质量的数据中心。其中 8 个主要的数据中心分别位于美国南卡罗来纳州的伯克利郡，艾奥瓦州的康瑟尔布拉夫斯，乔治亚州的道格拉斯郡，俄克拉荷马州的梅斯郡，北卡罗来纳州的勒努瓦，俄勒冈州的达尔斯；另外 2 个在美国境外，分别是芬兰的哈米纳和比利时的圣吉斯兰。此外，谷歌公司还在中国香港和中国台湾，以及新加坡和智利建立了数据中心。

目前，谷歌提供的大数据分析智能应用包括客户情绪分析、交易风险（欺诈分析）、产品推荐、消息路由、诊断、客户流失预测、法律文案分类、电子邮件内容过滤、政治倾向预测、物种鉴定等多个方面。据称，大数据已经给谷歌每天带来 2 300 万美元的收入。

基于 Dremel 系统，谷歌推出其强大的数据分析软件和服务——BigQuery，它也是谷歌自己使用的互联网检索服务的一部分。谷歌已经开始销售在线数据分析服务，试图与市场上类似亚马逊网络服务（Amazon Web Services）这样的企业云计算服务竞争。这个服务，能帮助企业用户在数秒内完成万亿字节的扫描。

4.2.2 IBM

IBM 转向软件和服务，专注于大数据分析软件带来的全新业务增长点。IBM 认为，数据将成为一切行业当中决定胜负的根本因素，最终数据将成为人类至关重要的自然资源。

2012 年 5 月 IBM 发布了智慧分析洞察 "3A5 步" 动态路线图。

所谓的 "3A5 步"，指的是在 "掌握信息"（Align）的基础上 "获取洞察"（Anticipate），进而采取行动（Act）。除此之外，还需要不断地 "学习"（Learn）从每一次业务结果中获得反馈，改善基于信息的决策流程，从而实现 "转型"（Transform）的过程。

基于 "3A5 步"，IBM 提出了自己的 "大数据平台" 架构（图 4-7），其中包括四大核心能力：Hadoop 系统、流计算（Stream Computing）、数据仓库（Data Warehouse）和信息整合与治理（Information Integration and Governance）。

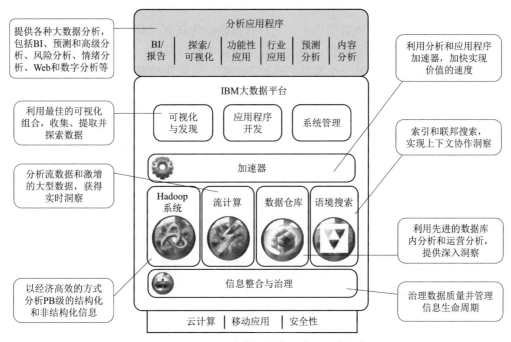

图 4-7　IBM 的大数据平台和应用程序框架

基于此架构，IBM 也构思了多种大数据的应用场景。

1）大数据探索。主要解决每个大型组织所面对的一项挑战，即商业信息散落在多个系统和平台上，工作人员需要获取各种权限，才能访问这些数据，完成决策的制定。该应用场景帮助这些组织来探索和挖掘相关的数据，帮助工作人员找到、展示和理解这些数据，从而辅助实现决策。该应用场景可以结合组织内外、多个数据源头上的数据统一进行管理和展示，从而辅助提升工作人员对数据的理解。

2）增强的全方位客户视图。通过整合其他内部和外部信息扩展现有的客户视图。全面了解客户——什么使他们感到气愤，他们为什么购买，他们最喜欢的购物方式是什么，他们为什么会离去，他们接下来会购买什么，以及哪些因素导致他们向他人推荐一家公司。

3）安全/智能扩展。提供实时监控网络安全，检测欺诈，降低风险。通过使用大数据技术处理和分析新的数据类型（如社交媒体、电子邮件、传感器、远程通信）和未充分利用的数据源，大幅提高智能化、安全性和法律执行洞察力。

4）运营分析。通过分析各种各样的机器数据和运营数据，以获得更好的业绩。在现有工作流程下，可能有大量不同类型的机器数据（可能包括 IT 设备、传感器、仪表和 GPS 设备等信息），使分析变得非常复杂。而使用大数据进行运营分析，企业可实时可视化地了解运营情况、客户体验、交易和行为。

5）数据仓库扩展。通过整合大数据和数据仓库，提高操作效率。优化数据仓库，使其支持新的分析类型。首先使用大数据技术为新数据设置一个暂存区域或着陆区，然后再确定应该将哪些数据转移到数据仓库。使用信息整合软件和工具从仓库和应用数据库卸载不常访问的数据或过时的数据。

4.2.3　百度

百度作为搜索巨头，围绕数据而生。它对网页数据的获取、对网页内容的组织和解析，通过语义分析对搜索需求精准理解，进而从海量数据中找准结果，并提供精准的搜索引擎关键字广告的过程，实质上就是一个数据的获取、组织、分析和挖掘的过程。

除了网页外，百度还通过阿拉丁计划吸收第三方数据，通过业务手段与药监局等部门合作拿到封闭的数据。

百度还利用大数据完成移动互联网进化。核心攻关技术便是深度学习。基于大数据的机器学习将改善多媒体搜索效果和智能搜索，如语音搜索、视觉搜索和自然语言搜索。

百度发布了大数据引擎（图 4-8），并将这一大数据引擎向外界开放，向外界提供大数据存储、分析及挖掘的技术能力。这是全球首个开放的大数据引擎。

图 4-8　百度的大数据引擎

4.2.4　阿里巴巴

马云将"大数据"提升至阿里巴巴三大战略的"压轴"。

阿里设计了淘宝数据魔方，这就是淘宝平台上的大数据应用方案。通过这一服务，商家可以了解淘宝平台上的行业宏观情况、自己品牌的市场状况、消费者行为情况等，并可以据此进行生产、库存决策，而与此同时，更多的消费者也能以更优惠的价格买到更心仪的宝贝。

阿里发布的阿里小贷，通过其平台所掌握的企业交易数据，借助大数据技术自动分析判定是否给予企业贷款，全程不会出现人工干预。据透露，截至目前阿里巴巴已经放贷 300 多亿元，坏账率约 0.3%，大大低于商业银行。

阿里已设立了数据平台事业部，以及横跨其他事业部的数据委员会。这个委员会将对数据安全（即开放的同时如何保护隐私）、数据质量（保证数据源头的纯洁性和标签化）、数据化运营（80%懂商业的人用数据来解决问题，20%的人保证让数据可用）进行重点开发，并帮助集团各个事业部打通底层的数据基础设施平台。

阿里还在建立"数据的数据"，即数据地图。每一个数据都由很多个数据产生，建立数据地图，以追溯到数据的源头，提高数据的质量和价值。"数据的数据"又称阿里数据追溯系统，一旦数据在处理过程中"失真"，这套追溯系统会自动预警，自动查找数据计算过程中的疏漏。

阿里还每年举办阿里巴巴大数据竞赛（图 4-9）。第一年的比赛内容，主要是运用电子商务的数据来进行商品推荐。而第二年的比赛则聚焦于车联网数据的分析。

图 4-9　阿里巴巴大数据竞赛

4.2.5　腾讯

腾讯在大数据领域，拥有社交数据、消费数据、游戏数据等，其中的社交数据，是腾讯自身最擅长的东西。它可以通过大数据分析得知你的社会关系、性格禀赋、兴趣爱好、隐私绯闻甚至生理周期和心理缺陷。

游戏数据和消费数据，其实两者之间的关系是互通的。因为腾讯的消费数据大多来源于游戏与增值服务。腾讯游戏的收入十分充裕，游戏迷们愿意付出高昂的费用来购买虚拟道具，以此满足自己的虚荣心。

腾讯大数据的运用主要是为了完善自身，它了解用户的性格禀赋、兴趣爱好、隐私绯闻甚至生理周期，通过这些数据分析得出结果预测，做出来的产品能不受欢迎吗？事实上腾讯游戏的开发，以及一些产品的改进，也正是基于这些数据进行的。

腾讯的大数据平台（图 4-10）核心模块包括：

1）腾讯分布式数据仓库（Tencent Distributed Data Warehouse）：基于 Hadoop/Hive 进行深度定制，采用了 JobTracker 分散化、NameNode 分散化、NameNode 容灾、公平资源调度、差异化存储压缩等优化技术；支持百 PB 级数据的离线存储和计算，为业务提供海量、高效、稳定的大数据平台支撑和决策支持。

目前，TDW 集群总设备 8 400 台，单集群最大规模 5 600 台，总存储数据超过 100 PB，日均计算量超过 5 PB，日均 Job 数达到 100 万个。

2）数据实时收集与分发平台（Tencent Data Bank）：负责从业务数据源端实时采集数据，进行预处理和分布式消息缓存后，按照消息订阅的方式，分发给后端的离线 TDW 系统和在线处理系统 TRC；具有灵活、低成本、高可靠性、低时延、可复用、快捷等优势。

3）腾讯实时计算平台（Tencent Real-time Computing）：基于 Storm 流式计算，采用了基于 Pig-Latin 的过程化语言扩展；专门为对时间延迟敏感的业务提供海量数据实时处理服务。通过海量数据的实时采集、实时计算，实时感知外界变化，从事件发生，到感知变化，到输出计算结果，整个过程在秒级完成。

4）统一资源调度平台（Gaia）：Gaia，希腊神话中的大地之神，是众神之母，取名寓意各种业务类型和计算框架都能根植于"大地"之上。

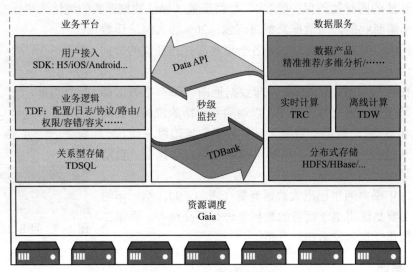

图4-10　腾讯大数据平台

它能够让应用开发者像使用一台超级计算机一样使用整个集群，极大地简化了开发者的资源管理逻辑。Gaia提供高并发任务调度和资源管理，能实现集群资源共享，具有很高的可伸缩性和可靠性，它不仅支持离线业务，还支持实时计算业务，甚至还支持在线服务业务。

4.2.6　华为

华为是全球领先的信息与通信技术解决方案供应商。早在2007年，华为就已经开始投入大数据产品研发。据报道，华为公司在数据研发上始终保持1 500+的人员规模，而且在全球有13个开放实验室，与各国200多个合作伙伴进行大数据方案的联合创新，并拥有500多项技术专利。

根据有关统计，在大数据领域，2015—2016年华为在Hadoop社区贡献排名全球第三，在Spark社区贡献排名全球第四，在全球IT设备供应商中排名第一。2016年，华为开源的CarbonData，以全票通过了Apache社区的评选，进入Apache开源社区。该项目创新性地实现了基于HDFS的融合数据存储方案，支持多种业务应用场景，可实现百亿级数据秒级响应。华为目前基于其自身大数据平台强大的数据分析能力和建模工具，可以提供城市大数据、精准扶贫、金融风险监控、智慧交通等多种大数据解决方案。

FusionInsight是华为基于Apache开源社区软件进行了功能增强的大数据存储、查询和分析的统一平台（图4-11），除了继承和增强对HBase、HDFS、MapReduce、YARN等社区软件的开放能力，还提供大数据分析应用开发能力，并将这些能力开放给合作伙伴，聚合具备如数据运营、数据所有、数据开发等各种专业能力的玩家，来共同打造创新的大数据商业生态。

华为大数据平台目前开放5类能力，即涵盖数据集成、数据治理、数据洞察、数据分析以及实施决策能力，开发者合作伙伴可以利用这些能力的API接口，以华为大数据平台为基础搭建应用，或者开发有特色的组件集成到华为大数据解决方案中，为用户提供更丰富的选择。

该平台通过实时和非实时的分析和挖掘，帮助企业从海量数据信息中获取到真正的价值，及时洞察机会、预防风险。截至 2018 年 2 月，华为 FusionInsight 大数据解决方案已经赢得了全球 55 个国家、1 000 多家客户的信赖，拥有 300 多家商业合作伙伴，并结合其在全球多个地区所设置的开放实验室来支撑与客户合作伙伴的云和大数据方面的联合创新，其应用涉及金融、运营商、政府、能源、医疗、制造、交通等多个行业。

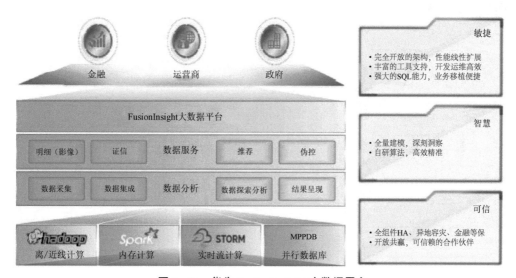

图 4-11 华为 FusionInsight 大数据平台

4.2.7 网易

随着网易的互联网业务的快速发展，网易开始加速大数据平台建设以提高数据获取速度，更快发挥数据价值。

2014 年后，网易推出网易猛犸和网易有数两款产品以满足数据使用诉求。

1）在猛犸大数据平台上开发了实时计算系统 Sloth，基于 SQL 开发的流计算系统，与 HiveSQL 类似，支持 DDL，UDFJoin 子查询等。

流计算系统基于 Flimk 引擎开发，通过 CodeGen 方式生成 Flink 代码，然后通过同步到集群执行。

2）为解决数据实时性，采用了 Kudu 工具，其实位介于 HBase 和 HDFS 之间，以寻求扫描查询性能好且同时有更新和随机访问能力。Kudu 大致架构由管理服务器负责管理，数据通过分区方式分片到众多 Tablet，存储到 Tablet Server。每个 Tablet Server 负责多个 Tablet。网易为解决 Kudn 使用 impala 查询性能劣于 parquet 以及缺少 spilt 和 Merge 功能的问题，实现了优化 Kudu Runtime Filter，提升 Kudu 的性能。

3）网易在 spoark 多租户方面实现 Kyuubi 项目，它基于 spark Thrift Server 改造，在此基础上增加多租户功能，支持 Beeline 客户端，JDBC，DDBC 等；可用标准方式连接到 sponk；有弹性的资源控制能力；支持 Spark Context 的动态缓存；同样也支持服务的高可用和负载均衡。

4）网易还将进一步完善高性能查询引擎，在 impala 与 Kudu 配合方面进行优化；针对网易庞大的集群数量，希望实现实时和离线计算混步。同时希望集成更多硬件做加速，如 GPU 或 FPGA。

另外，网易内部数据量，任务十分庞大，希望通过智能化任务诊断方式辅助技术人员更好地完成工作。

网易从现实数据处理需求出发，走向围绕和改造开源技术，以平台化思维打造自己的大数据平台的道路。在构建过程中，网易进入了平台化阶段，同时，它仍在应对互联网业务过程中面临的技术挑战。

第三部分　新

第5章

新　方　法

5.1　数据密集型研究方法

5.1.1　范式和范式的演化过程

5.1.1.1　范式的定义

"范式"的英文为"Paradigm"，意指"模范"或"模型"。

"范式"最初是由美国著名科学哲学家托马斯·库恩在《科学革命的结构》中提出的一个词语，此著一问世，这个词汇立刻被学界接受，并且围绕它展开了激烈的争论。库恩长期以来研究科学史，他发现一种累积性的科学史观统治着这个领域，但这种认识他认为是不能真正反映科学史原貌的。库恩自述，一旦他找到了"范式"这个词汇，一切困惑当即冰释。不过这个"范式"，却并不是一个简单的字眼。如果非要简单地概括，它的内涵有两层：① 科学共同体的共同承诺集合。② 科学共同体共有的范例。

范式概念是库恩范式理论的核心，而范式从本质上讲是一种理论体系。范式理论指常规科学所赖以运作的理论基础和实践规范。范式是从事某一科学研究的研究者群体所共同遵从的世界观和行为方式，它包括三个方面的内容：共同的基本理论、观念和方法；共同的信念；某种自然观（包括形而上学假定）。范式的基本原则可以在本体论、认识论和方法论三个层次表现出来，分别回答的是事物存在的真实性问题、知者与被知者之间的关系问题以及研究方法的理论体系问题。这些理论和原则对特定的科学家共同体起规范的作用，协调他们对世界的看法以及他们的行为方式。

库恩指出："按既定的用法，范式就是一种公认的模型或模式。我采用这个术语是想说明，在科学实践活动中某些被公认的范例——包括定律、理论、应用以及仪器设备统统在内的范例——为某种科学研究传统的出现提供了模型。"在库恩看来，范式是一种对本体论、认识论和方法论的基本承诺，是科学家集团所共同接受的一组假说、理论、准则和方法的总和，这些东西在心理上形成科学家的共同信念。范式的特点是：

1）范式在一定程度内具有公认性。

2）范式是一个由基本定律、理论、应用以及相关的仪器设备等构成的一个整体，它的存在给科学家提供了一个研究纲领。

3）范式还为科学研究提供了可模仿的成功先例。

可以看出，在库恩的范式理论里，范式归根到底是一种理论体系，范式的突破导致科学革命，从而使科学获得一个全新的面貌。库恩对范式的强调对促进心理学中的理论研究具有重要意义。

学术范式就是看待研究对象的方式和视角，它决定了我们如何看待对象，把对象看成什么，在对象中看到什么、忽视什么。

模式（Pattern）其实就是解决某一类问题的方法论。即把解决某类问题的方法总结归纳到理论高度，那就是模式。按既定的用法，范式就是一种公认的模型或模式。

亚历山大给出的经典定义是：每个模式都描述了一个在环境中不断出现的问题，然后描述了针对该问题的解决方案的核心。通过这种方式，可以无数次地使用那些已有的解决方案，无须重复相同的工作。

模式有不同的领域，建筑领域有建筑模式，软件设计领域也有设计模式。当一个领域逐渐成熟的时候，自然会出现很多模式。

5.1.1.2 范式的演变过程

一个稳定的范式如果不能提供解决问题的适当方式，它就会变弱，从而出现范式转移（Paradigm Shift）。按照库恩的定义，范式转移就是新的概念传统，是解释中的激进改变，科学据此对某一知识和活动领域采取全新的和变化了的视角。通常，范式转移是一个由某一特别事件引发的过程。所谓特别事件是指在现有范式中被证明是反常（Anomalous）事件的增加，为了纠正问题，决策者需要改变工具设定，并尝试新的政策工具。如果这些努力不能奏效，就会出现政策失败（Policy Failure），进而打击旧的范式，促使人们去寻找新的范式，进行修正政策的试验过程。

库恩对范式转换对科学发展的推动作用尤其重视，他甚至认为，科学的发展不是靠知识的积累而是靠范式的转换完成的，一旦形成了新范式，就可以说建立起了常规科学。

库恩认为科学的发展可以看作一个循环过程：前学科（没有范式）—常规科学（建立范式）—科学革命（范式动摇）—新常规科学（建立新范式）。

在前学科时期，科学家之间存在意见分歧，因而没有一个被共同接受的范式。不同范式之间竞争和选择的结果是一种范式得到大多数科学家的支持，形成科学共同体公认的范式，于是进入常规科学时期。在此期间，科学共同体的主要任务是在范式的指导下从事释疑活动，通过释疑活动推动科学的发展。而随着在释疑活动过程中，一些新问题和新事物逐渐产生，并动摇了原有的范式，于是进入科学革命时期。革命的结果是拥有新范式的新的科学共同体取代拥有旧范式的旧的科学共同体。新范式的产生并不表示新范式更趋近真理，只是解题能力增强了。于是，再次进入新常规科学时期。

近半个世纪以来，科学范式理论对世界学术界产生了重大和深远的影响，很多学者都关注科学研究的范式，各个学科也纷纷开展自己的学科范式以及范式的应用研究。科学范式的价值不仅在于它描述了科学研究已有的习惯、传统和模式，还在于它提供了科学研究群体协同一致、共同探索的纽带，它能够为科学研究的未来发展和进一步开拓奠定基础。

（1）经验范式

经验范式是指偏重于经验事实的描述和明确具体的实用性的科学研究范式。经验范式在研究方法上，以归纳为主，带有较多盲目性的观测和实验。一般科学的早期阶段都属于经验科学，化学尤甚。在恩格斯《自然辩证法》中，经验范式专指18世纪以前搜集材料阶段的科学。

经验范式由 17 世纪的科学家弗朗西斯·培根阐明，并一直沿用至今。

经验范式研究的经典方法是"三表法"：先观察，进而假设，再根据假设进行实验。如果实验的结果与假设不符合，则修正假设再实验。因此经验范式的模型是科学实验。

经验范式的经典范例是伽利略在比萨斜塔所做的"两个铁球同时落地"的著名实验。

牛顿的经典力学、哈维的血液循环学说以及后来的热力学、电学、化学、生物学、地质学等都是实验科学的典范。

（2）理论范式

在说明什么是理论范式之前，先来看什么是理论。

所谓理论，是指人类对自然、社会现象按照已有的实证知识、经验、事实、法则、认知以及经过验证的假说，经由一般化与演绎推理等方法，进行合乎逻辑的推论性总结。人类借由观察实际存在的现象或逻辑推论，而得到某种学说，但如果未经社会实践或科学试验证明，只能属于假说。而如果假说能借由大量可重现的观察与实验而验证，并为众多科学家认定，这项假说就可被称为理论。

因此，理论范式主要指偏重理论总结和理性概括，强调较高普遍的理论认识而非直接实用意义的科学研究范式。

在研究方法上，理论范式以演绎法为主，不局限于描述经验事实。

在恩格斯的《自然辩证法》中，理论范式主要指 19 世纪以后成熟起来的，处于整理材料阶段的科学。

理论范式的模型为数学模型。理论范式研究的范例包括：数学中的集合论、图论、数论和概率论；物理学中的相对论、弦理论、卡鲁扎—克莱恩理论（KK 理论）、圈量子引力理论；地理学中的大陆漂移学说、板块构造学说；气象学中的全球暖化理论；经济学中的微观经济学、宏观经济学以及博弈论；计算机科学中的算法信息论、计算机理论等。

（3）模拟范式

模拟范式是一个通过数据模型构建、利用定量分析方法，以及利用计算机来分析和解决科学问题的科学研究范式。主要用于对各个科学学科中的问题进行计算机模拟和其他形式的计算。

模拟范式研究的问题域包括：

1）数值模拟。数值模拟有各种不同的目的，取决于被模拟的任务的特性。重建和理解已知事件（如地震、海啸和其他自然灾害）；预测未来或未被观测到的情况（如天气、亚原子粒子的行为）。

2）模型拟合与数据分析。适当调整模型或利用观察来解方程，不过也需要服从模型的约束条件（如石油勘探地球物理学、计算语言学）；利用图论建立网络的模型，特别是那些相互联系的个人、组织和网站的模型。

3）计算优化。包括数学优化；最优化已知方案（如工艺和制造过程、前端工程学）等。

模拟范式在研究中所用到的模型主要是计算机仿真/模拟，典型的范例包括人工智能、热力学和分子问题、信号系统等。

（4）数据密集型研究范式

2007 年，计算机图灵奖得主吉姆·格雷在美国国家研究理事会计算机科学和远程通信委员会（NRC-CSTB）的演讲报告中提出了科学研究"第四范式"，即以数据密集型计算为基础的科学研究范式。

格雷先生的四个科学范式理论基本内容为：第一范式产生于几千年前，是描述自然现象的，是以观察和实验为依据的研究，可称为经验范式；第二范式产生于几百年前，是以建模和归纳为基础的理论学科和分析范式，可称为理论范式；第三范式产生于几十年前，是以模拟复杂现象为基础的计算科学范式，可称为模拟范式；第四范式正在出现，是以数据考察为基础，联合理论、试验和模拟一体的数据密集计算范式，数据被一起捕获或由模拟器生成，被软件处理，信息和知识存储在计算机中，科学家使用数据管理和统计学方法分析数据库和文档，可称为数据密集型范式。

关于学科的发展，格雷认为，所有学科 X 都有两个进化分支，一个是模拟的 X 学，另一个是 X—信息学，以生态学为例，即计算生态学和生态信息学，前者与模拟生态的研究有关，后者与收集和分析生态信息有关。在 X—信息学中，编码和表达知识的方式是，将实验和设备产生的、其他档案产生的、文献中产生的、模拟产生的事实都保存在一个空间中，人们通过计算机向这个空间提问并获得答案，这之中要解决的一般问题有：数据的获取、PB 级大容量数据的管理、公共模式的设置、数据的组织、数据的重组、数据的分享、查找和可视化工具的构件、建立和实施模型的设置、数据和文献集成方法的构件、数据管理和长期保存的实现。当前，科学家们需要更好的工具来实现数据的捕获、分类管理、分析和可视化。

数据密集型研究范式是针对数据密集型科学，由传统的假设驱动向基于科学数据进行探索的科学方法的转变而生成的科学研究范式。

数据依靠工具获取或模拟产生；利用计算机软件处理；依靠计算机存储；利用数据管理和统计工具分析数据。

数据密集型研究范式的研究对象是科学数据。

5.1.2 第四范式兴起的社会根源

5.1.2.1 数据洪流的到来

从技术角度说，新型的硬件与数据中心、分布式计算、云计算、大容量数据存储与处理技术、社会化网络、移动终端设备、多样化的数据采集方式使海量数据的产生和记录成为可能。

从用户角度说，日益人性化的用户界面出现，每个人的信息行为模式都容易被作为数据记录下来，人人都可成为数据的提供方，人人也可成为数据的使用方。

从未来趋势看，随着云计算的发展，从理论上讲，世界上每个人、每件事存在和活动所产生的新数据，包括位置、状态、思考和行动等都能够被数字化，都能够成为数据在互联网传播。社交网站记录人们之间的互动和沟通，搜索引擎记录人们的搜索行为和搜索结果，电子商务网站记录人们购买商品的喜好，微博网站记录人们所产生的即时的想法和意见，图片视频分享网站记录人们的视觉观察，百科全书网站记录人们对抽象概念的认识，幻灯片分享网站记录人们的各种正式和非正式的演讲发言，机构知识库和开放获取期刊记录人们的学术研究成果。

上述现象导致了海量数据的产生，进而引发了数据洪流。可见，在现代技术的支持下，无论是简单的生活活动，还是复杂的学术研究，都能够成为数据被传播，这些海量数据蕴涵了巨大的潜力。善于挖掘、分析和可视化展现它们，将给人类的生活、工作和学习带来全方位的影响。

5.1.2.2　科学界对海量数据的关注

2011 年 5 月，麦肯锡全球研究院发布了一份同样关注当前社会数据洪流的报告——《海量数据：创新、竞争和生产率的下一个前沿》。报告以数字、数据和文档的当前状况为基础，分析大数据集如何在现代社会中创造价值和产生更大的潜力。报告称，2010 年全球企业在磁盘上存储了超过 7 EB 的新数据，消费者在个人计算机等设备上存储了超过 6 EB 的新数据，而 1 EB 等于 10 亿 GB，相当于美国国会图书馆中存储数据的 4 000 多倍。如果这些数据能够被合理地采集、管理和分析，将会创造难以计量的商业价值。报告通过研究美国卫生保健、欧洲公共部门、美国零售业、美国制造业和全球个人位置数据这五个领域的大数据集，总结出美国的医疗行业可以利用海量数据管理，通过使数据更易于访问、促进与数据相关的试验和商业决策自动化等手段，创造高达每年 3 000 亿美元的价值；零售业通过海量数据管理可将利润率提高 60%；欧盟可以利用海量数据管理缩减 1 490 亿美元的运营开支。

在科学领域，由于科学观察、实验和研究设备的进化、计算机辅助技术的发展以及大规模合作的科学态势，科学数据呈海量增长。据统计，大型天文观察望远镜投入运行后第一年，生产的数据就达到 1.28 PB（1×1 015 Bytes）；欧洲分子生物实验室核酸序列数据库 EMBL-Bank 收到数据的速度每年递增 200%；预算达 30 万元的人类基因组计划（Human Genome Project，HGP）要揭开组成人体的 4 万个基因的 30 亿个碱基对的秘密，2008 年产生 1 万亿碱基对的数据，2009 年速率又翻一番。

科学界对海量数据对科学研究的影响已经开始重点关注，2011 年 2 月美国《科学》（Science）期刊刊登了一个专辑，名为"数据处理"（Dealing With Data）。该杂志还联合美国科学促进会（AAAS）的官方刊物《科学——信号传导》（Science：Signaling）、《科学——转化医学》（Science：Translational Medicine）以及职业在线网站 Science Careers，推出相关专题，围绕科学研究海量数据的问题展开讨论。

2006 年美国国家科学基金会发布的名为《21 世纪发现的赛博基础结构》的报告称，美国在科学和工程领域的领先地位将越来越取决于利用数字化科学数据，借助复杂的数据挖掘、集成、分析和可视化工具，将数据转换为信息和知识的能力。2010 年 12 月，美国总统科技顾问委员会（PCAST）提交给总统和国会的报告中明确提出"数据密集的科学和工程"（DISE）概念，随后，在美国国家科学局和国家科学基金会的一些会议上深入地讨论了数据密集的科学和工程问题。

学者们将科学研究型数据的来源归结为四类：一是来自测量仪器、传感设备记录仪器的观测型数据，如天文望远镜观测的数据；二是来自物理学、医学、生物学、心理学等各学科领域的大型试验设备的试验型数据，如粒子加速器试验数据；三是来自大规模模拟计算的计算型数据；四是来自跨学科、横向研究的参考型数据，如人类基因数据。这些数据有些由于观测和试验的不可重复性，有些由于时间、设备和经济等其他条件的限制，获取难度大，因此长期有效地保存数据、科学地管理数据、有条件共享数据和促进数据利用是极有意义和价值的一项工作。

科学界需要为应对数据洪流采取措施，需要从海量的数据中寻找科学的规律，需要考察数据密集性科学研究的未来。

5.1.2.3 关联数据运动

互联网之父伯纳斯·李从对网络发展和演变的分析中同样也发现了数据在未来网络中的价值。2006 年，他在讨论关于语义网项目的一份设计记录中提出了发展数据网络（Web of Data）的设想，并创造了"关联数据"（Linked Data）一词，提出数据网络的核心即关联数据。2009 年，他在 TED 大会（即技术娱乐和设计大会，1984 年由理查德·沃尔曼先生发起，每年 3 月在美国召集科学、设计、文学、音乐等领域的杰出人物，探索关于技术、社会和人的问题）上再次阐明了关联数据及其对数据网络的影响。关联数据就是用主体、谓词、客体三元组来表示资源的 RDF（Resource Description Framework）格式数据，关联数据描述了一种出版结构化数据让其能够互联和更加有用的方法，它依赖标准互联网技术，如 HTTP 和 URIS，不是使用它们服务于人类可读的网页，而是扩展到以能被计算机自动阅读的方式分享信息。关联数据有别于互联网上的文件互联，它强调的是数据互联，将以前没有关联的数据链接到一起，允许用户发现、描述、挖掘、关联和利用数据（图 5-1）。

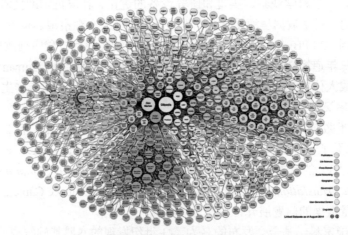

图 5-1 关联数据运动

关联数据方法提出后得到社会的广泛响应，一些国际组织如 W3C、世界银行，社会公益机构如美国国会图书馆，大众媒体如 BBC、《纽约时报》等纷纷加入关联数据出版发布的行列。2007 年 5 月，W3C 启动 LOD（Linked Open Data）项目，号召人们将数据按照关联数据要求发布，将数据源互联。至 2010 年 9 月，仅用了 3 年时间，已有很多数据提供者和网络开发者将数据发布出来，形成了具有 203 个数据集、包含 250 亿条的 RDF 语句、拥有 3.95 亿个链接的巨大关联数据网络。

从以下欧洲委员会在关联数据所提供的支持和举措，便可以感受到关联数据的影响力：

欧洲委员会提供资金作为第七框架计划的一部分，支持出版和使用链接的开放数据，目的是改善一个全天候的基础结构，以监测使用情况，并改善数据质量，为数据出版者和消费者提供低接入门槛，开发一个开放源数据处理工具图书馆，为处理链接数据与欧盟数据的联合而管理一个实验平台，支持社区教育和最佳实践。

欧洲委员会资助了杰出网络项目——行星数据项目（The Planet Data Project），致力于将欧洲在大规模数据管理方面的研究者聚合起来，这些数据包括遵从链接数据原则出版的语义网 RDF 数据。该项目的独特之处在于能够在项目进行过程中开放引进其他研究者提供的行星数据。

欧洲委员会投资 650 万欧元的资金支持 LOD2 项目，以持续开展链接开放数据项目，该项目 2010 年 9 月开始，将持续到 2014 年完成。项目的目标是从"相互关联的数据中创造知识"，具体任务包括五个方面：开发可供企业使用的、在互联网上公开和管理大量结构化信息的工具和方法；开发来源于维基百科和 OpenStreetMap 的高质量、多领域、多语种的本体的实验平台和网络；开发基于机器自动从互联网中学习和从网络融合数据的算法；开发能够可靠跟踪来源、确保隐私和数据安全、评价信息质量的标准和方法；开发适宜的工具以搜索、浏览和创作链接数据。

5.1.2.4　政府数据开放运动

由于新型网络技术在电子政府发展过程中的逐步应用，现在的互联网已不仅是政府提供信息和服务的平台，而且是公众与政府互动的、共同创造的平台，这种状态改变了政府与公众以及公众之间建立关联的方式，同时也逐步改变了电子政府信息管理和服务的方式。新时代的电子政府不再只满足于从提供的角度给公众更好的服务，而且提倡政府作为一个整体的、开放的平台为企业和公众开放更多的信息和数据，促进更多的创新应用，这就是 Tim O'Reily 提出"政府 2.0"时重点强调的观点。

政府信息资源占社会信息资源的绝大多数，政府所掌握的数据也同样可观，如果关联数据标准用于政府数据的开放中，必将为全球的数据空间贡献更多的数据容量。对于政府而言，政府数据的开放，意味着电子政府的发展进入一个全新的开放、透明、互动的电子政府新阶段，它使政府能够提供一个中心平台或门户，更好地满足决策制定者、科学研究者、企业和普通公众对政府信息资源的需求。开放政府数据的价值在于：

1）可以使公众免费、便捷地获得政府的数据，促进政府信息透明。

2）可以使公民更多、更好地参与政府决策，促进政府决策的民主化。

3）可以获得更有效的公众反馈，增加公众与政府的协作性。

4）可以促进公共数据的广泛应用，激发创新，促进政府信息资源的深度开发与重用，更快实现资源的价值。

自 2009 年以来，世界电子政府先进国家兴起了一股"数据民主化"浪潮，各国积极开展政府数据开放工作。美国政府承诺除了涉及国家安全和隐私之外的政府数据全部向公众开放。2009 年 5 月，美国政府将以前政府专有的数据库发布到网上，建立了全球第一个独立的政府数据门户网站 www.data.gov，该举措标志着全世界政府数据开放运动的开端。伯纳斯·李也是政府数据上网的积极倡导者，他不仅通过 TED 会议的号召让公众可以访问和利用政府数据，通过真实的案例说明政府开放数据的价值，还在 2010 年 1 月亲自为英国政府数据网站揭幕。

2009 年以来，政府数据开放发展迅速，成效显著。以美国政府数据网站为例，2009 年 5 月美国政府数据网站上线时，只有 11 个政府机构提供了 76 项数据集。现在，该网站不仅提供了计算机可读和可处理的数据集，还提供了多种数据分析、过滤和管理的工具；不仅有政府提供数据的各种应用程序，还鼓励公众贡献数据的应用程序；不仅提供互联网上的应用，还提供移动终端的综合应用。2012 年 1 月，该站点提供了 390 178 个原始数据和地理空间数据集，1 150 个政府应用程序，236 个政府开发的应用，85 个移动终端应用。美国政府有 31 个州、13 个城市、172 个机构和子机构建立了数据网站，而与此同时，有 28 个国家、地区和国际组织也建立了数据网站。

政府数据开放运动的价值不仅在于它提供了计算机可以直接处理的数据，还在于它提供了各种各样的作为基础设施的数据工具，包括结构间协作的数据工具、数据反馈工具、数据查找工具等。毫无疑问，从科学研究发展的角度看，全球正在兴起的政府数据开放运动，为基于数据科学研究基础架构的建立提供了良好的条件。

5.1.3 对第四范式的分析

科学研究第四范式描绘了科学研究在当前的水平下科学发展新的增长点，《第四范式》一书通过多角度的分析展现了新的科研范式的现状、价值和意义。结合上述数据洪流产生的社会背景分析，数据储存、数据互联和数据挖掘的价值将是难以估量的。本部分在《第四范式》一书的基础上，分析数据密集型科学研究以及格雷第四范式的意义和价值。

5.1.3.1 科学数据与科学研究的问题

科学界目前对科学研究范式和海量数据问题的探讨，让人们感受到了当前科学研究中存在的问题，这些问题可以分为两方面：一是数据方面；二是科学研究方面。

（1）数据方面的问题

1）缺少合理的数据保存、共享和重用制度保障。一直以来，绝大多数科学数据作为科学研究的附属材料没有得到很好的处置，它们在个人笔记中或使用磁介质存储，随着时间的流逝，渐渐变得不具备可读性而最终被丢弃。

2）数据爆炸。在 21 世纪，大量新科学数据被新的仪器全天候获取，同时信息在计算机模型的人工世界中生成，这使人们身处数据洪流中。

3）缺乏有效的数据工具。虽然数据在急剧增多，人类存储数据和传输数据的能力在不断增强，但数据往往保存在分散的数据库中，目前科学研究领域对进行数据管理、分类、分析、挖掘的工具依旧缺乏。

（2）科学交流方面的问题

在科学研究的整个链条中，人们只得到了作为论文或研究结果出版后最高端的一部分成果，大量的数据因文献发表栏目的需要被缩减到极小一部分。尽管科学界有少量利用数据或重用数据成功的科学研究范例，但是总体来看，已经存在的科学交流模式未能发掘数据这个原始科学研究素材的价值和功能。在面临着数据洪流，面临着数据揭示更多元、更深刻、更全面的事物规律的可能性之时，科学交流体系的完善应该提上议事日程。

5.1.3.2 解决方案

从《第四范式》一书以及从其他学者的相关研究中，从上述关联数据实验项目、政府数据开放的实施以及科学界海量数据管理和挖掘的实践探索中看到，解决上述问题的数据密集型科学研究范式正在出现，学者们所提出的解决方案主要体现在：

1）建立整个学科研究资源完整的采集、存储、管理、分析、发布链条，这个链条中不仅有文献还要有数据存在，不仅有原始数据还要有派生数据存在，不仅有结果还要看到过程的存在。

2）建立实验室数据管理系统，并形成长期的数据存档和追根溯源的机制。

3）建立对所捕获数据的挖掘和分析的专门机构。

4）大力开发数据捕获、分类管理和分析挖掘的新算法和新工具。

5）开发新型文献及数据出版和发布的工具，开发新的出版模式，支持出版物的快速变革。

6）建立支持数据交流、发布、随处响应的基础设施，其中包括计算机资源硬件、数据中心和高速网络、软件工具和中间件；建立互操作标准，支持数据之间，以及数据和信息之间的整合、获取、推断、思考和说明，支持国际分享数据和多个学科的紧密合作。

7）建立融数据和文献于一体的新型数字图书馆，形成数据与信息融合的互操作架构。让科学研究的整个过程都可以在数字图书馆的电子环境中进行，并对所有人开放，使科学研究的素材、思路、过程和结论都能够得到传播和共享。

8）制定国家政策，促进全科学链条信息和数据的接入和重用，提高科学研究者的生产率，加速科学研究的创新和发现速度。

9）培育数据科学家，展开对数据的高质量管理和分析。

根据库恩的范式理论，科学向数据密集型科学研究范式转换的成功将标志着常规科学的形成，必将引发科学研究观念和研究方法的新突破和新发展。这个前景反映了未来科学的行为方式，保证科学的快速发展、保持科学研究的领先地位。

5.1.4　数据科学研究的一般流程

试想一下，如果 24 h 站在窗前，以分钟为单位，记录走过窗边的人的数目；或者从今天起，记录一年内周围 0.5 km 内居住的人们每天发送的电子邮件数目；或者去当地医院，在血液样本中搜寻 DNA 的样式，也许会觉得这些事情让人毛骨悚然，但是事情本该如此，因为人们所在的世界，就是一台巨大的数据产生机器：

1）当人们早上乘坐各种交通工具前往工作岗位时，会产生数据；

2）当血液在身体内流淌时，会产生数据；

3）当购物、发送电子邮件、浏览网页、参与股票市场时，会产生数据；

4）当修建楼房时，当用餐时，当和朋友们聊天时，会产生数据；

5）当工厂生产产品时，会产生数据。

也就是说，人们的生活历程，或者说世界的运行历程，就是一个数据产生的过程。人们之所以要研究数据，也就是因为人们想更好地了解世界，或者说，只有更好地理解这个数据产生的过程，我们才能找到很多问题的答案。

数据，其实就代表了这个现实世界历程的某种轨迹，所以，研究数据的过程就是解析和了解世界运行历程的过程。图 5-2 所示为数据科学的研究流程。

所以，对数据科学的研究首先要从世界入手。

首先，现实世界中，有各色各样的人们在进行各种各样的行为。有人在浏览网页，有人在参与体育活动，有人在发送电子邮件，这些都会产生大量数据。那么，人们就要收集这些数据。

一开始收集到的是原始的数据，比如网页浏览日志文件、体育活动记录、电子邮件原件等。

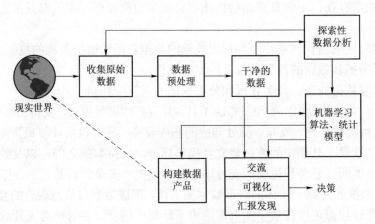

图5-2 数据科学的研究流程

有了这些原始数据，为了能够开展后续的分析，要对它们进行清理或预处理，因而需要建立一整套数据预处理流程。当原始数据经过了预处理过程后，就得到了规整而干净的数据。

在此基础上，将会开展探索性数据分析（Exploratory Data Analysis）。也许，通过探索性数据分析，人们意识到手头的数据还不是干净的数据，那么需要再次进行预处理。或者，人们意识到数据还不够充分，那就需要重新收集数据。

完成了探索性数据分析后，人们可以运用诸如 k-NN、线性回归、贝叶斯算法等，来建立数据模型。根据需要解决的是哪种类型的问题，人们确定需要选取的数据模型种类。

完成数据建模后，可以开始解读数据，为数据实现可视化展示，生成数据报告，或与研究者们交流研究心得。这是数据科学研究的一种成果形式，即形成数据分析报告，或者是决策支持文件等。

数据科学研究的另一种成果形式，就是构建一种"数据产品"。比如搜索评级算法，或者推荐系统等。数据产品会产生更多的数据，会与现实世界进行互动，从而完成一个循环。这正是数据科学区别于统计学的一大特征，即研究会反过来影响数据产生的过程，并形成往复。

这和气象预测有显著的区别。对于气象预测，预测模型并无法影响输出。人们可以预测下个星期有雨，但除非人们具有非凡的神力，不然，下个星期是否下雨并不是由人们决定的。但是，如果人们建立的是一个推荐系统，推荐给读者一本书，原因是很多读者都喜欢它，那么在这个过程中，推荐系统就发挥了显著的作用，许多读者喜欢这本书，也许就是推荐造成的。也就是说，人们的工作不是预测未来，而是在改变未来。

即模型不仅是在观测和预测所关注的现象，而且正在试图改变它。

5.2　数据的获取和预处理

5.2.1　数据的类型

要研究数据科学，最重要的前提是要有数据。而在研究数据如何获取之前，先来看看该如何定义数据类型。

这里需要先区分两个概念：数据的类型和数据的语义。

数据的语义，是指该数据项在现实世界中的意义，比如，该数据项表示的是某公司的名称，或者某天，或者某个人的高度，等等。

而数据的类型，则表征的是在该类数据上可执行的操作类型。

1996 年时，马里兰大学教授本·施奈德曼提出可以把数据分成七类：一维数据（1–D）、二维数据（2–D）、三维数据（3–D）、多维数据（*n*–D）、时态数据（Temporal）、层次数据（Hierarchical）和网络数据（Network）。

在本书中，参考 1946 年史丹利·史密斯·史蒂文斯发表的 *On the Theory of Scales of Measurement* 一文中对数据类型的定义方式，将数据分为四种类型：

1）分类型数据（Categorical Data）：对于这种类型的数据，只关注它们之间是否存在相等或者不等的情况，因此，对于这种类型数据能运行的数学操作为求解=或≠。

2）排序型数据（Ordinal Data）：这种类型的数据存在着排序关系，因此，对于它们可以运行的数据操作为=、≠、>、<。

3）区间型数据（Interval Data）：这种类型的数据属于定量性数据，它们可以看作一个个几何点，因此直接比较它们是没有任何意义的，只有比较它们两两之间的差别才有意义。对于它们可运行的数据操作为=、≠、>、<、+、−。

4）比值型数据（Ratio Data）：这种类型的数据主要是测量产生的结果，也属于定量性数据。对于它们来说，原点是固定的，可以看作一个个几何向量，因此，可运行的数据操作为=、≠、>、<、+、−、×、÷。

而区间型数据和比值型数据，通常可以统称为定量型数据（Quantitative Data）。

举例来说，分析图 5–3 中所示的订单数据。

首先来区分数据的语义和类型。在图 5–3 中，第一行条目表示的是这些数据的语义。它们代表的是表中的这些数据在现实世界中的含义，比如这些数据代表的是订单号，还是订单日期，还是订单的优先级别。

订单号	订单日期	订单优先级别	产品包装	产品折扣	运输日期
3	10/14/2006	5-低	大盒	0.8	10/21/2006
6	2/21/2008	4-未规定	小包装	0.72	2/22/2008
32	7/16/2007	2-高	小包装	0.65	7/17/2007
32	7/16/2007	2-高	包装袋	0.44	7/17/2007
32	7/16/2007	2-高	中等盒	0.56	7/17/2007
32	7/16/2007	2-高	包装袋	0.6	7/17/2007
32	7/16/2007	2-高	小盒	0.78	7/17/2007
35	10/23/2007	4-未规定	小盒	0.7	10/24/2007
35	10/23/2007	4-未规定	小包装	0.65	10/25/2007
36	11/3/2007	1-紧迫	小包装	0.44	11/3/2007
65	3/18/2007	1-紧迫	小盒	0.65	3/19/2007
66	1/20/2005	5-低	包装袋	0.7	1/20/2005
69	6/4/2005	4-未规定	包装袋	0.65	6/6/2005
69	6/4/2005	4-未规定	包装袋	0.44	6/6/2005
70	12/18/2006	5-低	小盒	0.45	12/23/2006
70	12/18/2006	5-低	小盒	0.56	12/23/2006
96	4/17/2005	2-高	小包装	0.7	4/19/2005
97	1/29/2006	3-中等	小包装	0.55	1/30/2006

图 5–3　订单

在这个关系型表中，每一行代表了一个元组，而每一列代表的是一个属性。

接下来看看每一列属性所属的数据类型：

1）订单号。订单号数据代表的是每个订单的标号。在其上只能判断是否存在相等或者不等的情况，所以，订单号数据应该属于分类型数据。

2）订单日期。订单日期数据代表的是每个订单产生的日期。它们是一种定量型数据。但不能直接将两个订单的日期来进行比较，这没有任何意义。可以做的是比较两个订单日期之间的差别，因而它们属于区间型数据。

3）订单优先级别。订单优先级别数据代表的是每个订单的优先级别。可以比较它们之间是否相等，也可以依据优先级别的高低对它们进行排序，因此，它们属于排序型数据。

4）产品包装。产品包装数据代表的是每个产品的包装方式。同理，可以比较它们之间是否相等，也可以依据所用的包装的大小对它们进行排序，因此，它们属于排序型数据。

5）产品折扣。产品折扣数据代表的是每个产品所获得的折扣。显然，属于定量型数据。而且，可以直接将两个数据进行比较，因此，它们属于比值型数据。

6）运输日期。运输日期代表的是每个产品运输的日期，显然，它们和订单日期一样属于区间型数据。

在图5-4中，用粗体标出了分类型数据，用斜体表示排序性数据，剩下的为定量型数据（包括区间型和比值型）。从这张图中可以看出，分类型数据和排序性数据实际上代表的是数据可能存在的维度，它们可以看作一种描述性的数据，它们之间是互相独立的。而定量型数据则是一种对数据的量度，是可以用来分析的数字，它们之间是有依赖关系的。

订单号	订单日期	订单优先级别	产品包装	产品折扣	运输日期
3	10/14/2006	*5-低*	*大盒*	0.8	10/21/2006
6	2/21/2008	*4-未规定*	*小包装*	0.72	2/22/2008
32	7/16/2007	*2-高*	*小包装*	0.65	7/17/2007
32	7/16/2007	*2-高*	*包装袋*	0.44	7/17/2007
32	7/16/2007	*2-高*	*中等盒*	0.56	7/17/2007
32	7/16/2007	*2-高*	*包装袋*	0.6	7/17/2007
32	7/16/2007	*2-高*	*小盒*	0.78	7/17/2007
35	10/23/2007	*4-未规定*	*小盒*	0.7	10/24/2007
35	10/23/2007	*4-未规定*	*小包装*	0.65	10/25/2007
36	11/3/2007	*1-紧迫*	*小包装*	0.44	11/3/2007
65	3/18/2007	*1-紧迫*	*小盒*	0.65	3/19/2007
66	1/20/2005	*5-低*	*包装袋*	0.7	1/20/2005
69	6/4/2005	*4-未规定*	*包装袋*	0.65	6/6/2005
69	6/4/2005	*4-未规定*	*包装袋*	0.44	6/6/2005
70	12/18/2006	*5-低*	*小盒*	0.45	12/23/2006
70	12/18/2006	*5-低*	*小盒*	0.56	12/23/2006
96	4/17/2005	*2-高*	*小包装*	0.7	4/19/2005
97	1/29/2006	*3-中等*	*小包装*	0.55	1/30/2006

图5-4　订单数据的数据类型区分

5.2.2　网络爬虫技术

5.2.2.1　概述

网络爬虫（又被称为网页蜘蛛、网络机器人），是一种按照一定的规则，自动抓取互联网信息的程序或脚本。另外一些不常使用的名字还有蚂蚁、自动索引、模拟程序或蠕虫。

随着网络的迅速发展，互联网成为大量信息的载体，如何有效地提取并利用这些信息成为一个巨大的挑战。而网络爬虫技术正是一种可以帮助人们快速高效地从互联网上获取数据的手段。

一个通用的网络爬虫的框架如图 5-5 所示。

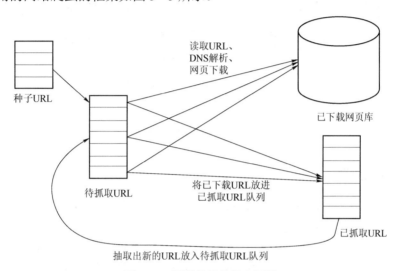

图 5-5　通用的网络爬虫框架

互联网上的网络爬虫各式各样，但爬虫抓取网页的基本步骤大致相同：

1）人工给定一个 URL 作为入口，从这里开始抓取。互联网的可视图呈蝴蝶形，网络爬虫一般从蝴蝶形左边的结构出发。门户网站中包含大量有价值的链接。

2）用运行队列和完成队列来保存不同状态的链接。对于大型数据而言，内存中的队列是不够的，通常采用数据库模拟队列。用这种方法既可以进行海量的数据抓取，还可以实现断点续抓功能。

3）线程从运行队列读取队首 URL，如果存在，则继续执行，反之则停止抓取。

4）每处理完一个 URL，将其放入完成队列，防止重复访问。

5）每次抓取网页之后分析其中的 URL（URL 采用字符串形式，功能类似指针），将经过过滤的合法链接写入运行队列，等待提取。

6）重复步骤 3）、4）、5）。

因此，从网络爬虫的角度来看，可以将互联网的所有页面分为五个部分（图 5-6）：

1）已下载未过期网页。

2）已下载已过期网页：抓取到的网页实际上是互联网内容的一个镜像与备份，互联网是动态变化的，一部分互联网上的内容已经发生了变化，这时，这部分抓取到的网页就已经过期了。

3）待下载网页：也就是待抓取 URL 队列中的那些页面。

4）可知网页：还没有抓取下来，也没有在待抓取 URL 队列中，但是可以通过对已抓取页面或待抓取 URL 对应页面分析获取到的 URL。

5）不可知网页：爬虫无法直接抓取下载的网页。

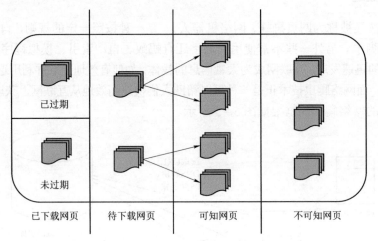

图 5-6　互联网网页的划分

5.2.2.2　抓取策略

在爬虫系统中，待抓取 URL 队列是很重要的一部分。待抓取 URL 队列中的 URL 以什么样的顺序排列也是一个很重要的问题，因为这涉及先抓取哪个页面，后抓取哪个页面。互联网广阔无边，为了最大限度利用有限的资源，需要进行资源配置，并运用某些策略使爬虫优先爬取重要性较高的网页。决定这些 URL 排列顺序的方法，就叫作抓取策略。下面以图 5-7 为例来重点介绍几种常见的抓取策略：

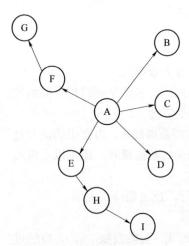

图 5-7　网页拓扑结构示例

（1）深度优先遍历策略

深度优先遍历策略从起始网页开始，选择一个 URL 进入，分析这个网页中的 URL，选择一个再进入。如此一个链接一个链接地抓取下去，直到处理完一条路线之后再处理下一条路线。深度优先遍历策略设计较为简单。然而门户网站提供的链接往往最具价值，PageRank 也很高，但每深入一层，网页价值和 PageRank 都会相应地有所下降。这暗示了重要网页通常距离种子较近，而过度深入抓取到的网页却价值很低。同时，这种策略抓取深度直接影响着抓取命中率以及抓取效率，抓取深度是该种策略的关键。而且深度优先在很多情况下会导致爬虫的陷入（Trapped）问题产生，因此，此种策略很少被使用。

如果按照深度优先遍历策略来抓取图 5-7 所示的网页结构，则遍历的路径为：A—F—G、E—H—I、B、C、D。

（2）宽度优先遍历策略

宽度优先遍历策略或称广度优先搜索策略，是指在抓取过程中，在完成当前层次的搜索后，才进行下一层次的搜索。该算法的设计和实现相对简单。在目前为了覆盖尽可能多的网页，一般使用宽度优先遍历策略。宽度优先遍历策略的基本思路是，将新下载网页中发现的链接直接插入待抓取 URL 队列的末尾。也就是指网络爬虫会先抓取起始网页中链接的所有网页，然后再选择其中的一个链接网页，继续抓取在此网页中链接的所有网页。

如果按照宽度优先遍历策略来抓取图 5−7 中所示的网页结构，则遍历路径为：A—B—C—D—E—F、H、G、I。

（3）反向链接数策略

反向链接数是指一个网页被其他网页链接指向的数量。反向链接数表示的是一个网页的内容受到其他人的推荐程度。因此，很多时候搜索引擎的抓取系统会使用这个指标来评价网页的重要程度，从而决定不同网页抓取的先后顺序。

在真实的网络环境中，由于广告链接、作弊链接的存在，反向链接数不能完全等同于网页的重要程度。因此，搜索引擎往往考虑一些可靠的反向链接数。

（4）Partial PageRank 策略

Partial PageRank 算法借鉴了 PageRank 算法的思想：对于已经下载的网页，连同待抓取 URL 队列中的 URL，形成网页集合，计算每个页面的 PageRank 值，计算完之后，将待抓取 URL 队列中的 URL 按照 PageRank 值的大小排列，并按照该顺序抓取页面。

如果每次抓取一个页面，就重新计算 PageRank 值，运算量会比较大。一种折中的方案是：每抓取 K 个页面后，重新计算一次 PageRank 值。但是这种情况还会有一个问题：对于在已经下载的页面中分析出的链接，也就是之前提到的未知网页那一部分，暂时是没有 PageRank 值的。为了解决这个问题，会给这些页面一个临时的 PageRank 值：将这个网页所有入链传递进来的 PageRank 值进行汇总，这样就形成了该未知页面的 PageRank 值，从而参与排序。

（5）大站优先策略

对于待抓取 URL 队列中的所有网页，根据所属的网站进行分类。对于待下载页面数多的网站，优先下载。

5.2.2.3　更新策略

互联网是实时变化的，具有很强的动态性。网页更新策略主要用来决定何时更新之前已经下载过的页面。常见的更新策略有以下三种：

（1）历史参考策略

顾名思义，根据页面以往的历史更新数据，预测该页面未来何时会发生变化。一般来说，是通过泊松过程进行建模预测。

（2）用户体验策略

尽管搜索引擎针对某个查询条件能够返回数量巨大的结果，但是用户往往只关注前几页结果。因此，抓取系统可以优先更新那些显示在查询结果前几页中的网页，而后再更新那些后面的网页。这种更新策略也需要用到历史信息。用户体验策略保留网页的多个历史版本，并且根据过去每次内容变化对搜索质量的影响，得出一个平均值，用这个值作为决定何时重新抓取的依据。

（3）聚类抽样策略

前面提到的两种更新策略都有一个前提：需要网页的历史信息。这样就存在两个问题：

第一，如果为每个系统保存多个版本的历史信息，无疑增加了很大的系统负担；第二，如果新的网页完全没有历史信息，就无法确定更新策略。

这种策略认为，网页具有很多属性，对于类似属性的网页，可以认为其更新频率也是类似的。要计算某一个类别网页的更新频率，只需要对这一类网页抽样，以它们的更新周期作为整个类别的更新周期。聚类抽样策略如图 5-8 所示。

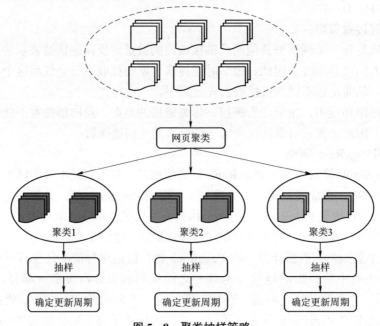

图 5-8　聚类抽样策略

5.2.2.4　分布式抓取系统

一般来说，抓取系统需要面对的是整个互联网上数以亿计的网页。单个抓取程序不可能完成这样的任务，往往需要多个抓取程序一起来处理。一般来说，抓取系统往往是一个分布式的三层结构，如图 5-9 所示。

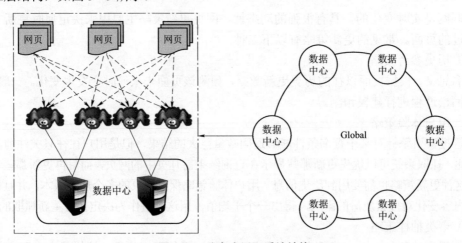

图 5-9　分布式抓取系统结构

最底层是分布在不同地理位置的数据中心，在每个数据中心里有若干台抓取服务器，而每台抓取服务器上可能部署了若干套爬虫程序。这就构成了一个基本的分布式抓取系统。

对于一个数据中心内的不同抓取服务器，协同工作的方式有几种：

（1）主从式（Master-Slave）

主从式基本结构如图 5－10 所示。

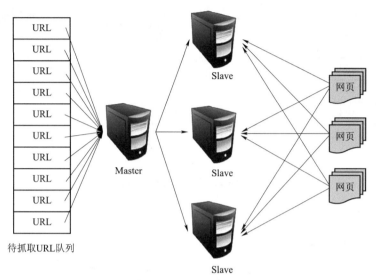

图 5－10　主从式基本结构

对于主从式而言，有一台专门的 Master 服务器来维护待抓取 URL 队列，它负责每次将 URL 分发到不同的 Slave 服务器，而 Slave 服务器则负责实际的网页下载工作。Master 服务器除了维护待抓取 URL 队列以及分发 URL 之外，还要负责调解各个 Slave 服务器的负载情况，以免某些 Slave 服务器过于清闲或劳累。

这种模式下，Master 往往容易成为系统的瓶颈。

（2）对等式（Peer to Peer）

对等式的基本结构如图 5－11 所示。

在这种模式下，所有的抓取服务器在分工上没有不同。每一台抓取服务器都可以从待抓取 URL 队列中获取 URL，然后获取该 URL 的主域名的哈希值 H，然后计算 $H \bmod m$（其中，m 是服务器的数量，以图 5－11 为例，m 为 3），计算得到的数就是处理该 URL 的主机编号。

例如，假设对于 URL www.baidu.com，计算器哈希值 $H=8$，$m=3$，则 $H \bmod m=2$，因此由编号为 2 的服务器进行该链接的抓取。假设这时候是 0 号服务器拿到这个 URL，那么它将把该 URL 转给服务器 2，由服务器 2 进行抓取。

这种模式有一个问题，当有一台服务器死机或者添加新的服务器时，那么所有 URL 的哈希值都要变化。也就是说，这种方式的扩展性不佳。针对这种情况，又有一种改进方案被提出来。这种改进的方案是指用一致性哈希法来确定服务器分工。其基本结构如图 5－12 所示。

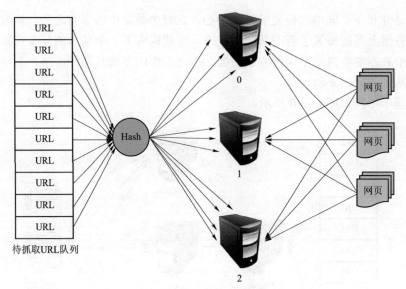

图5-11　对等式基本结构

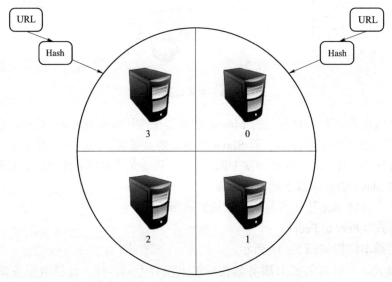

图5-12　一致性哈希法确定服务器分工

运用一致性哈希法可以将 URL 的主域名进行哈希运算，映射为0～232的某个数。而将这个范围平均地分配给 *m* 台服务器，根据 URL 主域名哈希运算的值所处的范围判断由哪台服务器来进行抓取。

如果某一台服务器出现问题，那么本该由该服务器负责的网页则按照顺时针方向顺延，由下一台服务器进行抓取。这样的话，即使某台服务器出现问题，也不会影响其他工作。

5.2.2.5　开源网络爬虫

（1）Heritrix

Heritrix 是一个爬虫框架，可以加入一些可互换的组件。Heritrix 是用来获取完整精确的网站内容的爬虫，除文本内容之外，它还获取其他非文本内容（如图片等），并对其进行处理，且不对网页内容进行修改。当重复抓取相同 URL 时，不会对先前网页进行替换。

Heritrix 主要有以下四步：

1）在预定的 URL 中选择一个并获取；

2）分析，并将结果归档；

3）选择已经发现的感兴趣的 URL，加入运行队列；

4）标记已经处理过的 URL。

Heritrix 利用广度优先搜索策略来进行网页获取，其主要部件都具有高效性和可扩展性。然而 Heritrix 也有一定的局限性，如：

1）只支持单线程爬虫，多爬虫之间不能合作；

2）操作复杂，对有限的资源来说是一个问题；

3）在硬件使系统失败时，其恢复能力较差等。

（2）Nutch

Nutch 深度遍历网站资源，将这些资源抓取到本地，使用的方法都是分析网站每一个有效的 URL 并向服务器端提交请求来获得相应结果，生成本地文件及相应的日志信息等。

Nutch 与 Heritrix 有几点差异，即：

1）Nutch 只获取并保存可索引的内容；

2）Nutch 可以修剪内容，或者对内容格式进行转换；

3）Nutch 保存内容的格式为数据库优化格式，便于以后索引，且对于重复的 URL，要以新内容刷新替换旧的内容；

4）Nutch 从命令行运行、控制；

5）Nutch 的定制能力不够强（不过现在已经有了一定改进）。

（3）Larbin

Larbin 不同于以上两种网络爬虫，它只抓取网页，而不提供包括分析网页、将结果存储到数据库以及建立索引等服务。

Larbin 的目的是对页面上的 URL 进行扩展性的抓取，为搜索引擎提供广泛的数据来源。虽然工作能力较为单一，但 Larbin 胜在其高度可配置性和良好的工作效率（一个简单的 Larbin 的爬虫可以每天获取 500 万个网页），这也是 Larbin 最初的设计理念。

（4）Lucene

Lucene 是一个基于 Java 的全文信息检索工具包，它本身不是一个完整的全文索引应用程序，而是用来为各种应用程序提供索引和搜索功能。只要能把要索引的数据转化为文本格式，Lucene 就能对该文档进行索引和搜索。

Lucene 采用的是一种称为反向索引（Inverted Index）的方法。因此，在用户输入查询条件的时候，Lucebne 能非常快地得到搜索结果。

对文档建立好索引后，搜索引擎首先会对关键词进行解析，然后在建立好的索引上进行查找并返回和用户输入的关键词相关联的文档。

5.2.3　数据预处理的目的

数据预处理是数据处理的过程中非常重要的一步。这个过程也许会是整个数据处理流程中最耗费时间的一环。过程也许会很枯燥和烦闷，但是绝对不可或缺。

《探索性数据挖掘与数据清理》的作者西奥多·约翰逊和塔玛拉帕拉尼·达苏曾经说过："根据我们的经验，最终数据挖掘的价值有百分之八十都取决于探索式数据分析和数据清洗的效果。"

为什么需要进行数据的预处理呢？因为在原始数据中存在着各种各样的问题。

5.2.3.1　杂乱性

杂乱性是指系统中的数据缺乏统一的标准和定义。具体表现形式包括：

1）在不同的数据来源中的同义异名情况，例如为了标示客户，一些数据来源用 cust_id 来区分，另一些则用 cust_number 来区分；

2）不同数据来源采用的度量标准可能不同，比如对于性别，一些采用"Male"或"Female"来区分，另一些则采用"男"和"女"来区分；

3）对同一属性定义的类型不同，以工资为例，一些数据来源可能定义为 Int 型，另一些则定义为 Double 型。

5.2.3.2　重复性

重复性是指同一事物在数据库中存在两条或多条完全相同的记录。这种情况非常常见，如实际使用过程中出现的意义相同或者可以表示同一信息的多个属性，例如年龄和出生日期。在一次数据挖掘中，若考察的是年龄段和消费特征的关系，那么这两个属性便为冗余的。因为用年龄或出生日期都可以计算得到年龄段，且结果相同。当然，若在数据挖掘时，考察的是年龄段、出生月份对消费特征的影响，那么这两个属性就表示的是不同的信息，不可视为重复属性。由此可见，重复性是一种相对的概念，需要根据实际的分析目标来予以判断。

5.2.3.3　不完整性

不完整性是指系统设计的不合理或者使用过程中的某些因素所造成的属性值缺失或者不确定；或者是某个元组中缺少了某样或者某几样属性，甚至是多个元组直接缺失。造成这种情况的原因，也许是在数据输入时，某些数据可能被误认为不重要而删除了；或是某些数据由于存在不一致性，结果被删除了。

5.2.3.4　存在噪声

存在噪声是指测量变量中的随机错误或偏离期望的孤立点值。噪声数据的来源众多，起因也各异。

总之，各种各样的疏忽或错误，会导致"脏"数据的存在，而数据预处理的目的是：对这些原始数据进行处理，为数据挖掘过程提供干净、准确、简洁的数据，减少数据处理量，提高数据挖掘的效率和准确性。可以说，没有高质量的数据就没有高质量的数据挖掘结果。

按照所处理的内容不同，可以将数据预处理的主要任务分为以下几类：

1）数据清理。即填补空缺值、平滑噪声数据、识别删除孤立点，以及解决数据中的不一致性问题。

2）数据集成。即通过操作集成多个来源不同的数据库、数据立方或文件。

3）数据变换。即对原始数据进行规范化和聚集操作。

4）数据规约。即通过操作得到数据集的压缩表示，所得到的压缩表示将会小得多，但可以在其上得到与原始数据相同或相近的数据挖掘结果。

5.2.4 数据清洗

数据清洗（图 5－13）的主要任务就是对原始数据进行处理，将"脏"数据转化为"干净的"数据。其主要任务包括：

1）填补空缺值；

2）平滑噪声数据；

3）纠正不一致数据；

4）消除冗余数据。

下面详细介绍填补空缺值和平滑噪声数据。

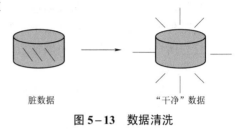

图 5－13 数据清洗

5.2.4.1 填补空缺值

原始数据并不总是完整的，在很多情况下，会出现数据库中很多条记录的对应字段为空的情况。

引起空缺值的原因很多，例如：

1）设备异常；

2）与其他已有数据不一致而被删除；

3）因为误解而没有被输入的数据；

4）在输入时，有些数据因为得不到重视而没有被输入；

5）对数据的改变没有进行日志记载。

填补空缺值的方法一般有以下几种：

1）直接忽略存在属性缺失的元组：这种方法一般是在缺少类标号时使用（主要是针对分类或描述）。但是，这种方法的有效性不好，尤其是当属性缺少值的比例很大时。

2）人工方式来填补空缺值：这种方法会耗费大量人力和时间，因而不适用于大数据集。

3）自动填充空缺值：一般可以使用全局变量、属性的平均值、与给定元组属于同一类的所有样本的平均值，或者由回归、判定树、基于推导的贝叶斯形式化方法等确定的其他可能值来自动填充。

要注意的是：自动填充的方法会使数据分布产生倾斜，导致数据分布过度集中于数据空间的某端，造成"头重脚轻"或者"比萨斜塔"等不均匀的分布特点。数据分布倾斜性将造成运算效率上的"瓶颈"和数据分析结果的"以偏概全"，而且不管采用了何种方式来推断空缺值，填入的值都可能是不正确的，因为我们毕竟不知道空缺处真实的值是多少，而是使用现有数据的信息来推测的。

5.2.4.2 平滑噪声数据

噪声数据，是指原始数据中存在的随机错误或偏差。引起噪声数据的原因有很多，比如：

1）数据收集工具的问题；

2）数据输入错误；

3）数据传输错误；

4）技术限制；

5）命名规则的不一致。

（1）分箱法处理噪声数据

分箱法是指把待处理的数据按照一定的规则放进一些箱子中，考察每一个箱子中的数据，再采用某种方法来分别对各个箱子中的数据进行处理的办法。

这里所谓的箱子是指按照属性值划分的某个子区间。如果一个属性值处于某个子区间范围内，就称把该属性值放进这个子区间代表的"箱子"里。

采用分箱法来平滑处理噪声数据，必须首先确定两个问题：

如何分箱？

如何对每个箱子中的数据进行平滑处理？

要注意的一点是，在实施分箱之前，必须先对记录集按目标属性值的大小进行排序。

先来看第一个问题：如何分箱？

分箱的方法一般有三种：

1）等深分箱法：又称等频率分箱法，即按照对象的个数来划分。具体来说，就是将对象范围划分为每块包含大致相同数量样本的 N 块。每箱具有相同的记录数，而每箱记录数就称为箱的权重，也叫作箱子的深度。这种分箱方法便于数据缩放，缺点则是绝对属性管理比较困难（即通常无法等分）。

2）等宽分箱法：又称等距离分箱法，即按照对象的值来划分。具体来说，就是将对象范围划分为等间隔的 N 块。如果 A 和 B 是最低和最高的属性值，那么间隔宽度 W 的计算方式是：

$$W=（B-A）/N \tag{5-1}$$

通常说来，等宽分箱法是最简单的划分方法，但在使用它时可能会出现不少例外情形，而且它不能很好地处理歪斜数据。划分之后的数据集在整个属性值的区间上呈平均分布，每个箱子的区间范围是一个常量。

3）用户自定义区间法：即根据用户需要自定义区间来划分的一种方式。

下面以一个具体的例子来说明三种方法的区别：

例 5.1 假设客户收入属性 income 排序后的值（单位为元）为：800，1 000，1 200，1 500，1 500，1 800，2 000，2 300，2 500，2 800，3 000，3 500，4 000，4 500，4 800，5 000。

下面分别尝试用三种分箱方法来进行划分：

解答

① 等深分箱法：假定需要划分为四个箱子。由于原始数据一共有 16 个数据项，因此，每个箱子的深度应该为 4。因此，划分后的结果为：

箱 1：800　1 000　1 200　1 500

箱 2：1 500　1 800　2 000　2 300

箱 3：2 500　2 800　3 000　2 300

箱 4：4 000　4 500　4 800　5 000

② 等宽分箱法：同样假定需要划分为四个箱子。检查所有数据可知，最低属性值为 800，

最高属性值为 5 000，因此每个箱子的间隔宽度 W 为：

$$W = (5\,000 - 800)/4 = 1\,050 \tag{5-2}$$

所以，分箱法的结果为：

箱 1：800　1 000　1 200　1 500　1 500　1 800

箱 2：2 000　2 300　2 500　2 800

箱 3：3 000　3 500

箱 4：4 000　4 500　4 800　5 000

③ 用户自定义区间法：假定根据用户自定义，按照如下方式划分——将客户收入划分为 1 000 元以下、1 000～2 000 元、2 000～3 000 元、3 000～4 000 元和 4 000 元以上几组。划分结果为：

箱 1：800

箱 2：1 000　1 200　1 500　1 500　1 800　2 000

箱 3：2 300　2 500　2 800　3 000

箱 4：3 500　4 000

箱 5：4 500　4 800　5 000

确定了分箱方法后，来看第二个问题，即如何对每个箱子中的数据进行平滑处理。

可以有三种方式来对每个箱子中的数据进行平滑处理：

① 按箱平均值平滑处理：即对同一箱值中的数据求平均值，用平均值代替该箱子中的所有数据。

② 按箱边界平滑处理：对于箱子中的每个数据，观察它与箱子两个边界值的差异，用差异较小的那个边界值替代该数据。

③ 按箱中值平滑处理：取箱子的中值，用来替代箱子中的所有数据。

在例 5.1 中，获得等宽分箱法的划分结果如下：

箱 1：800　1 000　1 200　1 500　1 500　1 800

箱 2：2 000　2 300　2 500　2 800

箱 3：3 000　3 500

箱 4：4 000　4 500　4 800　5 000

下面以此为例，来展示三种平滑方法。

① 按箱平均值平滑处理。

需要计算每个箱子中数据的平均值，然后用平均值来代替该箱子中的所有数据。

对于第一个箱子，我们计算出其数据的平均值为

$$(800+1000+1200+1500+1500+1800)/6 = 1300 \tag{5-3}$$

因此，用 1 300 代替该箱子中的所有数值。

接下来再计算第二个箱子中的所有数据的平均值，再用该平均值代替第二个箱子中的所有数据。重复该过程，直到计算完毕。

因此，平滑结果为：

箱 1：1 300　1 300　1 300　1 300　1 300　1 300

箱 2：2 400　2 400　2 400　2 400

箱3：3 250　3 250

箱4：4 575　4 575　4 575　4 575

② 按箱边界值平滑处理。

首先考察箱子1中的数据。

箱子1有两个边界值800和1 800，接下来考察箱子每个数据与这两个边界值之差，选择具有较小差值的那个边界值来代替该数据。

第一个数值是800，它本身就是边界值之一，因此不变。

第二个数值是1 000。它与边界值一800的差是200，与边界值二1 800的差是800，因此用边界值一800来代替它。

第三个数值是1 200，它与边界值一800的差是400，与边界值二1 800的差是600，因此用边界值一800来代替它。

以此类推，直到所有箱子中的数据计算完毕。于是得到以下的平滑结果：

箱1：800　800　800　1 800　1 800　1 800

箱2：2 000　2 000　2 800　2 800

箱3：3 000　3 500

箱4：4 000　4 000　5 000　5 000

③ 按箱中值平滑处理。

首先计算每个箱子中数据的中值，然后用该中值代替此箱子中的所有数据。这和按箱平均值平滑处理的处理方法类似，只是替代值不同。

对于第一个箱子中的数据，计算得到其中值为1 350，因此，用1 350替代第一个箱子中的所有数据。依此类推，最后得到平滑结果为：

箱1：1 350　1 350　1 350　1 350　1 350　1 350

箱2：2 400　2 400　2 400　2 400

箱3：3 250　3 250

箱4：4 650　4 650　4 650　4 650

例5.2　将下列排序后的价格分为3组，排序后的需平滑价格为：4，8，9，15，21，21，24，25，26，28，29，34。

① 按照等深分箱法划分；

② 按照等宽分箱法划分；

③ 对等深分箱法的结果分别按照箱平均值和箱边界值做平滑处理。

解答

① 该数据已经完成了排序，因此只需要对其进行分箱操作。

所需要划分的数据一共有12项，需要划分为3组，因此每组数据应为4个，所以划分结果为：

箱1：4，8，9，15

箱2：21，21，24，25

箱3：26，28，29，34

② 由于需要划分为3个箱，因此其间隔宽度为

$$W=（34-3）/3=10 \tag{5-4}$$

所以划分结果为：

箱 1：4，8，9

箱 2：15，21，21，24

箱 3：25，26，28，29，34

③ 先对等深分箱法的结果按照箱平均值进行平滑处理。计算每个箱子中数据的平均值，得到如下平滑结果：

箱 1：9，9，9，9

箱 2：23，23，23，23

箱 3：29，29，29，29

再按照箱边界值进行平滑处理。对于每个箱子中的数据，比较它们与每个边界值之间的差异，选取差异小的替代该数值，得到平滑结果为：

箱 1：4，4，4，15

箱 2：21，21，25，25

箱 3：26，26，26，34

（2）其他平滑噪声数据的方法

除分箱法外，还可以用聚类和回归法来平滑噪声数据。

聚类方法将相似的值组织成群或类，那么落在群或类外的值就是孤立点，也就是噪声数据。

如图 5-14 所示，图中共形成了三个聚类，"+"号用来表示聚类的质心。聚类的质心就是聚类的平均点。不在任何聚类中的点称为孤立点，就是要去掉的噪声数据。

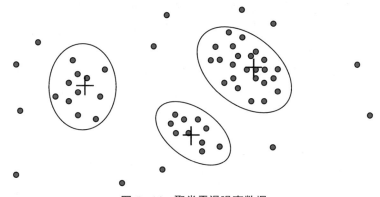

图 5-14　聚类平滑噪声数据

回归法可以发现两个相关变量之间的变化模式，通过使数据适合一个函数来平滑数据，即利用拟合函数对数据进行平滑。最常用的回归方法包括线性回归、非线性回归等。图 5-15 中给出了一个利用线性回归方法来平滑噪声数据的例子。线性回归方法可以找出适合两个变量的"最佳"直线，使一个变量能够预测另一个。而从图 5-15 中可以看到，大部分数据点是分布在直线 $y=x+1$ 附近的，而有两个点的偏离距离较大，这两个点就是需要平滑掉的噪声数据。

5.2.5　数据集成

数据集成就是将多个数据源中的数据结合起来存放在一个一致的数据存储中。在数据集成的过程中，通常需要考虑多信息源的匹配、数据冗余、数据值冲突等问题（图 5-16）。

5.2.5.1 多信息源的匹配

在将不同源头的数据集成到一起的过程中，需要完成各信息源的匹配，即从多信息源中识别现实世界的实体并进行匹配。这是一个非常复杂的问题，比如，如何确定一个数据库中的 Id 和另一个数据库中的 customer_id 所指的实体是否同一个实体呢？有的时候需要借助元数据（即数据的数据），从而避免在数据集成中发生错误。

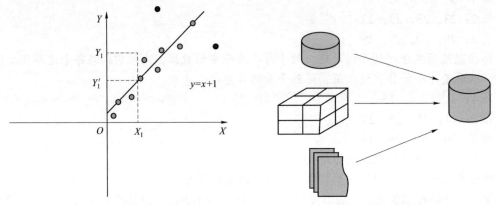

图 5-15 回归方法平滑噪声数据　　　　　图 5-16 数据集成

让我们考察图 5-17 和图 5-18 中的数据，若用户希望发现客户背景和客户购买类型、购买力的关系，针对数据挖掘的需要，数据预处理时需要将两张表集成为一个数据挖掘源。

可以看到，在图 5-17 中有一个数据项"Id"，而图 5-18 中有一个数据项名为"Customer_id"。如果注意观察该属性的说明，可以看到，这两项数据都是指示客户标志，因而可能是属于同一个属性。但两者的数据类型却不同，"Id"属于 Short int 型，而"Customer_id"则属于 Int型。在对这两个数据源进行集成时，需要采用可靠的手段来确定 Id 和 Customer_id 是否是同一个属性。当然，可以借助元数据。同时，必须把两者的数据统一为相同的类型。

属性名称	数据类型	说明
Id	Short int	客户标志
Gender	Boolean	性别
Birth	Date	出生日期
Type	Boolean	是否会员
income	Short int	月收入（元）

属性名称	数据类型	说明
Customer_id	Int	客户标志
Time	Date	交易日期
Goods	String	商品名称
Price	Real	商品价格
Count	Short int	商品数量
Total price	real	总价格

图 5-17 客户基本情况　　　　　图 5-18 客户交易数据

5.2.5.2 冗余数据的处理

冗余数据是指重复存在的数据。数据冗余的存在使挖掘程序需要对相同的信息进行重复处理，从而增加了数据挖掘的复杂性，导致了挖掘效率的降低。

主要的数据冗余问题包括：

1）属性冗余：一个属性可能由一个或多个其他属性导出。

2）属性或维命名的不一致，导致数据集成中的冗余。

来看图 5-18。在数据表中，Total price 这个属性，实际上可以通过 Price 和 Count 两个属性计算得到，这样就产生了属性冗余。

要发现数据冗余问题，一般可以采用相关性分析方法。常用的相关性分析方法有 χ^2 检验法（Chi-square test）。χ^2 的计算方式如下：

$$\chi^2 = \sum \frac{(\text{Observed} - \text{Expected})^2}{\text{Expected}} \tag{5-5}$$

χ^2 越大，则表示变量间的相关性越强。

例 5.3 数据表如图 5-19 所示。运用卡方检验法判断玩不玩象棋与喜不喜欢看科幻电影之间是否存在相关性。

项目	玩象棋的	不玩象棋的	合计（行）
喜欢科幻电影的	250	200	450
不喜欢科幻电影的	50	1 000	1 050
合计（列）	300	1 200	1 500

图 5-19 数据表

解答：

第一步：建立检验假设。

H0：玩不玩象棋与喜不喜欢看科幻电影没有关系

H1：玩不玩象棋与喜不喜欢看科幻电影有关系

评判阈值：α=0.05

第二步：计算期望值（TRC），计算公式如下：

$$\text{TRC}=nR \cdot nC/n \tag{5-6}$$

式中，TRC 表示第 R 行第 C 列格子的期望值，nR 为期望值同行的合计数，nC 为期望值同列的合计数，n 为总列数。

根据公式计算得出每行每列的期望值如下：

第 1 行 1 列：450×300/1 500=90

第 1 行 2 列：450×1 200/1 500=360

第 2 行 1 列：1 050×300/1 500=210

第 2 行 2 列：1 050×1 200/1 500=840

将期望值写入数据表中，如图 5-20 所示。

项目	玩象棋的	不玩象棋的	合计（行）
喜欢科幻电影的	250（90）	200（360）	450
不喜欢科幻电影的	50（210）	1 000（840）	1 050
合计（列）	300	1 200	1 500

图 5-20 写入期望值

第三步：计算 χ^2。

按照式（5-5）计算得到：

$$\chi^2 = \sum \frac{(\text{Observed} - \text{Expected})^2}{\text{Expected}}$$

（5-7）

$$= \frac{(250-90)^2}{90} + \frac{(50-210)^2}{210} + \frac{(200-360)^2}{360} + \frac{(1\,000-840)^2}{840} = 507.93$$

第四步：查 χ^2 表求 p 值，可知 $p<0.001$，而阈值 $\alpha=0.05$，因此拒绝 H0，所以可以认为玩象棋与喜欢看科幻电影之间是有关联的，即存在相关性。

而相关性的存在一般预示着冗余的存在。

5.2.6 数据变换

所谓数据变换，就是通过变换将数据转换成适合进行处理和分析的形式。数据变换可能涉及如下内容：

1）平滑：去除数据中的噪声（运用分箱、聚类、回归等方法）。

2）聚集：对数据进行汇总和聚集，常采用数据立方体结构，如运用 abg( )、count( )、sum( )、min( )、max( ) 等对数据进行操作。

3）数据概化：使用概念分层，用更高层次的概念来取代低层次"原始"数据。主要原因是在数据处理和分析过程中可能不需要那么细化的概念，它们的存在反而会使数据处理和分析过程花费更多时间，增加了复杂度。例如，Street 可以概化为较高层的概念，如 city 或 country；Age 可以概化为较高层概念。

4）规范化：将数据按比例缩放，使之落入一个小的特定区间。

5）属性构造：由给定的属性、构造添加新的属性，帮助提高数据处理和分析的精度，以及对高维数据结构的理解。比如根据属性 height 和 width 可以构造 area 属性。通过属性构造，可以发现关于数据属性间联系的丢失信息，这对知识的发现是有用的。

5.2.6.1 数据规范化

数据规范化是指将数据按比例进行缩放，使之落入一个小的特定区域，以加快训练速度，消除数值型属性因大小不一而造成数据处理和分析结果的偏差。例如，可以将工资收入属性值映射到[-1.0, 1.0]范围内。常用的规范化方法有：

1）最小—最大规范化（Min-max Normalization）；

2）零—值规范化（Z-score Normalization）；

3）小数定标规范化（Normalization by Decimal Scaling）。

（1）最小—最大规范化

最小—最大规范化一般适用于已知属性的取值范围，要对原始数据进行线性变换，将原取值区间[min, max]映射到[new_min, new_max]上。其计算公式为：

$$v' = \frac{v - \min_A}{\max_A - \min_A}(\text{new\_max}_A - \text{new\_min}_A) + \text{new\_min}_A$$

（5-8）

例5.4 映射最小和最大值为 12 000 和 98 000 到区间[0.0, 1.0]。试问，值 73 600 和 100 000

在新区间的值为多少？

解答

根据式（5−8），有

$$\frac{736\,00-12\,000}{98\,000-12\,000}(1.0-0)+0=0.716 \qquad (5-9)$$

$$\frac{100\,000-12\,000}{98\,000-12\,000}(1.0-0)+0=1.02(越界) \qquad (5-10)$$

（2）零—均值规范化

这种方法对属性的值基于其平均值和标准差进行规范。当属性的最大和最小值未知，或孤立点左右了最大—最小规范化时，该方法有用。

计算方式为：

$$v'=\frac{v-\overline{A}}{\sigma_A} \qquad (5-11)$$

例 5.5 假设属性 income 的均值与标准差分别为 54\,000 元和 16\,000 元，使用零—均值规格化方法将 73\,600 元的属性 income 值映射为多少？

解答

依据式（5−11），有

$$\frac{73\,600-54\,000}{16\,000}=1.225 \qquad (5-12)$$

（3）小数定标规范化

该方法通过移动属性值小数点的位置进行规范化。小数点的移动位数依赖属性值的最大绝对值。

其计算方式为：

$$v'=\frac{v}{10^j} \qquad (5-13)$$

式中，j 是满足下式的最小整数：

$$\max(|v'|)<1 \qquad (5-14)$$

例 5.6 假定 A 的值由−986 到 917，确定小数定标规范化的系数 j 的大小。

解答

由于 A 的最大绝对值为 986，因此，若需要保证

$$\max\left(\left|\frac{A}{10^j}\right|\right)<1 \qquad (5-15)$$

则 j 的取值为 3。因此，A 被规范到[−0.986, 0.917]的范围之内。

5.2.6.2 数据规范化的注意事项

数据规范化对原来的数据改变很多，尤其是零—均值规范化和小数定标规范化。一定注意，要保留规范化参数，以便将来的数据可以用一致的方式规范化。

5.2.7 数据归约

之所以要进行数据归约，是因为被分析的对象数据集往往非常大，分析与挖掘会特别耗时，甚至不能进行。而通过数据归约处理，可以减少对象数据集的大小。数据归约技术能够从原有的庞大数据集中获得一个精简的数据集合，并使这一精简的数据集保持原有数据集的完整性，以提高数据挖掘的效率。

因此，对于数据归约技术有如下要求：

1）所得归约数据集要小；

2）归约后的数据集仍接近于保持原数据的完整性；

3）在归约数据集上所得分析结果应与原始数据集相同或基本相同；

4）归约处理时间少于挖掘所节约的时间。

数据归约的策略一般有以下几种：

1）数据立方体聚集：结果数据量小，不丢失分析任务所需信息。

2）维归约：检测并删除不相关、弱相关或冗余的属性。

3）样本归约：从数据集中选出一个有代表性的样本的子集。子集大小的确定要考虑计算成本、存储要求、估计量的精度以及其他一些与算法和数据特性有关的因素。

4）特征值归约：即特征值离散化技术，它将连续型特征的值离散化，使之成为少量的区间，每个区间映射到一个离散符号。这种技术的好处在于简化数据描述，并易于理解数据和最终的挖掘结果。

5.2.7.1 数据立方体聚集

所谓数据立方体，就是一类多维矩阵，让用户从多个角度探索和分析数据集，通常是一次同时考虑三个因素（维度）。

当试图从一堆数据中提取信息时，需要工具来帮助找到那些有关联的和重要的信息，以及探讨不同的情景。一份报告，无论是印在纸上的还是出现在屏幕上，都是数据的二维表示，是行和列构成的表格。只需要考虑两个因素，但在真实世界中需要更强的工具。

数据立方体是二维表格的多维扩展，如同几何学中立方体是正方形的三维扩展一样。"立方体"这个词让人们想起三维的物体，也可以把三维的数据立方体看作一组类似的互相叠加起来的二维表格。

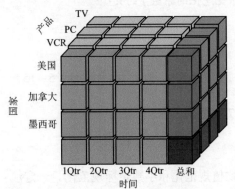

图 5-21 数据立方体的示例

但是数据立方体不局限于三个维度。大多数在线分析处理（OLAP）系统能用很多个维度构建数据立方体，例如微软的 SQL Server 2000 Analysis Services 工具允许维度数高达 64 个（虽然在空间或几何范畴想象更高维度的实体还是个问题）。

在实际中，常常用很多个维度来构建数据立方体，但人们倾向于一次只看三个维度。数据立方体之所以有价值，是因为人们能在一个或多个维度上给立方体做索引。图 5-21 所示为数据立方体的示例。

在数据立方体中，存放着多维聚集信息。每个单元存放一个聚集值,对应于多维空间的一个数据点。每个属性可能存在概念分层,允许在多个抽象层进行数据分析。最底层的数据立方体称为基本方体,最高层抽象的为顶点方体,不同层创建的数据立方体称为方体。每个数据立方体可以看作是方体的格。

通过对数据立方体的聚集操作,可以实现数据的归约。在具体操作时有多种方式,比如,既可以针对数据立方体中的最低级别进行聚集,也可以针对数据立方体中的多个级别进行聚集,从而进一步缩小处理数据的尺寸。在具体操作时,应该引用适当的级别,便于问题的解决。

图 5-22 中左半部分所示数据是某商场 2000—2002 年每季度的销售数据。在对其进行分析时,可以对数据立方体进行聚集,使结果数据汇总每年的总销售额,而不是每季度的总销售额。如图 5-22 右半部分所示,从图中可以看出,聚集后数据量明显减少,但没有丢失分析任务所需要的信息。当感兴趣的是季度销售的总和或者年销售时,由于有了聚集值,可以直接得到查询的结果。

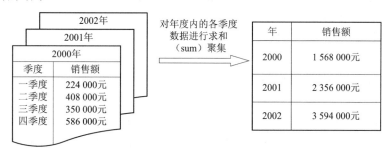

图 5-22　数据立方体的聚集

5.2.7.2　维归约

人们收集到的原始数据所包含的属性往往很多,但是大部分与所需要开展的挖掘任务无关。例如,为了对观看广告后购买新款 CD 的顾客进行分类,收集了大量数据,所要开展的分析与年龄和顾客个人喜好有关,但通常与顾客电话号码属性无关(图 5-23)。

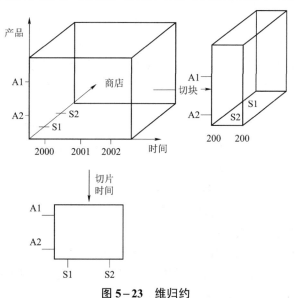

图 5-23　维归约

　　冗余属性的存在会增加要处理的数据量，减慢挖掘进程。维归约，就是指通过删除不相关的属性来减少数据挖掘要处理的数据量的过程。例如，挖掘学生选课与所取得的成绩的关系时，学生的电话号码可能与挖掘任务无关，可以去掉。

　　维归约一般可以采用属性子集选择和主成分分析法来实现。

　　（1）属性子集选择

　　所谓属性子集选择，是指在初始的 N 个属性中选择出一个有 m（$m<N$）个属性的子集，这 m 个属性可以如原来的 N 个属性一样用来正确区分数据集中的每个数据对象。这里有几个关键点要注意：

　　1）新选择出的属性数要少于原始属性数；

　　2）新选择出的属性可以和原来的 N 个属性一样描述数据集；

　　3）新选择出的属性可以和原来的 N 个属性一样区分数据集中的数据对象。

　　属性选择的基本步骤如下：

　　1）子集产生。

　　2）子集评估。

　　3）根据预先确定的停止准则终止过程。

　　4）结果有效性验证。

　　首先来看子集产生过程。子集产生过程是一个搜索过程，它产生用于评估的属性子集。对于含有 N 个属性的属性集合，它的子集共有 2^N 个，如何从这 2^N 个子集中选择一个合适的子集？

　　一般采用启发式方法来实现子集选择，常用的方法有：

　　① 逐步向前选择（Step-wise Forward Selection）：由空属性集合开始，选择原属性集中最好的属性，并将它添加到该集合中，如此迭代循环。这种方法精确性更高，但计算更多。

　　② 逐步向后删除（Step-wise Backward Elimination）：从整个属性集开始，删掉其中最坏的属性，如此迭代循环。

　　③ 向前选择与向后删除的结合。

　　④ 决策树归纳（Decision-tree Induction）：构造一个类似于流程图的结构，每个内部节点（非树叶）表示一个属性上的测试，每个分枝对应于测试的一个输出；每个外部节点（树叶）表示一个判定类。在每个节点，选择最好的属性，将数据划分成类。当决策树归纳用于属性子集选择时，由给定的数据构造决策树。不出现在树中的所有属性假定是不相关的，那么出现在树中的点会形成归约后的属性子集。

　　子集产生过程所生成的每个子集都需要用事先确定的评估准则进行评估，并且与先前符合准则最好的子集进行比较，如果它更好一些，那么就用它替换前一个最优的子集。如果没有一个合适的停止规则，在属性选择进程停止前，它可能无穷无尽地运行下去。

　　属性选择过程可以在满足以下条件之一时停止：

　　① 达到一个预先定义所要选择的属性数；

　　② 达到预先定义的迭代次数；

　　③ 增加（或删除）任何属性都不产生更好的子集。

　　最后，选择的最优子集需要通过在所选子集和原属性集进行不同的测试和比较，使用人工和现实世界的数据集对产生的结果进行有效性验证。

（2）主成分分析

主成分分析（Principal Components Analysis，PCA），是目前最流行的大型数据集归约的统计学方法。主成分分析，通过正交变换将一组可能存在相关性的变量转换为一组线性不相关的变量，转换后的这组变量叫作主成分。

在用统计分析方法研究多变量的课题时，变量个数太多就会增加课题的复杂性。人们自然希望变量个数较少而得到的信息较多。很多情形之下，变量之间是有一定的相关关系的，当两个变量之间有一定相关关系时，可以解释为这两个变量反映此课题的信息有一定的重叠。主成分分析是在原先提出的所有变量中将重复的变量（关系紧密的变量）删去，建立尽可能少的新变量，使这些新变量两两不相关，而且在反映课题的信息方面尽可能保持原有的信息。

可以这样去描述主成分分析方法：一个 m 维向量样本集 $X=\{x_1, x_2, x_3, \cdots, x_m\}$ 通过主成分分析法会被转换成另外一个相同维度的集 $Y=\{y_1, y_2, y_3, \cdots, y_m\}$，其中，$Y$ 的前几维中包含了大部分的信息内容——这样可以以低信息损失将数据集减小到较小的维度。

主成分分析所得到的主成分与原始变量之间存在如下关系：

1）主成分保留了原始变量绝大多数信息；

2）主成分的个数大大少于原始变量的数目；

3）各个主成分之间互不相关；

4）每个主成分都是原始变量的线性组合。

属性子集选择是通过保留原属性集的一个子集来减小属性集，而主成分分析则是通过创建一个替换的、更小的变量集来组合属性的基本要素，从而使原数据可以投影到该较小的集合中。主成分分析常常能够揭示先前未曾察觉的联系，并因此允许解释不寻常的结果。

5.2.7.3 特征值归约

特征值归约又称特征值离散化技术，它将连续型特征的值离散化，使之成为少量的区间，每个区间映射到一个离散符号。这种技术的好处在于简化了数据描述，易于理解数据和最终的挖掘结果。

特征值归约可以是有参数的，也可以是无参数的。有参数方法是指，使用一个模型来评估数据，只需存放参数，而不需要存放实际数据。

有参数的特征值归约方法有以下两种：

1）回归：包括线性回归和多元回归。

2）对数线性模型：近似离散多维概率分布。

无参数的特征值归约方法有三种：

1）直方图：采用分箱近似数据分布，其中 V–最优和 MaxDiff 直方图是最精确和最实用的。

2）聚类：将数据元组视为对象，将对象划分为群或聚类，使在一个聚类中的对象"类似"，而与其他聚类中的对象"不类似"，在数据归约时用数据的聚类代替实际数据。

3）抽样：用数据的较小随机样本表示大的数据集，如简单抽样 N 个样本（类似样本归约）、聚类抽样和分层抽样等。

5.3 数据的存储与管理

5.3.1 数据的存储

5.3.1.1 数据存储的发展

1725 年，法国纺织机械师布乔提出了"穿孔纸带"的构想（图 5-24）。他的设想是，首先设法用一排编织针控制所有的经线运动，然后在一卷纸带上根据编织图案打出一排排小孔。启动机器后，正对着小孔的编织针能穿过去钩起经线，其他的针则被纸带挡住不动。这样一来，编织针就自动按照预先设计的图案去挑选经线。

通过这种方式，布乔的"思想""传递"给了编织机，而编织图案的"程序"也就"储存"在穿孔纸带的小孔之中。

1805 年，法国机械师杰卡德根据布乔"穿孔纸带"的构想完成了自动提花编织机的设计制作，如图 5-25 所示。现在，把"程序设计"俗称为"编程序"，就引申自"编织花布"的词义。

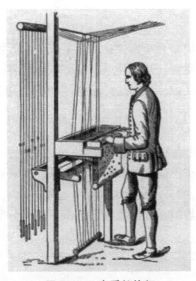

图 5-24　布乔的构想

图 5-25　自动提花编织机

历史有记载的最早的数据存储媒介应该是打孔纸卡。虽然这个概念 1725 年由布乔发明，但第一个真正的专利权，是赫尔曼·霍尔瑞斯在 1884 年 9 月 23 日申请的。这个发明用了将近 100 年，一直用到了 20 世纪 70 年代中期。

图 5-26 所示的打孔纸卡制成于 1972 年，上面可以打 90 列孔，能存储的数据少得可怜，事实上几乎没有人真的用它来存储数据。一般它是用来保存不同计算机的设置参数的。

亚历山大·拜恩（传真机和电传电报机的发明人）在 1846 年最早使用穿孔纸带作为存储设备。纸带上每一行代表一个字符。穿孔纸带（图 5-27）的容量比打孔纸卡大多了。

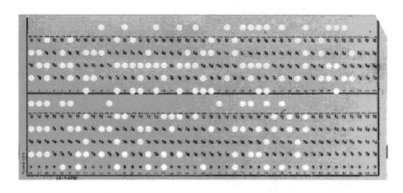

图 5-26　打孔纸卡

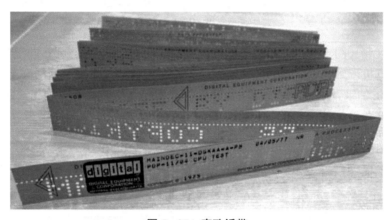

图 5-27　穿孔纸带

1946 年 RCA 公司启动了对计数电子管（图 5-28）的研究，这是用在早期巨大的电子管计算机中的一种存储设备。一个管子长达 10in①，能够保存 4 096bit 的数据。糟糕的是，它极其昂贵，所以在市场上昙花一现，很快就消失了。

图 5-28　计数电子管

在 20 世纪 50 年代，IBM 最早把盘式磁带（图 5-29）用在数据存储上。当时，一卷磁带可以代替 1 万张打孔纸卡，于是它马上获得了成功。直到 20 世纪 80 年代之前，盘式磁带都是最为普及的计算机存储设备。

---

① 1in=2.54cm。

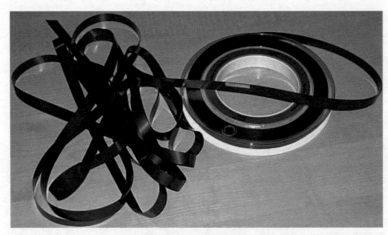

图 5-29　盘式磁带

盒式录音磁带（图 5-30）是飞利浦公司在 1963 年发明的，直到 20 世纪 70 年代才开始流行。一些计算机，如 ZX Spectrum，Commodore 64 和 Amstrad CPC 使用它来存储数据。一盘时长为 90 min 的录音磁带，每一面可以存储 700 KB～1 M 的数据。现在一张 DVD9 光盘，可以保存 4 500 盘这样的磁带的数据，如果现在要把这些数据全部读出来，那要整整播放 281 d。

图 5-30　盒式录音磁带

如图 5-31 所示的磁鼓有 12in 长，一分钟可以转 12 500 转。它在 IBM 650 系列计算机中被作为主存储器，每支可以保存 1 万个字符（不到 10 KB）。

第一张软盘（图 5-32），发明于 1969 年，当时是一张 8in 的大家伙，可以保存 80 KB 的只读数据。4 年以后的 1973 年，一种小一号但是容量为 256 KB 的软盘诞生了——它的特点是可以反复读写。从此形成了一个趋势——磁盘直径越来越小，而容量却越来越大。到了 20 世纪 90 年代后期，可以找到容量为 250 MB 的 3.5in 软盘。

1956 年 9 月 13 日，IBM 发布了 305 RAMAC 硬盘机（图 5-33）。它的出现，可以说是在存储容量方面的一个革命性的变化——它可以存储"海量"的数据，"高达" 4.4 MB（500 万个字符），这些数据保存在 50 个 24in 的硬磁盘上。1961 年，IBM 生产了 1 000 台 305 RAMAC 计算机，IBM 出租这些计算机的价格是每个月 3 500 美元（因为在那个时代，很少有客户买得起计算机，所以 IBM 发明了出租的办法）。

图 5-31　磁鼓

图 5-32　软盘

图 5-34 所示的是人们最熟悉的一种存储设备——硬盘。硬盘存储技术是现在还在发展中的一种技术。图 5-34 中所示为日立 Deskstar 7K500 硬盘，是第一个达到 500 G 容量的硬盘——它的容量是最早的 IBM 305 RAMAC 的 12 万倍。硬盘发展趋势也很明显：价格越来越便宜，容量越来越巨大。

图 5-33　硬盘机

图 5-34　日立 Deskstar 7K 500 硬盘

早在 1958 年光盘技术就发明了，可是直到 1972 年，第一张视频光盘才问世，6 年后的 1978 年 LD 光盘开始在市场上销售。那个时候的光盘是只读的，虽然不能写，但是能够保存达到 VHS 录像机水准的视频，这使光盘很有吸引力（图 5-35）。

图 5-35　光盘

常见的 5 in 光盘，是从 LD 光盘发展来的，可是它更小、容量更大。它是 SONY 公司和飞利浦公司在 1979 年联合发布的，在 1982 年上市。一张典型的 5in 光盘，可以保存 700 MB 数据（图 5-36）。

DVD 光盘（图 5-37）是使用了不同激光技术的 CD，它采用了 780 nm 的红外激光（标准 CD 则采用 625～650 nm 的红色激光），这种激光技术使 DVD 可以在同样的面积中保存更多的数据。一张双层 DVD 容量可达 8.5 GB。

图 5-36　CD 光盘

图 5-37　DVD 光盘

5.3.1.2　大数据对存储带来的挑战

大数据时代的来临，给数据存储带来了新的挑战：

1）容量问题。

海量数据存储系统一定要具有相应等级的扩展能力，而且扩展的方式一定要简便，如通过增加模块或磁盘柜来增加容量，最好不需要停机。

2）延迟问题。

大数据应用往往存在实时性的问题，特别是涉及网上交易或者金融类相关的应用，同时，高性能计算和服务器虚拟化也要求实现高速吞吐。

3）安全问题。

金融数据、医疗信息以及政府情报等特殊行业都有自己的安全标准和保密性需求。大数据分析往往需要多类数据相互参考，而在过去并不会有这种数据混合访问的情况，因此大数据应用催生出一些新的、需要考虑的安全性问题。

4）成本问题。

成本控制是使用大数据环境的企业要考虑的一个核心问题。要让每一台设备都实现更高的"效率"，同时还要减少昂贵的部件，提升存储的效率。

5）数据的积累。

任何数据都是历史记录的一部分，数据的分析大都是基于时间段进行的。一定要保证数据可以长期保存，实现数据一致性检测功能，保证其长期高可用性。同时，还要具备原位更新功能。

6）灵活性。

大数据存储系统的基础设施规模通常都很大；但应用确实千变万化，对于存储能力，要求其能够随着应用分析软件一起扩展，即具备适应各种不同的应用类型和数据场景的能力。

7）应用感知。

目前，已有一些针对应用定制的基础存储设施。在主流存储系统领域，应用感知技术的使用也越来越普遍，它也是改善系统效率和性能的重要手段，也将会应用在大数据存储领域。

8）针对小用户。

小企业、个人也会有大数据应用需求，大数据不是大企业的特权。那么，该如何吸引这部分群体？

5.3.1.3　云存储方式

云存储（图 5-38）即参考云状的网络结构，创建一个新型的云状结构的存储系统，这个存储系统由多个存储设备组成，通过集群功能、分布式文件系统或类似网格计算等功能联合起来协同工作，并通过一定的应用软件或应用接口，对用户提供一定类型的存储服务和访问服务。

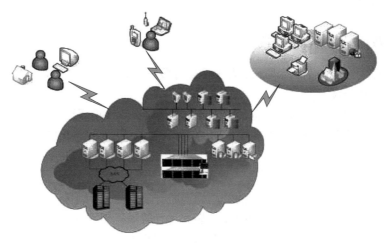

图 5-38　云存储

云存储是在大数据时代下，应对存储新需求而发展起来的一种新的模式。大数据时代下，对数据库存在高并发读写的需求，要实现对海量数据的高效率存储和访问，不仅要支持对数据库的高可扩展性和高可用性的需求，还要满足非结构化数据的处理能力的需求。

严格说来，云存储其实不是一种存储媒介，而是一种服务。云存储对使用者来讲，不是指某一个具体的设备，而是指一个由许许多多个存储设备和服务器所构成的集合体。使用者使用云存储，并不是使用某一个存储设备，而是使用整个云存储系统带来的一种数据访问服务。云存储的核心是应用软件与存储设备相结合，通过应用软件来实现存储设备向存储服务的转变。

云存储与传统存储有着很多不同。首先，在功能需求方面，云存储系统面向多种类型的网络在线存储服务，而传统存储系统则面向高性能计算、事务处理等应用；其次，在性能需求方面，云存储要面对数据的安全性、可靠性、效率等新的技术挑战；最后，在数据管理方面，云存储系统不仅要提供传统文件访问，还要能够支持海量数据管理并提供公共服务支撑功能，以方便云存储系统后台数据的维护。

总的说来，云存储的优点在于：

1）可扩容能力强。

云存储采取的架构是并行扩容，容量不够了，只要采购新的存储服务器即可，容量立即增加，几乎是没有限制的。

2）易于管理。

大部分数据迁移到云存储上去后，所有的升级维护任务都由云存储服务提供商来完成，节约了企业存储系统管理员的成本压力。

3）成本低廉。

许多企业宁可冒着数据丢失的危险，也要将大部分数据转移到云存储上，让云存储服务提供商来为它们解决数据存储的问题。这样就能花很少的钱获得最优的数据存储服务。

4）可以实现量身定制。

这个主要是针对私有云。云服务提供商专门为单一的企业客户提供一个量身定制的云存储服务方案，或者可以是企业自己的 IT 机构来部署一套私有云服务架构。

5.3.2 数据的管理

5.3.2.1 数据管理的发展阶段

数据的管理大致经历了三个阶段：人工管理阶段—文件系统阶段—数据库管理系统阶段。

（1）人工管理阶段

20 世纪 50 年代中期以前，数据的管理都是处于人工管理阶段。在那个时代，计算机主要用于科学计算，外部存储器只有磁带、卡片和纸带等，还没有磁盘等直接存取存储设备。软件也处于初级阶段，只有汇编语言，无操作系统（OS）和数据管理方面的软件。数据处理方式基本是批处理。

在那个时代，数据几乎是不保存的。因为当时计算机主要用于科学计算，对于数据保存的需求尚不迫切。系统也没有专用的软件对数据进行管理，每个应用程序都要包括数据的存储结构、存取方法和输入方法等。程序员在编写应用程序时，还要安排数据的物理存储，因此程序员负担很重。而且，数据是不共享的，即数据是面向程序的，一组数据只能对应一个程序。当然，数据也不具有独立性。程序依赖于数据，如果数据的类型、格式或输入/输出方式等逻辑结构或物理结构发生变化，则必须对应用程序做出相应的修改。

（2）文件系统阶段

文件系统阶段一般是指 20 世纪 50 年代后期到 20 世纪 60 年代中期。

在这段时间，有了一些新的变化。计算机开始不仅用于科学计算，还大量用于管理。外存储器有了磁盘等直接存取的存储设备。软件方面，操作系统中已有了专门的管理数据软件，称为文件系统。从处理方式上讲，不仅可以进行文件批处理，而且能够进行联机实时处理，可在需要的时候随时从存储设备中查询、修改或更新，因为操作系统的文件管理功能提供了这种可能。

这个时代的特点包括：

1）数据开始需要长期保留。数据可以长期保留在外部存储器上反复处理，即可以经常进行查询、修改和删除等操作。所以计算机大量用于数据处理。

2）程序与数据有了一定的独立性，数据的改变不一定要引起程序的改变。由于有了操作系统，可以利用文件系统进行专门的数据管理，这就使程序员可以将精力集中在算法设计上，而不必过多地考虑细节。在保存数据时，只需给出保存指令，而不必控制计算机，物理地实现数据保存。读取数据时，只要给出文件名，而不必知道文件的具体存放地址。文件的逻辑结构和物理存储结构由系统进行转换。

3）可以实时处理。由于有了直接存取设备，也有了索引文件、链接存取文件、直接存取文件等，所以既可以采用顺序批处理的方式，也可以采用实时处理的方式。数据的存取以记录为基本单位。

这个阶段对数据的管理相对之前有了很大的进步，但仍然存在很多问题：

1）编写应用程序不方便。程序员不得不记住文件的组织形式和包含的内容。

2）数据冗余大。文件之间缺乏联系，造成每个应用程序都有对应的文件，有可能同样的数据在多个文件中重复存储。数据冗余不仅浪费了空间，还导致数据的潜在的不一致性和修改数据的困难。

3）易造成不一致性。不一致性往往由数据冗余造成。在进行更新操作时，稍不谨慎，就可能使同样的数据在不同的文件中不一样。

4）数据独立性差。如果存储文件的逻辑结构发生了变化或存储结构发生了变化，那么就不得不修改程序，所以程序和数据之间的独立性仍然较差。

5）不支持对文件的并发访问。

6）数据间的联系较弱。这是由文件之间相互独立、缺乏联系的特性决定的。

7）难以按不同用户的需要来表示数据。

8）安全控制功能较差。

当时美国的阿波罗登月计划的数据管理就遇到了很大问题。阿波罗飞船由约 200 万个零部件组成，是分散在世界各地的厂商制造的。为了掌握计划进度及协调工程进展，阿波罗计划的主要合约者罗克韦尔公司研制了一个计算机零件管理系统。该系统共用了 18 盘磁带，虽然可以工作，但效率极低，维护困难。18 盘磁带中 60% 是冗余数据。这一度成为实现阿波罗计划的严重障碍。为了应对这个挑战，罗克韦尔公司在实现阿波罗计划中与 IBM 公司合作开发了最早的数据库管理系统之一 IMS，从而保证了阿波罗飞船 1969 年顺利登月。

（3）数据库管理系统阶段

从 20 世纪 60 年代后期开始，数据的管理进入了数据库管理系统阶段。

当时，采用计算机来进行管理的规模日益庞大，应用越来越广泛，数据量急剧增长，数据共享的呼声越来越强。而且，计算机有了大容量磁盘，计算能力也非常强。硬件价格不断下降，编制软件和维护软件的费用相对增加。联机实时处理的要求更多，并开始提出和考虑并行处理。

为了解决数据冗余问题，实现数据独立和数据共享，解决由于数据共享而带来的数据完整性、安全性及并发控制等一系列问题，数据库管理系统应运而生。

数据库管理系统的出现，带来了很多优点：

1）数据结构化。在描述数据的时候，不仅要描述数据本身，还要描述数据之间的联系，这样就把相互关联的数据集成了起来。

2）数据共享。数据不再面向特定的某个或多个应用，而是面向整个应用系统。

3）大大降低了数据冗余的可能性。

4）有较高的数据独立性。存储在数据库中的数据与应用程序之间不存在依赖关系，而是相互独立的。

5）保证了安全可靠性和正确性。通过对数据的完整性控制、安全性控制、并发控制和数据的备份与恢复策略，使存储在数据库中的数据有了更大的保障。

6）为用户提供了方便的用户接口。用户可以使用查询语言或终端命令操作数据库，也可以用程序方式（如用 C 语言一类高级语言和数据库语言联合编制的程序）操作数据库。

数据管理三个阶段的比较如表 5-1 所示。

表 5-1   数据管理三个阶段的比较

项目		人工管理阶段	文件系统阶段	数据库系统阶段
背景	应用背景	科学计算	科学计算、管理	大规模管理
	硬件背景	无直接存取存储设备	磁盘、磁鼓	大容量磁盘
	软件背景	没有操作系统	有文件系统	有数据库管理系统
	处理方式	批处理	联机实时处理、批处理	联机实时处理、分布处理、批处理
特点	数据的管理者	用户（程序员）	文件系统	数据库管理系统
	数据面向的对象	某一应用程序	某一应用	现实世界
	数据的共享程度	无共享，冗余度大	共享性差，冗余度大	共享性高，冗余度小
	数据的独立性	不独立，完全依赖于程序	独立性差	具有高度的物理独立性和一定的逻辑独立性
	数据的结构化	无结构	记录内有结构，整体无结构	整体结构化，用数据模型描述
	数据控制能力	应用程序自己控制	应用程序自己控制	由数据库管理系统提供数据安全性、完整性、并发控制和错误恢复能力的信息

5.3.2.2   大数据时代数据管理的特点

随着网民参与互联网产品和应用程序的程度越来越深，互联网将更加智能，互联网的数据量也将呈爆炸式增长（图 5-39）。

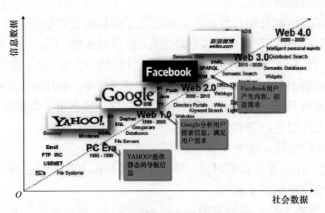

图 5-39   互联网数据呈爆炸式增长

在大数据时代，数据量异常巨大，数据结构复杂多样，半结构化、非结构化和结构化数据混杂，数据产生速率非常快，实时性要求高，且数据价值密度低，数据存疑。这些特点，对大数据环境下的数据管理提出了新的要求，传统数据库管理系统难以满足大数据存储的管理需求。

传统的关系型数据库是建立在关系模型基础上的数据库，借助于集合代数等数学概念和方法来处理数据库中的数据。现实世界中的各种实体以及实体之间的各种联系均用关系模型来表示。关系模型由关系数据结构、关系操作集合、关系完整性约束三部分组成。

关系型数据库有很多优点：

1）操作方便：通过应用程序和后台连接，方便了用户，特别是没有编程基础的人对数据的操作。

2）易于维护：丰富的完整性，包括实体完整性、参照完整性和用户定义完整性，大大降低了数据冗余和数据不一致的概率。

3）便于访问数据：提供了诸如视图、存储过程、触发器、索引等对象。

4）更安全、更快捷：权限分配和管理，使其较以往的数据库在安全性上要强得多。

但进入大数据时代，关系型数据库遇到了发展瓶颈：

1）关系数据库所采用的二维表格数据模型不能有效地处理多维数据，不能有效处理互联网应用中半结构化和非结构化的海量数据，如 Web 页面、电子邮件、音频、视频等。

2）高并发，读写性能低。关系数据库达到一定规模时，非常容易发生死锁等并发问题，导致其读写性能下降非常严重。未来大数据应用并发负载非常高，往往要达到每秒上万次读写请求。关系型数据库勉强可以应付上万次 SQL 查询，但硬盘 I/O 往往无法承担上万次的 SQL 读写数据请求。

3）支撑容量有限。类似人人网，新浪微博，Facebook，Twitter 这样的网站，每天用户产生海量的动态信息。以 Facebook 为例，一个月就要存储 1 350 亿条用户动态，对于关系数据库来说，在一张 1 350 亿条记录的表里进行 SQL 查询，效率是极其低下乃至不可忍受的。再例如大型 Web 网站或 IM 的用户登录系统，例如腾讯、Skype，动辄数以亿计的账号登录，关系数据库也很难应付。

4）数据库的可扩展性和可用性低。当一个应用系统的用户量和访问量与日俱增的时候，传统的关系型数据库就无法像 Web Server 那样简单地通过添加更多的硬件和服务节点来扩展性能和负载能力。对于很多需要提供不间断服务的系统来说，对数据库系统进行升级和扩展往往需要停机维护和数据迁移。

5）建设和运行维护成本高。企业级关系数据库的价格很高，并且随着系统的规模增大而不断上升。高昂的建设和运行维护成本无法满足云计算应用对数据库的需求。

由此，人们需要新的数据管理方式来应对大数据时代的挑战，非关系型数据库正是人们的选择。

5.3.2.3　非关系型数据库

非关系型数据库（NoSQL）是一种与关系型数据库管理系统截然不同的数据库管理系统，它的数据存储格式可以是松散的，并且易于横向扩展。

这里 NoSQL 是指 Not only SQL，而不是 Not SQL 的意思，意指不一定遵循传统数据库的一些基本要求，比如说符合 SQL 标准、ACID 属性、表结构等。也可称为分布式数据管理系统，数据存储被简化，变得更灵活，重点被放在了分布式数据管理上。

NoSQL 的优势在于：

1）易扩展。

NoSQL 数据库种类繁多，但是一个共同的特点就是去掉关系数据库的关系型特性。数据之间无关系，这样就非常容易扩展。无形之间，在架构的层面上带来了可扩展的能力。

2）大数据量，高性能。

NoSQL 数据库都具有非常高的读写性能，尤其在大数据量下，同样表现优秀。这得益于它的无关系性，数据库的结构简单。一般 MySQL 使用 Query Cache。NoSQL 的 Cache 是记录级的，是一种细粒度的 Cache，所以 NoSQL 在这个层面上来说性能就要高很多。

3）灵活的数据模型。

NoSQL 无须事先为要存储的数据建立字段，随时可以存储自定义的数据格式。而在关系数据库里，增删字段是一件非常麻烦的事。如果是数据量巨大的表格，增加字段简直就是一个噩梦。这点在大数据量的 Web 2.0 时代尤其明显。

4）高可用性。

NoSQL 在不太影响性能的情况下，就可以方便地实现高可用的架构。比如 Cassandra、HBase 模型，通过复制模型也能实现高可用性。

5.3.2.4　开源的 NoSQL 数据库软件

（1）Membase

Membase 是 NoSQL 家族的一个新的重量级成员。Membase 是开源项目，源代码采用了 Apache2.0 的使用许可。该项目托管在 GitHub.Source tarballs 上，可以下载 Beta 版本的 Linux 二进制包。该产品主要是由 North Scale 的 Memcached 核心团队成员开发完成的，其中还包括 Zynga 和 NHN 这两个主要贡献者，这两个组织都是很大的在线游戏和社区网络空间供应商。

Membase 容易安装、操作，可以从单节点方便地扩展到集群，而且为 Memcached（有线协议的兼容性）实现了即插即用功能，在应用方面为开发者和经营者提供了一个较低的门槛。作为缓存解决方案，Memcached 已经在不同类型的领域（特别是大容量的 Web 应用）有了广泛的使用，其中 Memcached 的部分基础代码被直接应用到了 Membase 服务器的前端。

通过兼容多种编程语言和框架，Membase 具备了很好的复用性。在安装和配置方面，Membase 提供了有效的图形化界面和编程接口，包括可配置的报警信息。

Membase 的目标是提供对外的线性扩展能力，包括为了增加集群容量，可以针对统一的节点进行复制。另外，对存储的数据进行再分配仍然是必要的。

这方面的一个有趣特征是，NoSQL 解决方案所承诺的可预测性能，通过如下方式可以获得：

1）自动将在线数据迁移到低延迟的存储介质的技术（内存，固态硬盘，磁盘）；

2）可选的写操作——异步、同步（基于复制，持久化）；

3）反向通道再平衡；

4）多线程低锁争用；

5）尽可能使用异步处理；

6）自动实现重复数据删除；

7）动态再平衡现有集群；

8）通过把数据复制到多个集群单元和支持快速失败转移来提供系统的高可用性。

（2）MongoDB

MongoDB 是一个介于关系数据库和非关系数据库之间的产品，是非关系数据库中功能最丰富，最像关系数据库的。它支持的数据结构非常松散，是类似 Json 的 Bjson 格式，因此可以存储比较复杂的数据类型。MongoDB 最大的特点是它支持的查询语言非常强大，其语法有点类似于面向对象的查询语言，几乎可以实现类似关系数据库单表查询的绝大部分功能，还支持为数据建立索引。它的特点是高性能、易部署、易使用、存储数据非常方便。

主要功能特性：

1）面向集合存储，易存储对象类型的数据。

"面向集合"（Collenction-oriented），意思是数据被分组，存储在数据集中，被称为一个集合。每个集合在数据库中都有一个唯一的标识名，并且可以包含无限数目的文档。集合的概念类似关系型数据库里的表，不同的是它不需要定义任何模式（Schema）。

2）模式自由。

模式自由，意味着对于存储在 Mongodb 数据库中的文件，我们不需要知道它的任何结构定义。如果需要的话，你完全可以把不同结构的文件存储在同一个数据库里。

3）支持动态查询。

4）支持完全索引，包含内部对象。

5）支持查询。

6）支持复制和故障恢复。

7）使用高效的二进制数据存储，包括大型对象（如视频等）。

8）自动处理碎片，以支持云计算层次的扩展性。

9）支持 Ruby，Python，Java，C++，Php 等多种语言。

10）文件存储格式为 BSON（Binary Serialized Document Format）（一种 JSON 的扩展）。

BSON 存储形式是指存储在集合中的文档，被存储为键—值对的形式。键用于标识一个文档，为字符串类型，而值则可以是各种复杂的文件类型。

11）可通过网络访问。

MongoDB 服务端可运行在 Linux、Windows 或 OSX 平台，支持 32 位和 64 位应用，默认端口为 27017。推荐运行在 64 位平台，因为 MongoDB 在 32 位模式运行时支持的最大文件尺寸为 2 GB。

MongoDB 把数据存储在文件中（默认路径为：/data/db），为提高效率，使用内存映射文件进行管理。

（3）Hypertable

Hypertable 是一个开源、高性能、可伸缩的数据库，它采用与谷歌的 Bigtable 相似的模型。在过去数年中，谷歌为在 PC 集群上运行的可伸缩计算基础设施设计建造了三个关键部分。

第一个关键的基础设施是 Google File System（GFS），这是一个高可用性的文件系统，提供了一个全局的命名空间。它通过跨机器（和跨机架）的文件数据复制来达到高可用性，并因此免受传统文件存储系统无法避免的许多失败的影响，比如电源、内存和网络端口等的失败。

第二个基础设施是名为 MapReduce 的计算框架，它与 GFS 紧密协作，帮助处理收集到的海量数据。

第三个基础设施是 Bigtable，它是传统数据库的替代。Bigtable 让用户可以通过一些主键来组织海量数据，并实现高效的查询。Hypertable 是 Bigtable 的一个开源实现，并且根据人们的想法进行了一些改进。

（4）Apache Cassandra

Apache Cassandra 是一套开源分布式 Key-Value 存储系统。它最初由 Facebook 开发，用于储存特别大的数据。Facebook 在使用此系统。

主要特性：

1）分布式；

2）基于 Column 的结构化；

3）高伸展性。

Cassandra 的主要特点就是它不是一个数据库，而是由一堆数据库节点共同构成的一个分布式网络服务，对 Cassandra 的一个写操作，会被复制到其他节点上去，对 Cassandra 的读操作，也会被路由到某个节点上面去读取。对于一个 Cassandra 群集来说，扩展性能是比较简单的事情，只要在群集里添加节点就可以了。

Cassandra 是一个混合型的非关系数据库，类似于谷歌的 BigTable。其主要功能比 Dynomite（分布式的 Key-Value 存储系统）更丰富，但支持度却不如文档存储 MongoDB（介于关系数据库和非关系数据库之间的开源产品，是非关系数据库当中功能最丰富，最像关系数据库的）。Cassandra 最初由 Facebook 开发，后转变成了开源项目，它是一个网络社交云计算方面理想的数据库。以 Amazon 专有的完全分布式的 Dynamo 为基础，结合了 Google BigTable 基于列族（Column Family）的数据模型以及 P2P 去中心化的存储。很多方面都可以称为 Dynamo 2.0。

5.4 数据的处理

5.4.1 Hadoop

大数据时代，需要解决大量数据、异构数据等多种问题带来的数据处理难题，这里将主要介绍 Hadoop。

Hadoop 是一个分布式系统基础架构，由 Apache 基金会开发。用户可以在不了解分布式底层细节的情况下，开发分布式程序。充分利用集群的威力高速运算和存储。Hadoop 构建了一个分布式文件系统——Hadoop Distributed File System（HDFS）。HDFS 有着高容错性的特点，而且它提供高传输率来访问应用程序的数据，适合那些有着超大数据集的应用程序。HDFS 放宽了 POSIX 的要求，这样可以以流的形式访问文件系统中的数据。

5.4.1.1　Hadoop 的起源

（1）项目起源

Hadoop 由 Apache Software Foundation 公司于 2005 年秋作为 Lucene 的子项目 Nutch 的一部分正式引入。它受到最先由 Google Lab 开发的 MapReduce 和 Google File System（GFS）的启发。2006 年 3 月，MapReduce 和 Nutch Distributed File System（NDFS）分别被纳入 Hadoop 项目中。

Hadoop 是在互联网上对搜索关键字进行内容分类的最受欢迎的工具，而且它也可以解决许多具有极大伸缩性的问题。例如，如果要搜索一个 10 TB 的巨型文件，会出现什么情况？在传统的系统上，这将需要很长的时间。但是 Hadoop 在设计时就考虑到这些问题，采用并行执行机制，因此能大大提高效率。

（2）名字起源

Hadoop 这个名字不是一个缩写，它是一个虚构的名字。该项目的创建者——道格·卡廷解释 Hadoop 的得名："这个名字是我的孩子给一个棕黄色的大象玩具起的名字。我的命名标准就是简短、容易发音和拼写，没有太多的意义，并且不会被用于别处。小孩子恰恰是这方面的高手。"

5.4.1.2　优点

Hadoop 是一个能够对大量数据进行分布式处理的软件框架。但是 Hadoop 是以一种可靠、高效、可伸缩的方式进行处理的。Hadoop 是可靠的，因为它假设计算元素和存储会失败，因此它维护多个工作数据副本，确保能够针对失败的节点重新分布处理；Hadoop 是高效的，因为它以并行的方式工作，通过并行处理加快处理速度；Hadoop 还是可伸缩的，能够处理 PB 级数据。此外，Hadoop 依赖于社区服务器，因此它的成本较低，任何人都可以使用。

Hadoop 是一个能够使用户轻松架构和使用的分布式计算平台。用户可以轻松地在 Hadoop 上开发和运行处理海量数据的应用程序。它主要有以下几个优点：

1）高可靠性。Hadoop 按位存储和处理数据的能力值得人们信赖。

2）高扩展性。Hadoop 是在可用的计算机集簇间分配数据并完成计算任务的，这些集簇可以方便地扩展到数以千计的节点中。

3）高效性。Hadoop 能在节点间动态地移动数据，并保证各个节点的动态平衡，因此处理速度非常快。

4）高容错性。Hadoop 能够自动保存数据的多个副本，并且能够自动将失败的任务重新分配。

Hadoop 带有用 Java 语言编写的框架，因此运行在 Linux 生产平台上是非常理想的。Hadoop 上的应用程序也可以使用其他语言编写，比如 C++。

5.4.1.3　架构

Hadoop 由许多元素构成。其最底部是 HDFS，它存储 Hadoop 集群中所有存储节点上的文件。HDFS（对于本书）的上一层是 MapReduce 引擎，该引擎由 JobTrackers 和 TaskTrackers 组成。

（1）HDFS

对外部客户机而言，HDFS 就像一个传统的分级文件系统。可以创建、删除、移动或重命名文件等。但是 HDFS 的架构是基于一组特定的节点构建的，这是由它自身的特点所决定的。这些节点包括 NameNode（仅一个），它在 HDFS 内部提供元数据服务；DataNode，它为 HDFS 提供存储块。由于仅存在一个 NameNode，因此这是 HDFS 的一个缺点（单点失败）。

存储在 HDFS 中的文件被分成块，然后将这些块复制到多个计算机中（DataNode）。这与传统的 RAID 架构大不相同。块的大小（通常为 64 MB）和复制的块数量在创建文件时由客户机决定。NameNode 可以控制所有文件操作。HDFS 内部的所有通信都基于标准的 TCP/IP 协议。

（2）NameNode

NameNode 是一个通常在 HDFS 实例中的单独机器上运行的软件。它负责管理文件系统名称空间和控制外部客户机的访问。NameNode 决定是否将文件映射到 DataNode 的复制块上。对于最常见的三个复制块，第一个复制块存储在同一机架的不同节点上，最后一个复制块存储在不同机架的某个节点上。

实际的 I/O 事务并没有经过 NameNode，只有以块的形式出现的元数据经过 NameNode。当外部客户机发送请求要求创建文件时，NameNode 会以块标识和该块的第一个副本的 DataNode IP 地址作为响应。这个 NameNode 还会通知其他将要接收该块副本的 DataNode。

NameNode 在一个称为 FsImage 的文件中存储所有关于文件系统名称空间的信息。这个文件和一个包含所有事务的记录文件（这里是 EditLog）将存储在 NameNode 的本地文件系统上。FsImage 和 EditLog 文件也需要复制副本，以防文件损坏或 NameNode 系统丢失。

NameNode 本身不可避免地具有单点失效（Single Point of Failure，SPOF）的风险，主备模式并不能解决这个问题，通过 Hadoop Non-stop Namenode 才能实现 100%可用时间。

（3）DataNode

DataNode 也是一个通常在 HDFS 实例中的单独机器上运行的软件。Hadoop 集群包含一个 NameNode 和大量 DataNode。DataNode 通常以机架的形式组织，机架通过一个交换机将所有系统连接起来。Hadoop 的一个假设是：机架内部节点之间的传输速度快于机架间节点的传输速度。

DataNode 响应来自 HDFS 客户机的读写请求，它们还响应来自 NameNode 的创建、删除和复制块的命令。NameNode 依赖来自每个 DataNode 的定期心跳消息。每条消息都包含一个块报告，NameNode 可以根据这个报告验证块映射和其他文件系统元数据。如果 DataNode 不能发送心跳消息，NameNode 将采取修复措施，重新复制在该节点上丢失的块。

（4）文件操作

HDFS 并不是一个万能的文件系统。它的主要目的是支持以流的形式访问写入的大型文件。如果客户机想将文件写入 HDFS，首先需要将该文件缓存到本地的临时存储。如果缓存的数据大于所需的 HDFS 块大小，创建文件的请求将发送给 NameNode。NameNode 将以 DataNode 标识和目标块响应客户机，同时也通知将要保存文件块副本的 DataNode。当客户机开始将临时文件发送给第一个 DataNode 时，将立即通过管道方式将块内容转发给副本 DataNode。客户机也负责创建保存在相同 HDFS 名称空间中的校验文件。在最后的文件块发送之后，NameNode 将文件创建提交到它的持久化元数据存储。

（5）Linux 集群

Hadoop 框架可在单一的 Linux 平台上使用（开发和调试时），但是使用存放在机架上的商业服务器才能发挥它的力量。这些机架组成一个 Hadoop 集群。它通过集群拓扑知识决定如何在整个集群中分配作业和文件。Hadoop 假定节点可能失败，因此采用本机方法处理单个计算机甚至所有机架都有可能失败。

5.4.1.4　MapReduce 流程

Hadoop 的最常见用法之一是 Web 搜索。虽然它不是唯一的软件框架应用程序，但作为一个并行数据处理引擎，它的表现非常突出。Hadoop 最有趣的方面之一是 Map and Reduce 流程，它受到谷歌开发的启发。这个流程称为创建索引，它将 Web 爬行器检索到的文本 Web 页面作为输入，并且将这些页面上的单词的频率报告作为结果。然后可以在整个 Web 搜索过程中使用这个结果从已定义的搜索参数中识别内容。

最简单的 MapReduce 应用程序至少包含三个部分：一个 Map 函数、一个 Reduce 函数和一个 main 函数。main 函数将作业控制和文件输入/输出结合起来。在这点上，Hadoop 提供了大量的接口和抽象类数据，从而为 Hadoop 应用程序的开发人员提供许多工具，可用于调试和性能度量等。

MapReduce 本身就是用于并行处理大数据集的软件框架。MapReduce 的根源是函数性编程中的 Map 和 Reduce 函数。它由两个可能包含有许多实例（许多 Map 和 Reduce）的操作组成。Map 函数接受一组数据并将其转换为一个键/值对列表，输入域中的每个元素对应一个键/值对。Reduce 函数接受 Map 函数生成的列表，然后根据它们的键（为每个键生成一个键/值对）缩小键—值对列表。

这里提供一个示例。假设输入域是"one small step for man, one giant leap for mankind"，那么在这个域上运行 Map 函数将得出以下的键/值对列表：

（one，1）（small，1）（step，1）（for，1）（man，1）（one，1）（giant，1）（leap，1）（for，1）（mankind，1）

如果对这个键/值对列表应用 Reduce 函数，将得到以下一组键/值对：

（one，2）（small，1）（step，1）（for，2）（man，1）（giant，1）（leap，1）（mankind，1）

结果是对输入域中的单词进行计数，这无疑对处理索引十分有用。但是，假设有两个输入域，第一个是 one small step for man，第二个是 one giant leap for mankind，可以在每个域上执行 Map 函数和 Reduce 函数，然后将这两个键/值对列表应用到另一个 Reduce 函数，这时得到与前面一样的结果。换句话说，可以在输入域并行使用相同的操作，得到的结果是一样的，但速度更快。这便是 MapReduce 的威力，它的并行功能可在任意数量的系统上使用。

回到 Hadoop 上，它是如何实现这个功能的？一个代表客户机在单个主系统上启动的 MapReduce 应用程序称为 JobTracker。类似于 NameNode，它是 Hadoop 集群中唯一负责控制 MapReduce 应用程序的系统。在应用程序提交之后，将提供包含在 HDFS 中的输入和输出目录。JobTracker 使用文件块信息（物理量和位置），确定如何创建其他 TaskTracker 从属任务。MapReduce 应用程序被复制到每个出现输入文件块的节点，将为特定节点上的每个文件块创建一个唯一的从属任务。每个 TaskTracker 将状态和完成信息报告给 JobTracker。

Hadoop 的这个特点非常重要，因为它并没有将存储移动到某个位置以供处理，而是将处理移动到存储。

5.4.2　Spark

5.4.2.1　概述

Spark 发源于美国加州大学伯克利分校 AMPLab 的集群计算平台。2009 年由 Berkeley's AMPLab 的马泰主导编写，于 2010 年开放源码，在 2013 年进入 Apache 孵化器项目，2014 年成为 Apache 三个顶级项目之一。Spark 被称为下一代计算平台。它立足于内存计算，从多迭代批量处理出发，兼容并蓄数据仓库、流处理和图计算等多种计算范式，是罕见的全能选手。

可以这样来描述 Spark：基于内存计算的集群计算系统，设计目标是让数据分析更加快速，提供比 Hadoop 更上层的 API，支持交互查询和迭代计算。

5.4.2.2　Spark 的特点

简言之，Spark 的特点就是"轻""快""灵""巧"。

所谓"轻"，是指 Spark 0.6 核心代码只有 2 万行，而 Hadoop 1.0 为 9 万行，2.0 为 22 万行。一方面，要感谢 Scala 语言的简洁和丰富表达力；另一方面，Spark 很好地利用了 Hadoop 和 Mesos（伯克利另一个进入孵化器的项目，主攻集群的动态资源管理）的基础设施。虽然很轻，但 Spark 在容错设计上不打折扣。其主创人马泰声称："不把错误当特例处理。"言下之意，容错是基础设施的一部分。

"快"是指 Spark 对小数据集能达到亚秒级的延迟，这对于 Hadoop MapReduce 是无法想象的（由于 HDFS"心跳"间隔机制，仅任务启动就有数秒的延迟）。就大数据集而言，对典型的迭代机器学习、即席查询（ad-hoc query）、图计算等应用，Spark 版本比基于 MapReduce、Hive 和 Pregel 的实现快十倍到百倍。内存计算、数据本地性（locality）和传输优化、调度优化等该居首功，也与设计伊始即秉持的轻量理念不无关系。

"灵"是指 Spark 提供了不同层面的灵活性。在实现层，它完美演绎了 Scala Trait 动态混入（Mixin）策略（如可更换的集群调度器、序列化库）；在原语（Primitive）层，它允许扩展新的数据算子（Operator）、新的数据源（如 HDFS 之外支持 DynamoDB）、新的 Language Bindings（Java 和 Python）；在范式（Paradigm）层，Spark 支持内存计算、多迭代批量处理、即席查询、流处理和图计算等多种范式。

"巧"是指 Spark 巧在借势和借力。它借助了 Hadoop 之势头，又与 Hadoop 无缝结合；Shark（Spark 上的数据仓库实现）借了 Hive 的势；图计算借用 Pregel 和 PowerGraph 的 API 以及 PowerGraph 的点分割思想。一切都借助了 Scala 之势。

5.4.2.3　编程模型

Spark 的计算抽象是数据流，而且是带有工作集（Working Set）的数据流。它的突破在于，在保证容错的前提下，用内存来承载工作集。显然，内存的存取速度快于磁盘多个数量级，从而可以极大地提升性能。

那么 Spark 如何实现容错？传统上有两种方法：日志和检查点。由于检查点方法有数据冗余和网络通信的开销，因此 Spark 采用日志数据更新。由于 Spark 记录的是粗粒度的 RDD

更新，这样开销可以忽略不计。

Spark 程序工作在两个空间中：Spark RDD 空间和 Scala 原生数据空间。

在原生数据空间里，数据表现为标量（scalar，即 Scala 基本类型，图 5－40 中用小方块表示）、集合类型（图 5－40 中用虚线框表示）和持久存储（图 5－40 中用圆柱表示）。

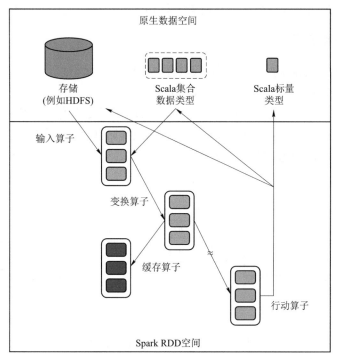

图 5－40　Spark 工作空间

Spark 编程模型中有多种算子：

1）输入算子：将 Scala 集合类型或存储中的数据吸入 RDD 空间，转为 RDD。输入算子的输入大致有两类：

一类针对 Scala 集合类型，如 Parallelize；另一类针对存储数据。

输入算子的输出就是 Spark 空间的 RDD。

2）变换算子：RDD 经过变换算子生成新的 RDD。在 Spark 运行时，RDD 会被划分成很多的分区（Partition）分布到集群的多个节点中。注意，分区是个逻辑概念，变换前后的新旧分区在物理上可能是同一块内存或存储。这是很重要的优化，以防止函数式不变性导致的内存需求无限扩张。

一部分变换算子视 RDD 的元素为简单元素；另一部分变换算子针对 Key-Value 集合。

3）缓存算子：有些 RDD 是计算的中间结果，其分区并不一定有相应的内存或存储与之对应，如果需要（如以备未来使用），可以调用缓存算子将分区物化（Materialize）存下来。

4）行动算子：行动算子的输入是 RDD（以及该 RDD 在 Lineage 上依赖的所有 RDD），输出是执行后生成的原生数据，可能是 Scala 标量、集合类型的数据或存储。当一个算子的输出为上述类型时，该算子必然是行动算子，其效果则是从 RDD 空间返回原生数据空间。

要注意的是，从 RDD 到 RDD 的变换算子序列，一直在 RDD 空间发生。但计算并不实际发生，只是不断地记录到元数据。

元数据的结构是 DAG（有向无环图），其中每一个"顶点"是 RDD（包括生产该 RDD 的算子），从父 RDD 到子 RDD 有"边"，表示 RDD 间的依赖性。

Spark 给元数据 DAG 取了个很酷的名字——世系（Lineage）。由世系来实现日志更新。世系一直增长，直到遇上行动算子，这时就要评估了，把刚才累积的所有算子一次性执行。

5.4.2.4　运行和调度

Spark 程序由客户端启动，分两个阶段（图 5-41）：

第一阶段记录变换算子序列、增量构建 DAG 图；

第二阶段由行动算子触发，DAG Scheduler 把 DAG 图转化为作业及其任务集。

Spark 支持本地单节点运行（开发调试有用）或集群运行。对于后者，客户端运行于 Master 节点上，通过 Cluster manager 把划分好分区的任务集发送到集群的 worker/slave 节点上执行。

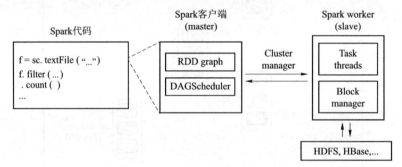

图 5-41　Spark 程序运行示意图

在 Spark 中有一个问题非常重要，就是对依赖的描述。Spark 将依赖划分为两类：窄依赖和宽依赖（图 5-42）。

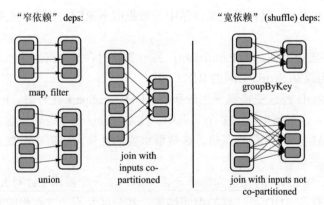

图 5-42　窄依赖和宽依赖

窄依赖是指父 RDD 的每一个分区最多被一个子 RDD 的分区所用。而宽依赖则是指子 RDD 的分区依赖于父 RDD 的所有分区，通常对应于 shuffle 类操作。

在 Spark 程序中，窄依赖对于优化很有用处。这是因为 Spark 的编程模型中，逻辑上，每个 RDD 的算子都是一个 fork/join（指同步多个并行任务的 barrier）——即把计算 fork 到每个分区，算完后 join，然后 fork/join 下一个 RDD 的算子。

如果直接翻译到物理实现，是很不经济的。因为，每一个 RDD（即使是中间结果）都需要物化到内存或存储中，费时费空间；而且 join 作为全局的 barrier，是很昂贵的，会被最慢的那个节点拖死。

如果子 RDD 的分区到父 RDD 的分区是窄依赖，就可以实施经典的 fusion 优化，把两个 fork/join 合为一个；如果连续的变换算子序列都是窄依赖，就可以把很多个 fork/join 并为一个，不但减少了大量的全局 barrier，而且无须物化很多中间结果 RDD，这将极大地提升性能。Spark 把这种方式叫作流水线优化。

但变换算子序列一碰上 shuffle 类操作，宽依赖就发生了，流水线优化就终止了。

在具体实现中，Spark 的 DAG 调度器会从当前算子往前回溯依赖图，一碰到宽依赖，就生成一个 Stage 来容纳已遍历的算子序列。

在这个 Stage 里，可以安全地实施流水线优化。然后，又从那个宽依赖开始继续回溯，生成下一个 Stage。

如图 5-43 中所示，DAG 调度器从 G 开始回溯。F 到 G 之间是宽依赖，因此，将 F 和 G 划分为不同的 Stage。而 B 与 G 之间是窄依赖，所以继续回溯，直到找到 A 与 B 之间的宽依赖，从而在那里划分 Stage。

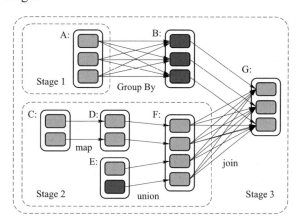

图 5-43　Stage 的划分

宽/窄依赖的概念不止用在调度中，对容错也很有用。如果一个节点宕机了，而且运算是窄依赖，那只要把丢失的父 RDD 分区重算即可，与其他节点没有依赖。而宽依赖需要父 RDD 的所有分区都存在，重算就很昂贵了。

所以如果使用检查点算子来做检查点，不仅要考虑世系是否足够长，也要考虑是否有宽依赖，对宽依赖加检查点是最物有所值的。

5.5　数据的可视化

5.5.1　概述

美国著名统计学家约翰·图基（图 5-44）曾经说过一句话，"一幅图画最伟大的价值莫

图 5-44　约翰·图基

过于它能够使我们实际看到的比我们期望看到的内容丰富得多"。

维基百科对于数据可视化是这样定义的，"借助于图形化手段，清晰有效地传达与沟通信息"。

可视化的优势之一在于简单，表现清晰，利用人对形状、颜色、运动的敏感，有效地传递信息，帮助用户从数据中发现关系、规律、趋势。

数据可视化一般可以分为两类：

1）科学可视化：主要关注的是三维现象的可视化，如建筑学、气象学、医学或生物学方面各种系统。重点在对体、面及光源等的逼真渲染。

2）信息可视化：旨在研究大规模非数值型信息资源的视觉呈现，以及利用图形图像方面的技术与方法，帮助人们理解和分析数据。

5.5.2　数据可视化的重要性

之所以要进行数据可视化，是因为进入大数据时代，人们需要处理复杂的数据结构，需要应对复杂的数据关系，需要厘清复杂的逻辑分类。可视化方式，可以提供一个更为有效的手段，来帮助人们厘清这些复杂的问题。

图 5-45 中的数据被称为 Anscombe 的四重奏。它是 1973 年由统计学家安斯科比所构造的。假设，如果单纯从数值分析的角度来看这四组数据。那么应该怎么看？是否要依靠统计学特征？

不妨来算一下这四组数据的统计学特征。经过计算会发现，这四组数据的统计学特征如下：

1）x 值的平均数都是 9.0，y 值的平均数都是 7.5；

2）x 值的方差都是 10.0，y 值的方差都是 3.75；

3）它们的相关度都是 0.816，线性回归线都是 $y=3+0.5x$。

仅从这些统计数字上来看，也许会觉得这四组数据所反映出的实际情况应该非常相近。而事实上，这四组数据有着天壤之别。

来看图 5-46，是否一眼就可以看出这四组数据的不同了呢？这就是数据可视化的威力和魅力所在。

我们再来看一个例子（表 5-2）。

I		II		III		IV	
x	y	x	y	x	y	x	y
10.0	8.04	10.0	9.14	10.0	7.46	8.0	6.58
8.0	6.95	8.0	8.14	8.0	6.77	8.0	5.76
13.0	7.58	13.0	8.74	13.0	12.74	8.0	7.71
9.0	8.81	9.0	8.77	9.0	7.11	8.0	8.84
11.0	8.33	11.0	9.26	11.0	7.81	8.0	8.47
14.0	9.96	14.0	8.10	14.0	8.84	8.0	7.04
6.0	7.24	6.0	6.13	6.0	6.08	8.0	5.25
4.0	4.26	4.0	3.10	4.0	5.39	19.0	12.50
12.0	10.84	12.0	9.13	12.0	8.15	8.0	5.56
7.0	4.82	7.0	7.26	7.0	6.42	8.0	7.91
5.0	5.68	5.0	4.74	5.0	5.73	8.0	6.89

图 5-45　Anscombe 的四重奏

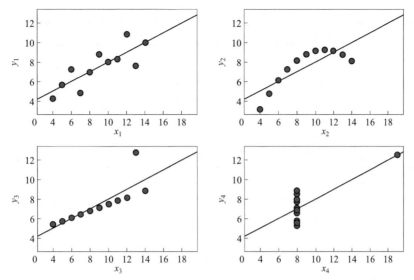

图 5-46　Anscombe 的四重奏的可视化呈现

表 5-2　Burtin 的数据

Bacteria	Antibiotic			Gram Stainimg
	Penicillin	Streptomycin	Necomycin	
Aerobacter aerogenes	870	1	1.6	negative
Brucella abortus	1	2	0.02	negative
Brucella anthracis	0.001	0.01	0.007	positive
Diplococcus pneumoniae	0.005	11	10	positive
Escherichia coli	100	0.4	0.1	negative
Klebsiella pneumoniae	850	1.2	1	negative
Mycobacterium tuberculosis	800	5	2	negative
Proteus vulgaris	3	0.1	0.1	negative
Pseudomonas aeruginosa	850	2	0.4	negative
Salmonella （Eberthella） typhosa	1	0.4	0.008	negative
Salmonella schottmuelleri	10	0.8	0.09	negative
Staphylococcus albus	0.007	0.1	0.001	positive
Staphylococcus aureus	0.03	0.03	0.001	positive
Streptococcus fecalis	1	1	0.1	positive
Streptococcus hemolyticus	0.001	14	10	positive
Streptococcus viridans	0.005	10	40	positive

　　假设我们拿到了一些不同种类的细菌针对不同抗菌素作用下的相关数据，如表 5-2 所示，希望通过对这些数据的研究分析出来一些有用的信息，比如人体感染了某种细菌应该选用何种抗菌素才最为有效。

　　要对这些数据进行研究，我们知道首先要按照在 5.2.1 这一节中所讲述的，对这些数据的类型进行定义和区分。那么，经过梳理，我们可以看到第一列数据细菌名称（Bacteria）属于字符串数据类型（分类型数据）；第二列到第四列为三种不同抗菌素（青霉素 penicillin，链霉素 streptomycin，新霉素 neomycin）针对不同种细菌时的最低抑菌浓度，属于浮点数类型（比值型数据），数值越小，代表效果越好；最后一列革兰氏染色（Gram stain）的结果是布尔型数据（分类型数据）。

如果让我们对着图 5-47 中的一堆数值来感受和理解抗菌素对不同细菌的适应效果，几乎完全没有任何感觉。但是，我们可以将这些数据用可视化方式展示出来，比如做成图 5-48 的形式。

Bacteria	Penicillin	Antibiotic Streptomycin	Neomycin	Gram stain
Aerobacter aerogenes	870	1	1.6	−
Brucella abortus	1	2	0.02	−
Bacillus anthracis	0.001	0.01	0.007	+
Diplococcus pneumoniae	0.005	11	10	+
Escherichia coli	100	0.4	0.1	−
Klebsiella pneumoniae	850	1.2	1	−
Mycobacterium tuberculosis	800	5	2	−
Proteus vulgaris	3	0.1	0.1	−
Pseudomonas aeruginosa	850	2	0.4	−
Salmonella (Eberthella) typhosa	1	0.4	0.008	−
Salmonella schottmuelleri	10	0.8	0.09	−
Staphylococcus albus	0.007	0.1	0.001	+
Staphylococcus aureus	0.03	0.03	0.001	+
Streptococcus fecalis	1	1	0.1	+
Streptococcus hemolyticus	0.001	14	10	+
Streptococcus viridans	0.005	10	40	+

图 5-47   一堆数值

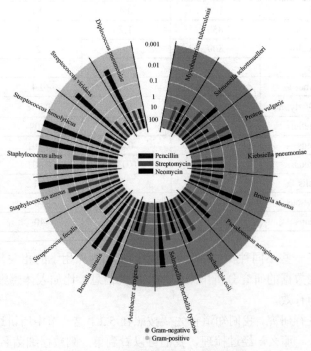

图 5-48   扇形可视化下的展示效果

　　图 5-48 中，右半边颜色较深的部分，代表革兰氏染色为阴性，左半边颜色较浅的部分，代表革兰氏染色为阳性。不同抗菌素的最低抑菌浓度用不同颜色的柱子来表征，柱子越短，代表剂量越小，那么效果便越好。显而易见，从图 5-48 中，我们可以非常清晰地看出针对某种细菌，哪种抗菌素的效果最好，哪种不好。这就是可视化的威力。但我们的故事还没结束。

　　让我们来看图 5-49。图 5-49 中采取了另外一种可视化的方式来展现这些数据。这里按照不同细菌针对这三种抗菌素的反应的情况进行了归类，将反应特征类似的细菌安置在了同一行里。同样采取了用不同长短的柱子来表征最低抑菌浓度的大小，而以柱子在水平线的上方还是下方来区分革兰氏染色的不同。

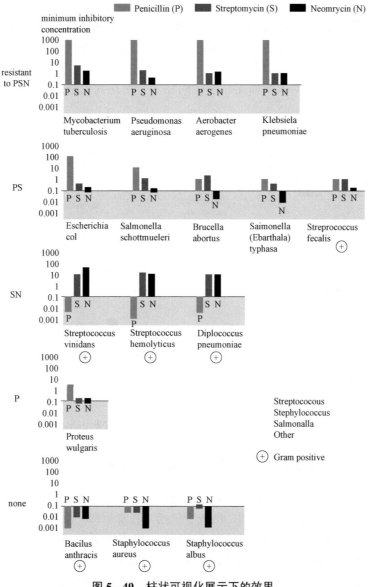

图 5-49　柱状可视化展示下的效果

从图 5-49 中我们可以看到一些有趣的现象。

1）图中第二行的末尾的细菌名称为 Streptococcus fecalis，按照命名来看属于链球菌。但是我们可以注意到，位于第三行的两种链球菌的反应特征与它相差很大。而其实 Streptococcus fecalis 并不是一种链球菌，但这是在它被命名 30 年以后才被确认。

2）图中第三行的末尾的细菌名称为 Diplococcus phenumoniae，按照命名来看属于双球菌的一种。但是它的反应特征却和其他两种链球菌很相似。这也难怪，在它被命名大约 20 年后，科学家才意识到原来它是一种链球菌。

假设，一开始我们发现这些细菌的时候就运用了数据可视化的方式来辅助研究，是否能够帮助我们更精确地去确定这些细菌的归属呢？

我们前面说过"一幅图画最伟大的价值莫过于它能够使我们实际看到的比我们期望看到的内容丰富得多"，当我们用数据可视化的方式将这些数据展现出来（如图 5-50 所示），我们可以清晰地看到这些细菌之间的关系。不同种类的细菌按照针对不同抗菌素的效果反应分布在了不同的区域，可以非常清晰地看到它们之间的差异。有了数据可视化，我们可以洞察更多的单纯对着数据本身而无法察觉的秘密，这是我们进窥数据奥秘的非常关键的法宝之一。

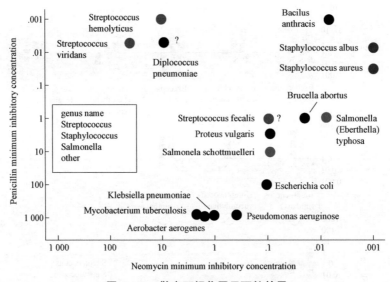

图 5-50　散点可视化展示下的效果

5.5.3　可视化的基本原则——最大化数据-墨水

爱德华·塔夫特（Edward Tufte）是信息设计的先驱者、耶鲁大学统计学和政治学退休教授，他奠定了视觉化定量信息的基础，出版了包括《视觉解释》《构想信息》《定量信息的视觉展示》《数据分析的政治和政策》《美丽的证据》在内的一系列著作。而在《定量信息的视觉展示》（*The Visual Display of Quantitative Data*）一书中，谈到数据可视化的目的时，他说"展示数据是重中之重"，"在图片上的很大一部分墨水应该用来呈现数据-信息，墨水应随着数据的变化而变化。数据-墨水乃是图形上不可擦除的核心部分，是根据所表示的数据的变化而改变的非冗余墨水"。而所谓的非数据－墨水就是指用来画标尺、图标和边框,而不是用来传递数据－信息的墨水。

他定义了一个数据－墨水的比例,用来衡量表示数据的墨水占总的墨水的比例。按照塔夫特的理解,一份最完美的数据可视化图片应该只有数据－墨水,非数据－墨水在可能的情况下最好都删除。为什么要最大化数据－墨水比例呢?塔夫特指出,其目的是避免将观看者的注意力引到非相关因素上。所以数据可视化设计的一个原则就是呈现一个最高可能的数据－墨水比例,但是同时保证有效的交流。

比如,图5-51和图5-52所展示的数据是一样的。但是通过对比,我们可以看出,图5-52采取了 3-D 柱子的形式来展现数据,而且还描绘了柱子的阴影。但是这些部分的墨水其实是和数据－信息没有关系的,不会随着数据的改变去改变,因而属于非数据－墨水。因此,图5-51 具有更高的数据－墨水比例,是在进行数据可视化时更为合理的选择。

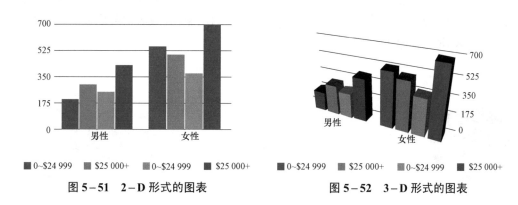

图5-51　2-D 形式的图表　　　　图5-52　3-D 形式的图表

让我们再来看看下面下面这些例子,就能更加深刻地体会塔夫特提出最大化数据－墨水比例的深意。图 5-53 和图 5-54 花了大量的墨水去描绘那些与数据－信息无关的内容,比如背景、装饰等。这些会将我们的注意力引到那些与核心的数据－信息无关的方面去,是数据可视化的典型反面教材。

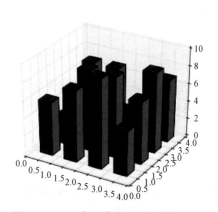

图5-53　不建议采用的可视化例子一

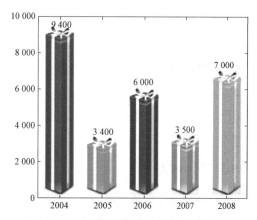

图5-54　不建议采用的可视化例子二

5.5.4　可视化工具

5.5.4.1　Excel

Excel 的图形化功能并不强大，但 Excel 是分析数据的理想工具。作为一个入门级工具，Excel 是快速分析数据的理想工具，也能创建供内部使用的数据图，但是 Excel 在颜色、线条和样式上可选择的范围有限，这也意味着用 Excel 很难制作出能符合专业出版物和网站需要的数据图。

Google Chart API 工具集中取消了静态图片功能，目前只提供动态图表工具。能够在所有支持 SVG\Canvas 和 VML 的浏览器中使用，但是 Google Chart 的一个大问题是，图表在客户端生成，这意味着那些不支持 JavaScript 的设备将无法使用，此外也无法离线使用或者将结果另存为其他格式，之前的静态图片就不存在这个问题。尽管存在上述问题，不可否认的是，Google Chart API 的功能异常丰富，如果没有特别的定制化需要，或者对谷歌视觉风格的抵触，那么大可以从 Google Chart 开始（图 5-55）。

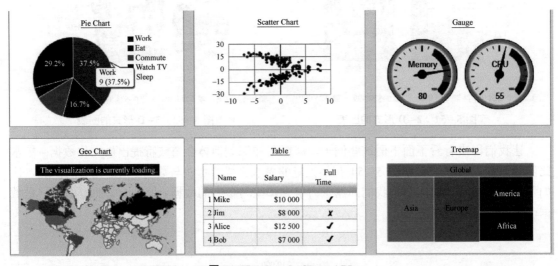

图 5-55　Google Chart API

5.5.4.2　Raphaël

Raphaël 是一个小型的 JavaScript 库，可以简化人们的工作，在网络上创建矢量图形。如果用户想创建自己特定的图表或图像裁剪、旋转部件，这时候使用这个库就可以方便地实现（图 5-56）。

5.5.4.3　Visual.ly

如果用户需要制作信息图而不仅是数据可视化，目前也有很多的工具可用。Visual.ly 就是最流行的一个选择。虽然 Visual.ly 的主要定位是"信息图设计师的在线集市"，但是也提供了大量信息图模板。虽然功能还有很多限制，但是 Visual.ly 绝对是个能激发人灵感的地方（图 5-57）。

5.5.4.4 Crossfilter

Crossfilter（图 5-58）是一个用来展示大数据集的 JavaScript 库，支持超快的交互，甚至在上百万或更多数据下都能运行得很快。它主要用来构建数据分析程序。

在使用 Crossfilter 时，当用户调整一个图表的输入范围时，其他关联图表的数据也会随之改变。

图 5-56 Raphaël

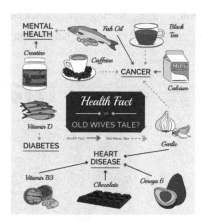

图 5-57 Visual.ly

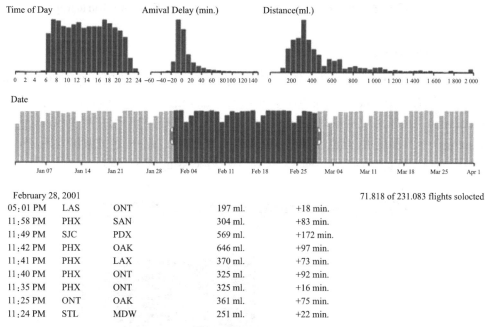

February 28, 2001					71.818 of 231.083 flights solocted
05:01 PM	LAS	ONT	197 ml.	+18 min.	
11:58 PM	PHX	SAN	304 ml.	+83 min.	
11:49 PM	SJC	PDX	569 ml.	+172 min.	
11:42 PM	PHX	OAK	646 ml.	+97 min.	
11:41 PM	PHX	LAX	370 ml.	+73 min.	
11:40 PM	PHX	ONT	325 ml.	+92 min.	
11:35 PM	PHX	ONT	325 ml.	+16 min.	
11:25 PM	ONT	OAK	361 ml.	+75 min.	
11:24 PM	STL	MDW	251 ml.	+22 min.	

图 5-58 Crossfilter

5.5.4.5 Polymaps

Polymaps（图 5-59）是一个可视化的视图模型，可生成多图多变焦的数据集，并提供快速的支持矢量数据的可视化演示，除了通常的开放街道地图，还支持 Cloud Made、微软和其他供应商的基于图像的网络地图制图。

5.5.4.6　Kartograph

Kartograph（图5-60）是一个构建交互式地图的简单、轻量级类库。它包含两个库，一个用 Python 编写的，用于产生漂亮和压缩的 SVG 地图，另一个是 Js 类库，用于前端展示地图。

Kartograph 的标记线是对地图绘制的重新思考，人们都已经习惯了莫卡托投影（Mercator Projection），但是 Kartograph 为人们带来了更多的选择。如果不需要调用全球数据，而仅是生成某一区域的地图，那么 Kartogaph 将使你脱颖而出。

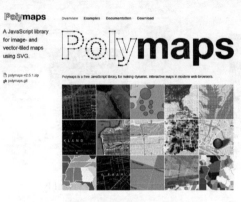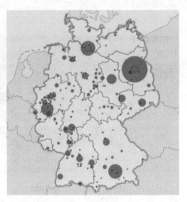

图5-59　Polymaps　　　　　　图5-60　Kartograph

5.5.4.7　Processing

Processing 是数据可视化的招牌工具。只需要编写一些简单的代码，然后编译成 Java 就可以了。目前还有一个 Processing.js 项目，可以使网站在没有 Java Applets 的情况下更容易地使用 Processing。由于端口支持 Objective-C，用户也可以在 iOS 上使用 Processing。虽然 Processing 是一个桌面应用，但也可以在几乎所有平台上运行。此外，经过数年发展，Processing 社区目前已拥有大量实例和代码。图5-61 所示为 Processing 编程环境。

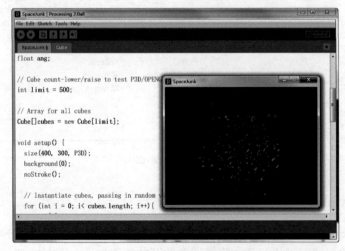

图5-61　Processing 编程环境

5.5.4.8 R

R 是一套完整的数据处理、计算和制图软件系统。其功能包括数据存储和处理系统、数组运算工具（其向量、矩阵运算方面的功能尤其强大）、完整连贯的统计分析工具、优秀的统计制图功能、简便而强大的编程语言、可操纵数据的输入和输出，可实现分支、循环、自定义功能。

与其说 R 是一种统计软件，还不如说 R 是一种数学计算的环境，因为 R 不仅提供若干统计程序，还可以方便用户操作，他们只需指定数据库和若干参数便可进行统计分析。对于 R，它可以提供一些集成的统计工具，也可以提供各种数学计算、统计计算的函数，从而让使用者能灵活机动地进行数据分析，甚至创造出符合需要的新的统计计算方法。

该语言的语法表面上类似 C 语言，但在语义上是函数设计语言（Functional Programming Language）的变种，并且和 Lisp 以及 APL 有很强的兼容性。特别是它允许在"语言上计算"（Computing on the Language）。这使它可以把表达式作为函数的输入参数，而这种做法对统计模拟和绘图非常有用。

R 是一个免费的自由软件，它有 Unix、Linux、MacOS 和 Windows 版本，都是可以免费下载和使用的。可以下载到 R 的安装程序、各种外挂程序和文档。在 R 的安装程序中只包含了 8 个基础模块，其他外在模块可以通过 Cran 获得（图 5-62）。

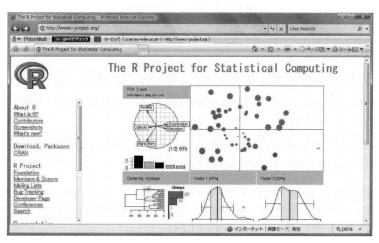

图 5-62 R 语言编程

5.5.4.9 Weka

Weka 的全名是怀卡托智能分析环境（Waikato Environment for Knowledge Analysis），同时 Weka 也是新西兰的一种鸟名，而 Weka 的主要开发者来自新西兰。

Weka 作为一个公开的数据挖掘工作平台，集合了大量能承担数据挖掘任务的机器学习算法，包括对数据进行预处理、分类、回归、聚类，以及在新的交互式界面上的可视化。

如果想自己实现数据挖掘算法，可以参考 Weka 的接口文档。在 Weka 中集成自己的算法，甚至通过借鉴其他方法，实现可视化。

2005 年 8 月，在第 11 届 ACM SIGKDD 国际会议上，怀卡托大学的 Weka 小组荣获数据挖掘和知识探索领域的最高服务奖，Weka 系统得到了广泛的认可，被誉为数据挖掘和机器学习历史上的里程碑，是现今最完备的数据挖掘工具之一（已有 11 年的发展历史）。Weka 的每月下载次数已超过 1 万次。图 5-63 所示为 Weka 编程环境。

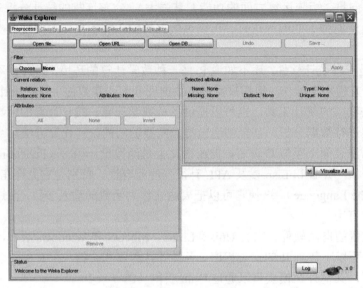

图 5-63　Weka 编程环境

5.5.4.10　Gephi

Gephi 是一款基于 JVM 的开源免费跨平台复杂网络分析软件，它是主要用于各种网络和复杂系统的动态和分层图的交互可视化与探测开源工具。可用作探索性数据分析、链接分析、社交网络分析、生物网络分析等。

Gephi 不但能处理大规模数据集并生成漂亮的可视化图形，还能对数据进行清洗和分类。Gephi 是一种非常特殊的软件，也非常复杂（图 5-64）。

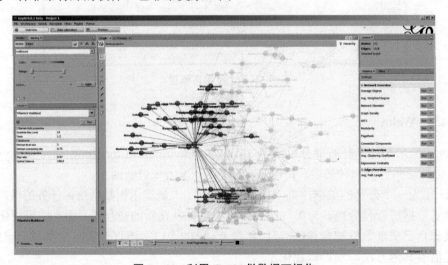

图 5-64　利用 Gephi 做数据可视化

第6章
新　策　略

6.1　关联分析

6.1.1　啤酒与尿布

6.1.1.1　案例详析

"啤酒与尿布"（图6-1）的故事可以说是营销界的经典段子。这个故事产生于20世纪90年代的美国沃尔玛超市，沃尔玛的超市管理人员在分析销售数据时发现了一个令人难以理解的现象：在某些特定的情况下，啤酒与尿布两种看上去毫无关系的商品会经常出现在同一个购物篮中，而且啤酒与尿布在周末的时候销量明显会高于平时。这种独特的销售现象引起了管理人员的注意。他们经过后续调查发现，这种现象出现在年轻的父亲身上。

图6-1　啤酒与尿布

管理人员对这个现象进行了分析，原来在美国有婴儿的家庭中，一般是母亲在家中照看婴儿，年轻的父亲前去超市购买尿布。每当周末来临，年轻的父亲们下班回家路上，被要求去购买尿布。当他们在购买尿布的同时，往往会顺便为自己购买啤酒，以方便自己周末消遣。这样就出现了啤酒与尿布这两种看上去不相干的商品经常会出现在同一个购物篮的现象。

如果这些年轻的父亲在卖场只能买到两种商品之一，则他很有可能会放弃购物而到另一家商店，直到可以一次同时买到啤酒与尿布为止。

　　沃尔玛发现了这一独特的现象后，便开始在卖场尝试将啤酒与尿布摆放在相同的区域，让年轻的父亲可以同时找到这两种商品，并很快地完成购物。而沃尔玛超市也因可以让这些顾客一次购买两种商品，而不是一种，从而获得了很好的商品销售收入，这就是"啤酒与尿布"故事的由来。

　　那么，为什么"啤酒与尿布"的故事会产生在沃尔玛的卖场中呢？

　　原因有两个方面：

　　第一，沃尔玛先进的计算机技术。它是"啤酒与尿布"故事产生的强大后盾。零售业目前使用的很多新技术都是沃尔玛率先"尝鲜"的，比如沃尔玛最早在门店尝试计算机记账，最早在门店收款台尝试使用外形丑陋、俗称"牛眼"的条码扫描器进行收款等。"前人栽树，后人乘凉"，目前用于门店管理的很多技术手段都是沃尔玛做了"第一个吃螃蟹的人"，后人只不过坐享其成而已。由于沃尔玛具备先进的技术手段，"啤酒与尿布"的故事在沃尔玛发生就一点也不奇怪了。

　　第二，沃尔玛运用了大数据的分析方法，通过对数据的分析来指导卖场管理。沃尔玛创始人老沃尔顿说过一句话："零售就是细节。"也就是说，要善于分析数据，善于理解数据，从细节入手，通过对数字、记录等的分析，来找出其中的模式和规律，辅助理解客户的购买行为，从而提升卖场效率。这正是数据科学的研究理念：从一些人们往往容易忽略的细节中去发现真正有用的信息。

6.1.1.2　购物篮分析法

　　购物篮分析法（Market Basket Analysis），即通过对顾客在超级市场内付款时，购物篮内所装的商品的登记结算记录的分析，来研究顾客的购买行为。通过购物篮分析挖掘出来的信息可以指导交叉销售和追加销售、商品促销、顾客忠诚度管理、库存管理和折扣计划。购物篮分析法，曾经是沃尔玛秘而不宣的独门武器。

　　按照所关注的内容不同，可以将购物篮分析法分为两大类：美式购物篮分析法和日式购物篮分析法。美式购物篮分析法的代表是美国的沃尔玛（图6-2），而日式购物篮分析法的代表则是日本的7-11便利店（图6-3）。

图6-2　美式购物篮分析法的代表——沃尔玛

图 6-3　日式购物篮分析法的代表——7-11 便利店

这两种方法虽然同属购物篮分析法，但所关注的研究内容各有侧重：

（1）美式购物篮分析法

美式购物篮分析法以沃尔玛为代表。这种类型的卖场一般面积巨大，通常都有上万平方米，商品种类繁多，大多在 10 万种以上。不同种类的商品陈列区域之间可能相距几十米，甚至可能是"楼上、楼下"的陈列关系。如果是对该卖场的商品摆放位置不熟悉的顾客，要找到所需要的多种类型的商品，可能需要大量时间，而且有很大难度。所以就要考虑将一些有关联的商品放置在一起，方便顾客购物，同时减少每个顾客购物的平均所需时间。但是，如此众多的商品，如此繁多的关系，很难通过人工方式去找出不同区域商品之间的关联关系，并将这些关联关系用于商品关联陈列、促销等具体工作中，因此，需要利用购物篮分析法完成。

美式购物篮分析法的重点就是分析购物篮内商品之间的关联关系。这种方法适合于类似沃尔玛这样的大卖场，用于找出不同陈列区域商品之间的关系。英国的 Tesco 连锁超市、Safeway 连锁超市也都是运用这种购物篮分析法的高手。

（2）日式购物篮分析法

日式购物篮分析法以 7-11 便利店为代表。7-11 便利店营业面积都很小，一般只有 100～250 m^2，商品品种 3 000～10 000 种。站在门店里任何一个角落，所有的商品转个身就全看见了——所以找出商品关联关系不是重点：你就是找出来啤酒与尿布之间有"暗恋"关系，也没用！因为啤酒与尿布本来就在一起。

当然，日本 7-11 便利店这类相关陈列的故事也是有的，比如荞麦冷面与纳豆、鱼肉香肠与面包、酸奶与盒饭等，但是毕竟起不到主要作用。日式购物篮分析法的研究重点是分析所有影响商品销售的关联因素，比如天气、温度、时间、事件、客户群体等对店内商品销售的影响。

相比于沃尔玛，日本 7-11 便利店更关注的是：

1）气温由 28 ℃上升到 30 ℃，对碳酸类饮料、凉面的销售量会有什么影响？

2）下雨的时候，关东煮的销售量会有什么变化？

3）盒饭加酸奶、盒饭加罐装啤酒都针对什么样的客户群体？他们什么时间到门店买这些商品？

7-11 便利店会设置专门的气象部门，而且要求门店每天五次将店内外的温度、湿度上传总部，供总部与商品销售进行对比分析。

日式购物篮分析法对于所有影响商品销售的关联因素研究得非常透彻，因此，日本才会有碳酸饮料指数、空调指数、冰激凌指数。

不论是美式购物篮分析法，还是日式购物篮分析法，有几个关键因素都是需要注意的：

一是选择正确的品项。谁都知道三文鱼和芥末之间有关联关系，所以在研究购物篮时，没有必要再把它们作为研究的对象。这是已知的事实，应该把研究的重点放在那些未知的商品联系上。

二是正确理解和识别相关关系背后的原因。通过数据分析，发现了相关关系后，还需要去做调查研究，弄清楚这些相关关系背后的原因。只有清楚了原因，才能采取正确的方法去运用这些相关关系。

三是实际技术的支持。比如，所选择的品项越多，计算所耗费的资源与时间越久（呈现指数递增），此时必须运用一些技术降低资源与时间的消耗。

6.1.1.3 商品间相关性分析

商品间相关性分析是美式购物篮分析法研究的重点。那么，如何才能从浩如烟海又杂乱无章的销售数据中，发现类似于啤酒和尿布这类商品销售之间的联系呢？这就需要用到数据挖掘技术。

所谓数据挖掘（Data Mining），就是从数据库的大量数据中揭示出隐含的、先前未知并有潜在价值的信息的非平凡过程。数据挖掘是目前人工智能和数据库领域研究的热点问题。

数据挖掘是一种决策支持过程，它主要基于人工智能、机器学习、模式识别、统计学、数据库、可视化技术等，高度自动化地分析企业的数据，做出归纳性的推理，从中挖掘出潜在的模式，帮助决策者调整市场策略，减少风险，从而做出正确的决策。

数据挖掘是通过分析每个数据，从大量数据中寻找其规律的技术，主要有数据准备、规律寻找和规律表示三个步骤。数据准备是从相关的数据源中选取所需的数据，并整合成用于数据挖掘的数据集；规律寻找是用某种方法将数据集所含的规律找出来；规律表示是尽可能以用户可理解的方式（如可视化）将找出的规律表示出来。

数据挖掘的任务有关联分析、聚类分析、分类分析、异常分析、特异群组分析和演变分析等。

在进行商品间的相关性分析时，有三个关键性指标必须重视：支持度（Support）、置信度（Confidence）、提高度（Lift）。在进行研究时，以支持度、置信度作为主要商品相关性分析指标，而以提高度指标来强化说明关联关系。

（1）支持度

支持度，就是支持某一事件发生的概率，即表示商品 A 和商品 B 同时出现在购物篮中的概率（A 和 B 同时出现这一事件的概率）。

即如果考虑商品 A 对商品 B 的支持度，则支持度 S（A→B）的计算方式为：

$$S(A \rightarrow B) = \frac{N(A\&B)}{N} \tag{6-1}$$

其中，N 代表总的事件个数，而 N（A&B）代表购物篮中同时出现 A 和 B 的事件次数。

如果 S 值很低，那么代表所研究的规则普遍性一般，应用层次太低。举例来说，比如啤酒与尿布同时出现在购物篮中的概率是 20%，则称啤酒与尿布的支持度是 20%。

从支持度的计算公式中可以看出，如果啤酒与尿布同时出现在购物篮中的概率是 20%，则啤酒对尿布的支持度是 20%，而尿布对啤酒的支持度也是 20%。

回想之前"啤酒与尿布"的故事，是否可以认为"啤酒与尿布"等同于"尿布与啤酒"的故事呢？

在回答这个问题之前，先来考虑一下出现"啤酒与尿布"的故事背后的原因。故事中，年轻的父亲去超市的目的是购买尿布。在买到尿布的前提下，才会考虑购买啤酒。因此在购买尿布的父亲中有 35% 购买了啤酒，不代表购买了啤酒的父亲有 35% 购买了尿布。这是两类不同的消费行为，商品之间的因果关系也会不同，因此这个故事不能反过来讲。

而当单纯计算支持度时，是没法体现这种不同的，所以在计算商品之间的支持度时，需要反过来计算进行验证，看看两个商品之间的相关性具有多少可信度，从而寻找商品之间的因果关系。

表 6-1 中显示了某超市购物篮分析的结果，从中也可以看出，买了商品 A 的顾客又购买了商品 B 的百分比是不等同于买了商品 B 的顾客又购买了商品 A 的百分比的。所以，还需要计算置信度，来验证相关关系。

表 6-1　商品间相关性

商品名称	鸡蛋/%	金丝猴豆干上汤鸡汁 30 g/%	中号袋/%	特价商品/%	精粉馒头/%	400 g 盐/%
鸡蛋	无	13	12.7	12.0	9.6	9
金丝猴豆干上汤鸡汁 30 g	40	无	12.7	12.7	25.5	9.1
中号袋	28	9.3	无	9.3	12	4
特价商品	25.6	9.0	9.0	无	18	7.7
精粉馒头	35.6	8.9	20	31.1	无	6.7
400 g 盐	42.9	14.3	8.6	17.1	2.9	无

（2）置信度

置信度，指的是特定个体对特定命题真实性相信的程度，也就是特定命题令人信服的水平。举例来说，这就是指顾客在一次购物中，购买了商品 A 的同时，又购买了商品 B 的概率。这其实是一个条件概率的问题，即在商品 A 出现的情况下商品 B 同时出现在购物篮中的可能性。

如果考虑商品 A 对商品 B 的置信度，则置信度 $C(A \to B)$ 的计算方式为：

$$C(A \to B) = \frac{N(A\&B)}{N(A)} \qquad (6-2)$$

其中，$N(A\&B)$ 代表购物篮中同时出现 A 和 B 的事件次数，$N(A)$ 代表购物篮中出现 A 的事件次数。

我们知道：

$$S(\mathrm{A} \to \mathrm{B}) = \frac{N(\mathrm{A\,\&\,B})}{N} \qquad\qquad (6-3)$$

同理可以推出，商品 A 对商品 A 本身的支持度为：

$$S(\mathrm{A}) = \frac{N(\mathrm{A})}{N} \qquad\qquad (6-4)$$

于是，可以推出：

$$C(\mathrm{A} \to \mathrm{B}) = \frac{N(\mathrm{A\,\&\,B})}{N(\mathrm{A})} = \frac{N(\mathrm{A\,\&\,B})}{N} \Big/ \frac{N(\mathrm{A})}{N} = \frac{S(\mathrm{A} \to \mathrm{B})}{S(\mathrm{A})} \qquad (6-5)$$

从置信度的定义可以看出 $C(\mathrm{A} \to \mathrm{B})$ 不等同于 $C(\mathrm{B} \to \mathrm{A})$，因而可以利用置信度来区分两种商品之间的对等相关关系。

如果商品 A 对商品 B 的置信度水平高，那么代表了购买了商品 A 的顾客会再购买商品 B 这种特定事件出现的可能性就很高。

而在做商品相关性分析时，希望得到的规则是同时具有很高的支持度和置信度的规则。如果支持度高，但是置信度低，那么这个规则令人信服的程度就会下降；如果反过来，那么意味着这个规则产生的普遍性不高，但是置信水平还可以。

（3）提高度

提高度是对支持度和置信度进行全面衡量和补充的一项指标，它表征了商品之间的亲密关系，也可称为兴趣度。它实际反映了商品 A 的出现对于商品 B 被购买的影响程度。

当考虑商品 A 对商品 B 的提高度时，提高度 $L(\mathrm{A} \to \mathrm{B})$ 的计算方式为：

$$L(\mathrm{A} \to \mathrm{B}) = \frac{C(\mathrm{A} \to \mathrm{B})}{S(\mathrm{B})} \qquad\qquad (6-6)$$

商品 B 对自身的支持度为：

$$S(\mathrm{B}) = \frac{N(\mathrm{B})}{N} \qquad\qquad (6-7)$$

将式（6-3）、式（6-5）和式（6-7）代入式（6-6）可得：

$$L(\mathrm{A} \to \mathrm{B}) = \frac{S(\mathrm{A} \to \mathrm{B})}{S(\mathrm{A})} \Big/ S(\mathrm{B}) = \frac{\dfrac{N(\mathrm{A\,\&\,B})}{N}}{\dfrac{N(\mathrm{A})}{N}} \Big/ \frac{N(\mathrm{B})}{N} \qquad (6-8)$$

整理得到：

$$L(\mathrm{A} \to \mathrm{B}) = \frac{\dfrac{N(\mathrm{A\,\&\,B})}{N}}{\dfrac{N(\mathrm{A})}{N} \cdot \dfrac{N(\mathrm{B})}{N}} = \frac{P(\mathrm{A\,\&\,B})}{P(\mathrm{A}) \cdot P(\mathrm{B})} \qquad (6-9)$$

式中，$P(\mathrm{A\,\&\,B})$ 代表了商品 A 和商品 B 同时出现在购物篮中的概率，而 $P(\mathrm{A})$ 代表了商品 A 出现在购物篮中的概率，$P(\mathrm{B})$ 代表了商品 B 出现在购物篮中的概率。

由式（6-9）可以看出，若商品 A 对商品 B 的提高率等于 1，表明商品 A 和商品 B 同时出现在购物篮中的概率等同于商品 A 出现在购物篮中的概率乘以商品 B 出现在购物篮中的概率。根据概率学相关知识可知，在这种情况下，商品 A 和商品 B 出现在购物篮中的行为是完全无关的，即所有顾客对商品 A 和商品 B 的购买行为是完全独立的。

而当商品 A 对商品 B 的提高率大于 1 时，表明商品 A 和商品 B 的购买行为之间是正向关联的，数值越大，表明其关联性越强。

若商品 A 对商品 B 的提高率小于 1，则代表商品 A 和商品 B 的购买行为之间是互斥关系，即对商品 A 的购买会减弱购买商品 B 的意愿。

（4）相关性指标计算示例

题目：若某购物篮记录为：

消费者 1：啤酒、蛋糕、薯条、阿司匹林。

消费者 2：尿布、婴儿乳液、葡萄汁、婴儿食品、牛奶。

消费者 3：雪碧、薯条、牛奶。

消费者 4：啤酒、牛奶、冰激凌、薯条。

消费者 5：雪碧、咖啡、牛奶、面包、啤酒。

消费者 6：啤酒、薯条。

请计算：

1）S（啤酒→薯条）。

2）S（牛奶→雪碧）。

3）C（啤酒→薯条）。

4）L（啤酒→薯条）。

解答：

1）计算啤酒对薯条的支持度：

$$S(啤酒 \to 薯条) = \frac{N(啤酒 \& 薯条)}{N} = \frac{3}{6} = \frac{1}{2}$$

2）计算牛奶对雪碧的支持度：

$$S(牛奶 \to 雪碧) = \frac{N(牛奶 \& 雪碧)}{N} = \frac{2}{6} = \frac{1}{3}$$

3）计算啤酒对薯条的置信度：

$$C(啤酒 \to 薯条) = \frac{N(啤酒 \& 薯条)}{N(啤酒)} = \frac{3}{4} = \frac{3}{4}$$

4）计算啤酒对薯条的提高度，首先计算薯条对薯条的支持度：

$$S(薯条) = \frac{N(薯条)}{N} = \frac{4}{6} = \frac{2}{3}$$

再计算啤酒对薯条的提高度：

$$L(啤酒 \to 薯条) = \frac{C(啤酒 \to 薯条)}{S(薯条)} = \frac{3/4}{2/3} = \frac{9}{8} > 1$$

啤酒对薯条的提高度大于 1，由此可见购买啤酒的行为对于购买薯条的行为是有促进作用的。

（5）商品相关性的运用

通过对支持度、置信度和提高度的计算，可以发现商品之间的相关性。而了解了某些商品的相关性后，就可以合理地运用。比如交叉陈列，即把互相正关联的商品放置在一起，这样可以方便顾客购物，节约顾客的购物时间，并且可以通过心理暗示的方式提升关联购买率。或者将互相关联的商品直接捆绑销售，从而提升销售额。

这里列举两个典型的案例：

第一，皮蛋、豆腐和青豆。

某超市通过商品相关性分析，发现皮蛋、豆腐和青豆出现在同一个购物篮的比例很高，即这三者之间存在关联关系。通过进一步调查，发现该超市所属区域中有许多饭店。这些饭店经常到这家超市购买这三样商品来制作"皮蛋豆腐"。而饭店往往是在客户点菜后，才匆忙到超市购买皮蛋、豆腐和青豆。由于超市很近，买完东西后再回去给客户做菜也不耽误。为了让这些饭店购物更方便，该超市将这三样商品直接陈列在一起。一个月后，对这三样商品进行关联分析发现，三种商品陈列在一起后，极大地缩短了顾客寻找商品的时间，三种商品的销售额分别上升了5%、8%、3%，商品关联度也进一步增加。

第二，菠菜和沙拉酱。

这是一个发生在日本零售业的案例。日本某商店将一种拌沙拉用的丘比酱放在菠菜旁边销售。原来一星期只能销售658把的菠菜，关联陈列后销售量增加至1 650把，增长了151%。而丘比酱也从原来的一星期只销售19瓶增加到了300瓶，增长了1 478.9%。之所以会出现如此效果，是因为在日本，菠菜一般都是作为沙拉主菜食用的。该商店将菠菜和丘比酱放在一起关联陈列之后，当顾客忙碌了一天下班后进入商店时，心里正嘀咕着"今天晚饭吃什么"，一看到摆在货架上的菠菜和丘比酱，就会突然有了想法："行了，菠菜沙拉，就是它了。"于是，两种商品的销售业绩均得到大幅提升。这个例子和在超市里的冷冻柜台上面摆放饺子醋是一个道理，是在暗示客户买速冻饺子的时候，别忘了带点醋回家。

（6）互斥关联关系的运用

商品之间的互斥关系也是有用处的。例如，有的商店在摆放鞋油的货架上，一口气陈列30~40种鞋油，而这些鞋油使用方法相同、价格相近，只是外包装形状不同而已。其实，通过商品相关性分析可知，这些鞋油其实是存在互斥关联关系的。像这样陈列互斥的鞋油，会造成货架的浪费，同时过多的商品选择反而会造成顾客无所适从，无法做出购买决定，顾客会干脆放弃购物。因此，比较合理的方案是在一个货架上不应出现五种以上的互斥商品，这样，既满足了顾客的购买需求，也使货架资源的使用得以优化。

6.1.1.4 外界因素的影响

日式购物篮分析法的研究重点在于找出外界各种因素对商品销售情况的影响。这其实也是一种相关性分析，只是分析的对象不同而已。

通过日式购物篮分析法，找出外界因素对购物行为的影响后，可以配合形成心理暗示来提示购买，或者根据外界因素来确定上架物品的摆放情况、比例、位置。

比如，德国啤酒的"啤酒—气温指数"——根据研究发现，夏季气温每上升1 ℃，就会增加230万瓶啤酒销量；日本空调指数——研究者发现夏季30 ℃以上的天气多一天，空调销量即增加4万台；中国台湾七五三感冒指数——研究表明，在一天中如果最高温度、最低温度相差7 ℃，昨天和今天温度相差5 ℃，且湿度差大于30%的话，感冒的人会增加，商家就要考虑把感冒药、温度计和口罩之类的商品上架。

再比如，面包房即使不烤面包了，也要在烤箱里烤上点东西，把烘烤面包的香味散发出去，勾起顾客食欲，顾客的双腿会不由自主地走到面包柜台。同样，烤鸡的香味也是一种极其诱人的食品诱导味道，因此在很多卖场中一定要架上烤炉，现场烤鸡，并且一定要让味道散发出来。

6.1.1.5　思维启示

（1）启示一：不要只见树木，而不见森林

沃尔玛的"啤酒和尿布"故事并不是偶然产生的，它提示了在大数据时代，一定要更多地去从更全面的角度看问题，要看到事物之间的联系。

比如，如果在沃尔玛每个人只关注自己的"一亩三分地"，卖啤酒的只管闷头卖啤酒，卖尿布的只管闷头卖尿布，每个柜台只关心自己的商品是否能进入顾客的购物篮。卖啤酒的不关心购物篮中的尿布，卖尿布的也漠视购物篮中的啤酒，只要别漏了自己柜台的东西就行了。如果只是这样人人自扫门前雪，那么长期下去，商店的整体效益肯定不会好。而反观沃尔玛的卖场管理体系，购物篮是主要的管理对象，而不仅是商品。

沃尔玛认为，商品销售量的冲刺只是短期行为，而零售企业的生命力则取决于购物篮。一个小小的购物篮不仅体现了顾客的真实消费需求和购物行为，而且每一只购物篮里都蕴藏着太多的顾客信息。零售业的宗旨是服务顾客，沃尔玛认为商店的管理核心应该是以购物篮为中心的顾客经营模式，商品排名只能反映商品自身的表现，而购物篮可以体现出顾客的购买行为及消费需求，关注购物篮可以使门店随时掌握顾客的消费动向，从而使门店始终与顾客保持一致。也就是这种纵观全局的思维方式，让沃尔玛发现了啤酒与尿布之间的关系，从而引发了后面的故事。

（2）启示二：注重相关关系的研究

"啤酒与尿布"故事的依据是商品之间的相关性（也称关联性），商品相关性是指商品在卖场中不是孤立的，不同商品在销售中会形成相互影响的关系（也称关联关系），比如在"啤酒与尿布"故事中，尿布会影响啤酒的销量。在卖场中商品之间的关联关系比比皆是，比如咖啡的销量会影响到咖啡伴侣、方糖的销售量，牛奶的销量会影响面包的销售量等。

所谓事物之间的相关性是指当一个事物发生变化时，另一个事物也会发生变化。当事物之间的变化是相互抵消的，比如猪肉价格上涨与猪肉销量下降，称这种相关性是负相关；当事物之间的变化呈现同一个方向发展时，比如气温上升冷饮销量也上升，称这种相关性是正相关。

有些事物的相关性显而易见，有些则不是那么明显。美国华尔街股票分析师将女性超短裙的长度与道琼斯股票指数建立了关联，超短裙的长度与股票指数成反比趋势，据说十分灵验，这就是相关性在生活中的体现。

商店中的关联性更是比比皆是，比如烟酒销售的关联关系：当门店附近有建筑工地时，低档烟酒的销售就会上升；当附近有高档社区时，中华烟、葡萄酒的销售量就会上升。

商品相关性并不只是数据分析的事，更重要的是它反映了顾客心理层面的因素，毕竟是人在提着购物篮，而不是猴子。

顾客在购物时的心理因素是产生商品之间关联关系的最基本原因。人们在运用数据科学的相关手段时，就是从手头的数据来反向分析人心理因素的影响。在找到购物篮规律时，必须从顾客消费心理层面解释这些关联关系，否则"啤酒与尿布"会永远停留在啤酒与尿布这两种商品上，而没有任何推广意义。要想详细地了解商品相关性形成的顾客心理因素，则需要进行大量的顾客消费行为观察，构建顾客购物篮场景，才可使"啤酒与尿布"的故事发扬光大。

（3）启示三：深挖数据背后的含义

要想找到"啤酒与尿布"之间的关联关系，就要对顾客手中的购物篮进行计算。

我们将单个顾客一次购买商品的总和（以收银台结账为准）称为一个购物篮。比如，我们在超市收银台一次购买了5件商品：啤酒、卫生纸、熟食、果汁饮料、大米，在收款台交款时，这5件商品会集中体现在同一个收款小票中。因此，一个购物篮就是一张收款小票，购物小票就是购物篮分析的一个重要依据。

别小看这一张购物小票，它并不简单，实际有三个层面的含义。

1）购买商品的顾客："啤酒与尿布"实际上是讲述了特定顾客群体（年轻父亲）的消费行为，如果忽略了这个特定的顾客群体，"啤酒与尿布"的故事将毫无意义。

2）购物篮中的商品：同时出现在一个购物篮中的啤酒和尿布包含了很多要素，比如这些啤酒与尿布同时出现是否具有规律性？啤酒和尿布的价格是多少？是否进行了促销？……

3）购物篮的金额信息：购买啤酒和尿布的顾客使用了什么样的支付方式（是现金、银行卡、会员储值卡，还是支票）？

通常的超市里都有会员卡。通过会员卡分析POS机的消费数据，可以知道与每个特定会员相关的购买数据信息。比如，通过分析某人的会员卡，可以知道这样的事实：老张今天买了2瓶啤酒、1包花生米、2袋豆腐干；大前天老张买了4瓶啤酒、1包开花豆、4袋豆腐干。

可是一个1 000平方米的超市，像老张这样的顾客一天可能有1 000～2 000个，这样的数据看上一天也不会有什么结果，除了知道老张喜欢喝上一口，喜欢用花生米、豆腐干下酒，其他的事情都不知道。

的确，了解一个又一个老张的喝酒习惯对门店而言是没有意义的。门店需要知道的是，门店有多少个老张，又有多少个与老张喝酒习惯不同的老李，将喝啤酒就花生米的老张与喝干白葡萄酒就腰果的老李分开，分成不同的顾客群体，对门店才是有意义的。比如门店只要知道，在喜欢喝酒的100个顾客里，有30个喝啤酒就花生米的老张，10个喝干白葡萄酒就腰果的老李，另外有20个老王是喝黄酒就豆腐干，这就足够了。门店这时就可以知道，啤酒与花生米有关联关系，干白葡萄酒与腰果有关联关系，黄酒与豆腐干有关联关系，这些商品可以考虑一起促销，或者摆放在相近的位置进行陈列。

（4）启示四：数据分析不要停留于表面

先举一个例子：某海滨城市超市周末上午会出现切片面包脱销的情况，超市管理人员想当然地认为，这是由于到海滨旅游的家庭买了面包给小孩当早餐。于是他们依据标准的购物篮分析法，开始增加门店的切片面包品种，并提升其档次。另外，还参照交叉销售的模式，补充与切片面包具有相关性的果酱、火腿肠、黄油等商品。但是，这样的举措却没有给门店销售额带来提升。经过调查才发现，原来这个门店的切片面包是被前往海滨的钓鱼者买去，充当钓鱼饵料使用。于是，管理人员将门店的切片面包调整为低档、低价的切片面包，并且开发垂钓相关商品。

从这个例子中不难看出，发现现象后，一定要深挖本质，不能只停留于表面。只有清楚现象背后的原因，才能真正利用这个规律。

数据分析师发现了规律后，还需要做深入的调查研究，弄明白规律背后隐含的道理（图 6-4）。

图 6-4 研究数据不应停留于表面

6.1.2 亚马逊的个性化推荐

6.1.2.1 案例详析

亚马逊是全球电子商务的创始者，是通过对数据的充分使用和挖掘而在商战中获胜的最佳代表，被誉为在线商城，尤其是个性化推荐的领袖。过去 10 年，该公司已投入了大量的资金来建成一套智能推荐系统，它会考虑历史浏览记录、过去的购买记录和其他购物者的记录——所有这些都是为了确保访问者能买东西。

据统计，亚马逊销售额的 1/3 来自它的个性化推荐系统（图 6-5）。亚马逊利用用户在亚马逊上的购买、浏览记录和行为历史，综合运用多种推荐算法——基于 item 相似和相关性、基于行为历史、基于协同过滤等，来实现个性化的推荐。

1994 年杰夫·贝索斯创办了这家后来更名为亚马逊的电子商务公司。最初，亚马逊的推荐内容全由人工完成。他们聘请了一个由 20 人组成的书评团队，专门负责写书评、推荐新书，在亚马逊的网页上推荐有意思的新书。这个书评团队在那时对亚马逊书籍的销量有很大帮助。

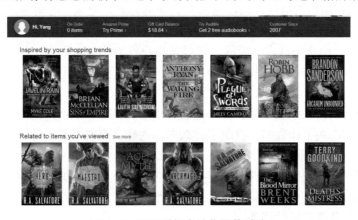

图 6-5 亚马逊的个性化推荐系统

但是，随着亚马逊网站上所售书籍的量越来越大，这种人工推荐方式的弊端不断显现：

1）需要投入大量人力、物力、时间，因为每本书都需要多个书评人来阅读，而阅读一本书也需要大量时间。

2）书评人有自己的偏好，如何能够保证书评的恰当性、无偏差性、客观性？

3）大部分书评人年纪比较大，如何保证与潮流大众的契合？

4）书评的更新速度是一项非常重要的因素。

于是，亚马逊公司决定尝试更有创造性的做法，打算根据用户的习惯来为其推荐商品，即利用推荐算法来实现个性化推荐。

最初他们所采用的推荐算法是将不同用户进行比较，希望找到用户之间的关联，从而去推荐书籍。但是问题在于，面对庞大的数据，算法过于烦琐，结果也会差强人意。

亚马逊当时的技术人员格雷格·林登思考之后，想出了一个解决方法：其实没有必要将不同的用户进行比较，只需要找到商品之间的关联。运用这样的推荐方式可以提前分析出商品之间的关系，于是推荐速度非常快，适用于不同商品，甚至可以跨界推荐商品。

林登将书评家带来的销售量和推荐系统产生的营销业绩进行了比较，发现推荐系统带来的商品销量远远高于书评家，这个销量比较数据直接促成了亚马逊解散书评组，而由推荐系统取代他们来推荐更可能受用户欢迎的商品。

这种基于海量数据的推荐，也是大数据早期运用的一种重要形式。

6.1.2.2 亚马逊的推荐方式

亚马逊的大数据挖掘秘密简单来说有四步：

第一步，收集用户行为数据。

用户在亚马逊网站上发生的所有行为都会被亚马逊记录，如搜索、浏览、打分、点评、购买、使用减价券和退货等。所收集的历史记录包括：他们购买了什么书，哪些书他们只浏览却没有购买，浏览了多久，哪些书是他们一起购买的。有了这些数据，亚马逊就能精准地判断出用户的购物喜好。根据这些数据，亚马逊勾画出每个用户的特征轮廓和需求，并以此为依据进行精准营销。

具体来说，亚马逊记录的用户行为数据包括：

1）访问日志：用户的访问行为，包括 IP、访问方式、地域、时间等。

2）点击日志：用户的点击行为。

3）会话日志：由点击日志生成的，可描述用户行为的日志形式，记录了用户的各种行为，如浏览、购买、点击、评分和评论等。

第二步，整合用户行为数据。

完成了用户行为的数据收集后，亚马逊会分析会话日志，从用户的行为来了解他们的喜好——看了什么书，买了什么书，收藏了什么书，为什么有些书看了却没买，或是等了一段时间才买。

还会鼓励用户参与投票、书评（图6-6）。这其实是一种主动暴露用户兴趣爱好的方式，可以透露用户的观点、倾向等，从而帮助亚马逊给用户打上"标签"。

第三步，个性化推荐营销服务。

接下来，就是利用推荐算法，通过对所获取到的用户行为数据的分析和理解，来实现个性化推荐服务。通过推荐服务，不仅可以提高用户购买的意愿，缩短购买的路径和时间，还可以在恰当的时机捕获用户的最佳购买冲动，降低传统营销方式对用户的无端骚扰。

图 6-6　鼓励用户参与投票、书评等主观性活动

第四步，统计用户反馈数据。

正如一个稳定的系统一样，推荐系统也需要一个反馈环节。亚马逊的个性化推荐包含两种方式：在线的推荐；线下的推荐，如邮件方式，或其他的线下推荐方式。

对于在线推荐方式，需要收集的反馈行为数据包括：

1）用户会浏览推荐的书籍并直接购买；

2）用户也许会浏览，但不直接购买；

3）用户可能会直接反馈推荐效果（这不是我想要的）；

4）用户也许不会浏览。

对于线下推荐方式，需要收集的反馈行为数据包括：

1）用户是否打开了邮件；

2）用户是否单击了邮件中的链接浏览促销产品；

3）用户单击了之后是否会购买；

4）用户直接单击"以后别给我发邮件了"。

反馈的目的在于评估推荐的效果，并根据效果来调整和优化推荐算法。基于所收集的用户反馈行为的数据，亚马逊可以更好地提升其推荐算法的效率。

6.1.2.3　推荐算法

推荐算法出现的原因是多方面的：人们置身于一个数据爆炸的时代，相比于过去的信息匮乏，面对现阶段海量的信息数据，用户最头疼的是对海量信息的筛选和过滤。而一个具有良好用户体验的系统，会将海量信息进行筛选、过滤，将用户最关注、最感兴趣的信息展现在他们面前。这样可以大大提高系统工作的效率，同时也节省了用户筛选信息的时间。

搜索引擎的出现在一定程度上解决了信息和数据筛选的问题，但还远远不够。因为要使用搜索引擎，有一个前提条件，就是需要用户主动提供关键词来对海量信息进行筛选。但当用户无法准确描述自己的需求时，搜索引擎的筛选效果将大打折扣，而用户将自己的需求和意图转化成关键词的过程本身就是一个并不轻松的过程。况且很多时候，用户并不清楚自己需要寻找什么样的物品。这就需要推荐算法的帮助。

推荐系统（图6-7）的任务就在于联系用户和信息，一方面帮助用户发现对自己有价值的信息，而另一方面让信息能够展现在对它感兴趣的人群中，从而实现信息提供商与用户的双赢。

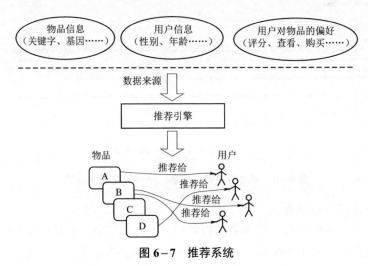

图 6-7　推荐系统

（1）基于人口统计学的推荐算法

这是最简单的一种推荐算法，它只是简单地根据系统用户的基本信息发现用户的相关程度，然后将相似用户喜爱的其他物品推荐给当前用户。

首先会根据用户的属性建模，比如用户的年龄、性别、兴趣等信息。然后，根据这些特征计算用户间的相似度，再实现推荐。比如，图6-8中，通过计算发现用户 A 和用户 C 比较相似，而用户 A 喜欢物品 A，因此会尝试把物品 A 推荐给用户 C。

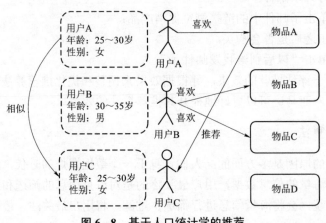

图 6-8　基于人口统计学的推荐

基于人口统计学的推荐算法的优势在于：不需要历史数据，没有冷启动问题；不依赖物品的属性，因此其他领域的问题都可无缝接入。但其不足之处在于，这种算法比较粗糙，效果很难令人满意，只适合简单的推荐。

（2）基于内容的推荐

基于内容的推荐（Content-based Recommendation）是信息过滤技术的延续与发展，它是建立在项目的内容信息上做出推荐的，而不需要依据用户对项目的评价意见，更多地需要用机器学习的方法从关于内容的特征描述的事例中得到用户的兴趣资料。

在基于内容的推荐系统中，项目或对象是通过相关特征的属性来定义的，系统基于用户评价对象的特征、学习用户的兴趣，考察用户资料与待预测项目的匹配程度。用户的资料模型取决于所用的学习方法，常用的有决策树、神经网络和基于向量的表示方法等。基于内容的用户资料需要有用户的历史数据，用户资料模型可能随着用户的偏好改变而发生变化。

基于内容的推荐与基于人口统计学的推荐有类似的地方，只不过系统评估的中心转到了物品本身，使用物品本身的相似度而不是用户的相似度来进行推荐。

首先要对物品的属性进行建模，图 6-9 用类型作为属性。在实际应用中，只根据类型做出判断显然过于粗糙，还需要考虑演员、导演等更多信息。通过相似度计算，发现电影 A 和电影 C 相似度较高，因为它们都属于爱情类；还会发现用户 A 喜欢电影 A，由此得出结论：用户 A 很可能对电影 C 也感兴趣。于是将电影 C 推荐给用户 A。

基于内容的推荐算法的优势在于：对用户兴趣可以很好地建模，并通过对物品属性维度的增加，获得更好的推荐精度。而不足之处就在于：① 物品的属性有限，很难有效得到更多数据；② 物品相似度的衡量标准只考虑到了物品本身，有一定的片面性；③ 需要用户的物品的历史数据，有冷启动的问题。

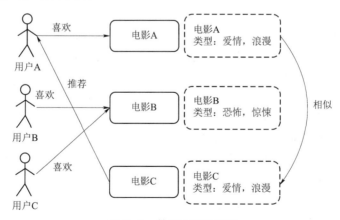

图 6-9 基于内容的推荐

（3）基于协同过滤的推荐

基于协同过滤的推荐（Collaborative Filtering Recommendation）技术是推荐系统中应用最早和最为成功的技术之一。它一般采用最近邻技术，利用用户的历史喜好信息计算用户之间的距离，然后利用目标用户的最近邻居用户对商品评价的加权评价值来预测目标用户对特定商品的喜好程度，从而根据这一喜好程度来对目标用户进行推荐。

基于协同过滤的推荐最大优点是对推荐对象没有特殊的要求，能处理非结构化的复杂对象，如音乐、电影。

基于协同过滤的推荐是基于这样的假设：为一用户找到他真正感兴趣的内容的好方法是首先找到与此用户有相似兴趣的其他用户，然后将他们感兴趣的内容推荐给此用户。其基本思想非常易于理解，在日常生活中，人们往往会利用好朋友的推荐来进行一些选择。基于协同过滤的推荐正是把这一思想运用到电子商务推荐系统中来，基于其他用户对某一内容的评价来向目标用户进行推荐。

基于协同过滤的推荐系统可以说是从用户的角度来进行相应推荐的，而且是自动的，即用户获得的推荐是系统从购买模式或浏览行为等隐式获得的，不需要用户努力地找到适合自己兴趣的推荐信息，如填写一些调查表格等。

基于协同过滤的推荐具有如下优点：

1）能够过滤难以进行机器自动内容分析的信息，如艺术品、音乐等。

2）共享其他人的经验，避免了内容分析的不完全和不精确，并且能够基于一些复杂的、难以表述的概念（如信息质量、个人品位）进行过滤。

3）有推荐新信息的能力。可以发现内容上完全不相似的信息，用户对推荐信息的内容事先是预料不到的。这也是基于协同过滤的推荐和基于内容的推荐的一个较大差别，基于内容的推荐很多都是用户本来就熟悉的内容，而基于协同过滤的推荐可以发现用户潜在的但自己尚未发现的兴趣偏好。

4）能够有效地使用其他相似用户的反馈信息，减少用户的反馈量，加快个性化学习的速度。

虽然基于协同过滤的推荐作为一种典型的推荐技术有其相当的应用，但协同过滤仍有许多问题需要解决。最典型的问题有稀疏（Sparsity）问题和可扩展（Scalability）问题。

（4）基于关联规则的推荐

基于关联规则的推荐（Association Rule-based Recommendation）是以关联规则为基础，把已购商品作为规则头，规则体为推荐对象。关联规则挖掘可以发现不同商品在销售过程中的相关性，在零售业中已经得到了成功的应用。

管理规则就是在一个交易数据库中统计购买了商品集 X 的交易中有多大比例的交易同时购买了商品集 Y，其直观的意义就是用户在购买某些商品的时候有多大倾向去购买另外一些商品。比如购买牛奶的同时很多人会购买面包。

算法的第一步关联规则的发现最为关键且最耗时，是算法的瓶颈，但可以离线进行。其次，商品名称的同义性问题也是关联规则的一个难点。

（5）基于效用的推荐

基于效用的推荐（Utility-based Recommendation）是建立在对用户使用项目的效用情况上进行计算的，其核心问题是怎样为每一个用户去创建一个效用函数，因此，用户资料模型很大程度上是由系统所采用的效用函数决定的。

基于效用推荐的好处是它能把非产品的属性，如提供商的可靠性（Vendor Reliability）和产品的可得性（Product Availability）等考虑到效用计算中。

（6）基于知识的推荐

基于知识的推荐（Knowledge-based Recommendation）在某种程度是可以看成是一种推理

（Inference）技术，它不是建立在用户需要和偏好基础上推荐的。

基于知识的方法因它们所用的功能知识不同而有明显区别。效用知识（Functional Knowledge）是一种关于一个项目如何满足某一特定用户的知识，因此能解释需要和推荐的关系，所以用户资料可以是任何能支持推理的知识结构，它可以是用户已经规范化的查询，也可以是一个更详细的用户需要的表示。

（7）组合方式的推荐

由于各种推荐方法都有优缺点，所以在实际中，组合推荐（Hybrid Recommendation）经常被采用。研究和应用最多的是内容推荐和协同过滤推荐的组合。

最简单的做法就是分别用基于内容的方法和协同过滤推荐方法去产生一个推荐预测结果，然后用某方法组合其结果。尽管从理论上有很多种推荐组合方法，但在某一具体问题中并不见得都有效，组合推荐的一个最重要原则就是通过组合来避免或弥补各自推荐技术的弱点。

在组合方式上，有研究人员提出了七种组合思路。

1）加权（Weight）：加权多种推荐技术结果。

2）变换（Switch）：根据问题背景和实际情况或要求决定变换采用不同的推荐技术。

3）混合（Mixed）：同时采用多种推荐技术给出多种推荐结果，为用户提供参考。

4）特征组合（Feature Combination）：组合来自不同推荐数据源的特征被另一种推荐算法采用。

5）层叠（Cascade）：先用一种推荐技术产生一种粗糙的推荐结果，第二种推荐技术在此推荐结果的基础上进一步做出更精确的推荐。

6）特征扩充（Feature Augmentation）：将一种技术产生附加的特征信息嵌入另一种推荐技术的特征输入中。

7）元级别（Meta-level）：用一种推荐方法产生的模型作为另一种推荐方法的输入。

6.1.3　潘多拉音乐组计划

6.1.3.1　案例详析

让我们先来看一组数据：8 000 万以上的注册用户，80 亿次以上的点击次数，用户月平均在线时长达 10 小时以上，并且新用户以每秒一人的速度疯狂增长，占据着全美前二十大网络电台 50%以上的市场份额（以时间计）。

它不是 Facebook 或 Twitter 成长过程中的一段缩影，这是一家名为"潘多拉"的网络电台。潘多拉媒体首次向 SEC 提交了 S－1 文件（IPO 文件），正准备向华尔街打开它充满魔力的"潘多拉盒子"（图 6－10）。

先来看看潘多拉音乐盒子的创办故事：在创立潘多拉网络电台之前，CEO 蒂姆·威斯特伦一直都是落魄的音乐人。20 世纪 90 年代末，他在帕洛阿尔托假日酒店的一场特约演出中倚着大屏幕电视机演奏钢琴，电视上正在播放美式橄榄球的最新战报。一位球迷走过来，问他能不能停下来，这样才能听清比分，威斯特伦回忆道："那位球迷能看到比分，但他还想亲耳听到。"那天晚上威斯特伦从酒店厨房领到免费汉堡之后，放弃了自己的演奏职业，开始考虑其他音乐行当，并在 2005 年推出潘多拉网络电台服务。

图 6－10　潘多拉音乐盒子

潘多拉电台在官网中这样解释取名潘多拉的寓意：潘多拉是宙斯用黏土做成的第一个女人，从希腊众神那儿得到了音乐等许多礼物，她出于好奇打开一个魔盒，从中释放出人世间的所有邪恶：贪婪、虚无、诽谤、嫉妒、痛苦，等等。潘多拉网络电台正是取其音乐和好奇心的双重寓意，通往音乐的发现之旅。

那潘多拉网络电台到底是如何吸引 8 000 万注册用户的音乐好奇心的呢？

简单地讲，潘多拉网络电台其实就是一个高度个性化的"私人电台"。潘多拉通过分析用户对所播放歌曲的反馈行为（喜欢或不喜欢）以及歌曲本身，随机推送基于用户习惯的音乐。潘多拉网络电台不设置音乐播放列表，不能播放用户选定歌曲，完全颠覆了传统的播放器模式。

（1）潘多拉音乐盒子的用户模式

第一步：用户在潘多拉音乐盒子网站注册，打开网页，网站上跳出一个简单精致的音乐盒子。

第二步：用户输入一首自己喜欢的风格的歌曲或者某歌手的名字，例如输入迈克·杰克逊的"*Beat It*"，然后单击潘多拉系统自动联想的第一个选项"Beat It by Michael Jackson"，于

图 6－11　潘多拉网络电台

是便创建了一个名为"Beat It"的"私人电台"（图 6－11），"Beat It"电台主要向用户推送与"*Beat It*"风格类似的歌曲。

第三步：与传统播放器不同，潘多拉电台并不是直接播放选择的歌曲"*Beat It*"，而是推送一首风格与"*Beat It*"十分相近的"*The Way You Make Me Feel*"（也可能是其他歌手的歌曲）。

第四步：通过互动，潘多拉系统会根据用户的操作行为重新计算并修正用户个人的音乐库，推送更加符合我们个人习惯的歌曲。例如，当潘多拉播放"*The Way You Make Me Feel*"时，如果我们点击喜欢（Thumbs-up），那么潘多拉将推送更多与"*The Way You Make Me Feel*"基因类似的音乐，而如果我们点击不喜欢（Thumbs-down），

潘多拉将推送那些和它差距越来越大的音乐。

第五步：经过多次的相互反馈，潘多拉网络电台就会建立一个高度个性化的"私人电台"（图 6–12）。

图 6–12　私人定制的电台音乐

第六步：那如果厌倦了某种音乐风格怎么办？我们可以通过输入不同风格的歌曲新建另一个"私人电台"，潘多拉网络电台允许每个用户最多建立 100 个私人电台，然后潘多拉系统将基于这首不同风格的歌曲重新进行推送。潘多拉网络电台在 S–1 文件中透露，公司总计拥有 14 亿个"私人电台"，平均每名注册用户拥有的"私人电台"达 17 个左右（图 6–13）。

（2）音乐基因组计划

潘多拉网络音乐电台之所以会如此成功，要归功于其背后的音乐基因组计划。潘多拉的 CEO 威斯特伦，在创立公司的最初专注于打造一款能够分析歌曲的音乐推荐引擎，最后这成了潘多拉网络电台为用户推送音乐的核心。

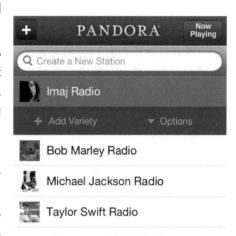

图 6–13　潘多拉电台 App

基因决定了我们和父母、亲戚的相近程度，也决定了我们的子女和我们的相近程度。而潘多拉的音乐基因组计划旨在将音乐分解成基本的基因片段。其背后的想法是，我们喜欢一段音乐是因为它的属性——为什么不利用音乐片段之间的相似性做一个音乐推荐系统呢？这种类型的推荐引擎属于物品推荐（Item Recommendation）。但是令人印象深刻的是，像一段音乐这样的物品，它的相似度需要通过它的"基因"构成来衡量。

据潘多拉网络电台在 IPO 文件中透露，公司的音乐基因组计划中收录了超过 80 万首经过单独分析的歌曲，这些歌曲来自 8 万名歌手。音乐基因组计划对收录的每一首新歌依据其旋律、和声、配器、歌词等总计 480 项音乐属性进行分析归类，这样的工作基本上都由潘多拉网络电台的音乐分析师完成。只要潘多拉网络电台还能继续运转下去，音乐分析师的歌曲分析工作就不会停止，潘多拉网络电台是互联网中名副其实的劳动密集型企业。

那么让我们结合音乐基因组计划来看看潘多拉网络电台的工作原理：

第一步：当用户输入"Beat It"创建个性化电台时，潘多拉网络电台首先在其自己的音乐库中搜索到"*Beat It*"。

第二步：潘多拉系统运用音乐基因组计划中的数据对它的旋律、和声、配器、歌词等属性进行分析，找出该歌曲在480项音乐属性上各自的特征。

第三步：通过某种算法在海量的音乐库中搜寻与其风格类似的歌曲，和音乐分析师分析歌曲一样，匹配过程中参照的音乐属性达480项。

第四步：推荐找到的歌曲，并记录用户对推荐结果的反馈。通过用户的"认可""拒绝"等判断来评估它推荐的曲目，从而根据不断的反馈推断出用户属于哪类听众、喜欢什么、不喜欢什么等，帮助优化之后的推荐。

用户在享受了潘多拉所提供的特色推荐的同时，他们的互动其实也在帮助潘多拉更好地改进推荐系统。

潘多拉网络电台的系统在匹配过程中完全不考虑歌手的知名度或者歌曲的流行程度，对所有的歌曲都一视同仁。它推送的歌曲非常符合听众的个性化需求，许多听众都能在潘多拉网络电台发现"失散多年"的老歌，或者发掘出默默无闻的歌手的作品。潘多拉网络电台推送的每一首歌都能激起听众的音乐好奇心。

6.1.3.2　标签的运用

潘多拉网络电台的独到之处在于它完全可以根据一首歌本身的属性探究音乐相似性背后的因素，而不需要了解用户的喜好就可以把用户黏住，真正实现了通过技术向用户智慧地推荐音乐的目的。这正是音乐基因组计划工作的原理所在——将一个复杂的问题切割成对很多小的特性的描述，从而予以解决。

随着这种"基因"概念的普及，人们很自然地想到，可不可以把这种推荐方法应用于其他产品呢？比如图书、视频、电影、食物等。这时，"标签"就发挥了作用。

先来看一下目前的推荐算法的工作方式（图6-14）。基本上可以把它们分为三种：

图6-14　推荐的方式

第一种方式是通过用户喜欢过的物品：可以给用户推荐与他喜欢过的物品相似的物品；

第二种方式是通过和用户兴趣相似的其他用户：可以给用户推荐那些和他们兴趣爱好相似的其他用户喜欢的物品；

第三种方式是通过一些特征（Feature）来联系用户：可以给用户推荐那些具有用户喜欢的特征的物品。

让我们来关注第三种方式，这里所指的特征，有不同的表现方式，比如可以表现为物品的属性集合（如对于图书，属性集合就包括了作者、出版社、主题和关键词等），也可以表现为隐语义向量（Latent Factor Vector）。而其中最重要的一种特征表现方式就是标签。

所谓的标签，我们可以理解为一种无层次化结构的、用来描述信息的关键词，它可以用来准确地描述物品的语义。

合理地运用好标签，可以帮助人们更好地刻画事物的特征，更好地了解相应的特性。

（1）Delicious

Delicious 网站可以算是标签系统里的鼻祖，是目前网络上最大的书签类站点。它是一个帮助用户共享他们喜欢的网站链接的流行网站。

标签的作用就是可以让人们对某一条目进行标注，如添加词语以及短语。对于 Delicious 网站而言，所进行标注的条目就是书签。

Delicious 提供了一种简单共享网页的方法，它为无数互联网用户提供一种服务——对他们喜欢的网页书签进行分类。

如图 6-15 所示，每一个网页下方都显示了相关联的标签名称，从而帮助之前没有浏览过这些网页的人们快速了解网页大致内容。

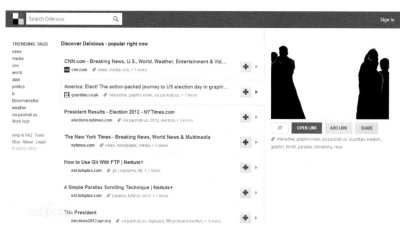

图 6-15　Delicious 网站

（2）Lastfm

Lastfm 是 Audioscrobbler 音乐引擎设计团队的旗舰产品，以英国为总部的网络电台和音乐社区，有遍布 232 个国家超过 1 500 万名活跃的听众，2007 年被 CBS Interactive 以 2.8 亿美元价格收购。它是世界上最大的社交音乐平台。音乐库里有超过 1 亿首歌曲曲目（其中 300 多万首可以收听）和超过 1 000 万名的歌手。每个月，全世界 250 个国家 2 000 万人在这里寻找、收听、谈论自己喜欢的音乐。这个数字还在不断增长。

Lastfm 是一个音乐推荐服务，你通过注册账户和下载 The Scrobbler 软件开始使用 Lastfm 服务。The Scrobbler 根据播放过的曲目帮你发现更多音乐。它通过分析用户的听歌行为来预测用户对音乐的兴趣，从而给用户推荐个性化的音乐。

Lastfm 的 "Audioscrobb"（同步记录）基本上是一种"懒人找新音乐"的办法——你不需要做什么，只要在自己的计算机上安装一个客户端软件，此后每在计算机、iPod 或者 iTunes 上播放一首音乐，这个软件都会忠实地记录下来，分析哪首歌曲播放的次数最多，然后自动向在 Lastfm 上的个人音乐主页添加元数据，推荐你可能喜欢的新音乐。你可以随意地听，也可以做一些简单的操作，表示你喜欢或者跳过、禁止这首音乐。这个私人电台还会深入你的音乐生活，将你与同样喜欢这些音乐的人连接起来，创建音乐小组，彼此分享和推荐好音乐。

就像朋友之间互相比较唱片收藏，既然品位相似，那么他的唱片中必然有你喜爱而未曾听过的音乐。

图 6-16 中展示了在 Lastfm 网站上搜索 The Beatles 乐队的结果，可以看到，网站上展示了 the Beatles 乐队相关联的标签。也许人们并不了解 The Beatles 乐队，但是通过这些标签就能知道 the Beatles 乐队是活跃在 20 世纪 60 年代的英国的一个传统摇滚乐队。

classic rock · rock · 60s · the beatles · british · pop

The Beatles were an iconic rock group from Liverpool, England. They are frequently cited as the most commercially successful and critically acclaimed band in modern history, with innovative music, a cultural impact that helped define the 1960s and an enormous influence on music that is still felt today. Currently, The Beatles are one of the two musical acts to sell more than 1 billion records, with only Elvis Presley having been able to achieve the same feat. After conquering Europe... read more

Top Tracks

1	▶ ♡	Come Together	958,836
2	▶ ♡	Let It Be	942,111
3	▶ ♡	Yesterday	908,118
4	▶ ♡	Help!	879,858
5	▶ ♡	Here Comes the Sun	838,942

图 6-16　Lastfm 网站

（3）CiteULike

作为一名科研人员或准科研人员，甚至是一名有志做点学问的研究生，不可避免地要阅读大量论文，很多时候这种工作是在网上完成的。那么你是否会有这样的烦恼：当你读完一篇论文时，发现它引用的另外一篇或多篇文献对你来说可能更有用，所以你想先把这个/这些引用保存下来，日后再读。这个工作耗费了大量的时间，复制粘贴，外部存储，建立目录，分类等，关键是还不能方便地索引。如果考虑到做一项研究一共需要阅读的文献量的话，那么这个工作就变得不那么简单了。

CiteULike 是一个著名的论文书签网站。它允许研究人员提交或者收藏他们感兴趣的论文，并给论文打标签，从而帮助用户更好地发现和自己研究领域相关的优秀论文。这样，通过群体智能，让每个研究人员对自己了解的论文进行标记，从而帮助用户更好更快地发现自己感兴趣的论文。

就像图 6-17 所示，CiteULike 中一篇被用户打的标签最多的有关推荐系统评测的文章，可以发现，最多的两个标签是协同过滤（Collaborative-filtering）和评测（Evaluate），确实比较准确地反映了这篇论文的主要内容。

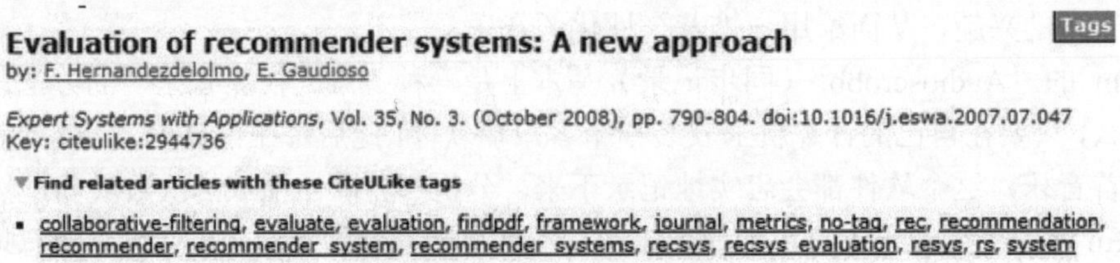

Evaluation of recommender systems: A new approach
by: F. Hernandezdelolmo, E. Gaudioso

Tags

Expert Systems with Applications, Vol. 35, No. 3. (October 2008), pp. 790-804. doi:10.1016/j.eswa.2007.07.047
Key: citeulike:2944736

▼ Find related articles with these CiteULike tags

- collaborative-filtering, evaluate, evaluation, findpdf, framework, journal, metrics, no-tag, rec, recommendation, recommender, recommender_system, recommender_systems, recsys, recsys_evaluation, resys, rs, system

图 6-17　CiteULike 网站

（4）Hulu

在美国，Hulu 已是最受欢迎的视频网站之一。根据尼尔森的调查，Hulu 将 Google Video 挤出局成为全美排名第 10 的视频网站，其与合作网站的视频观众人数超过美国所有电视台网站的独立访客人数。

Hulu 引入了用户标签系统来让用户对电视剧和电影进行标记（图 6-18）。

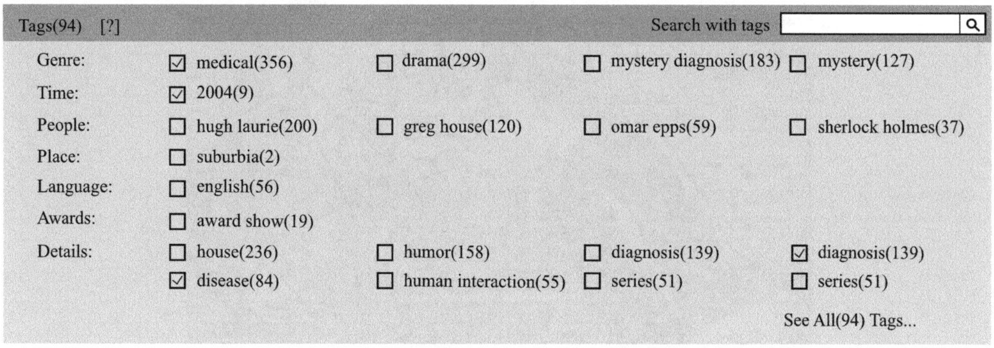

图 6-18　Hulu 网站

图 6-18 展示了美剧《豪斯医生》的常用标签，可以看到，Hulu 对标签做了分类，并展示了每一类最热门的标签。从类型（Genre）看，豪斯医生是一部医学片（Medical Drama）；从时间看，这部剧开始于 2004 年；从人物看，这部美剧的主演是休·劳瑞，他在剧中饰演的人物是格雷·豪斯。

6.1.4　塔吉特的大数据营销

6.1.4.1　案例详析

美国第二大超市塔吉特（Target）是最早利用大数据的零售商，其拥有专业顾客数据分析模型，可通过对购买行为的精确分析，判断出早期怀孕人群的类别，然后先于同行精准地向她们推销商品。

2012 年，在美国发生了一件趣闻，一名男子闯入了他家附近的超市——塔吉特，"你们怎么能这样！"男人向店铺经理大吼道，"你们竟然给我 17 岁的女儿发婴儿尿片和童车的优惠券，她才 17 岁啊！"店铺经理不知道发生了什么，立刻向来者道歉，表明那肯定是个误会。然而，经理没有意识到，公司正在运行一套大数据系统。一个月后，这个愤怒的父亲打来电话道歉，因为塔吉特发来的婴儿用品促销广告并不是误发，他的女儿的确怀孕了。塔吉特比这位父亲知道他女儿怀孕的时间足足早了一个月（图 6-19）。

问题就出在这里，超市怎么会知道这位 17 岁的女孩怀孕了呢？

孕妇对于零售商来说是个含金量很高的顾客群体。但是孕妇一般会去专门的孕妇商店而不是在塔吉特购买孕期用品。人们一提起塔吉特，往往想到的都是清洁用品、袜子和卫生纸之类的日常生活用品，却忽视了塔吉特有孕妇需要的一切。那么塔吉特有什么办法可以把这部分细分顾客从孕妇产品专卖店的手里截留下来呢？

在美国出生记录是公开的，等孩子出生了，新生儿母亲就会被铺天盖地的产品优惠广告包围。那时再行动就晚了，必须赶在孕妇第二个妊娠期行动起来。如果能够赶在所有零售商之前知道哪位顾客怀孕了，塔吉特的市场营销部门就可以早早地给她们发出量身定制的孕妇优惠广告，早早圈定宝贵的顾客资源。

图 6-19　塔吉特预测怀孕

怀孕是很私密的信息，那如何能够准确地判断哪位顾客怀孕了呢？原来，塔吉特有一个迎婴聚会的登记表。他们对这些登记表里的顾客的消费数据进行建模分析，从中发现了许多非常有用的数据模式。比如，许多孕妇从第二个妊娠期开始，便会购买许多大包装的无香味护手霜；在怀孕的最初 20 周，大量购买补充钙、镁、锌的善存片之类的保健品。

最后他们选出了 25 种典型商品的消费数据，构建了"怀孕预测指数"，通过这个指数，塔吉特能够在很小的误差范围内预测出顾客的怀孕情况，因此，塔吉特就能精确地把孕妇优惠广告寄发给顾客。塔吉特把孕妇用品的优惠广告夹在一大堆与怀孕不相关的商品优惠广告当中，这样顾客就不知道塔吉特判断出她怀孕了，塔吉特做到了没有干扰的销售。

结果，其孕期用品销售呈现了爆炸性的增长。2002—2010 年，塔吉特的销售额从 440 亿美元增长到了 670 亿美元。大数据的巨大威力轰动了全美。难以想象，许多孕妇在浑然不知的情况下成了塔吉特的忠实顾客，许多孕妇产品专卖店也在浑然不知中破产。

不仅如此，如果用户从塔吉特购买了婴儿用品，塔吉特在接下来的几年中会根据婴儿的生长周期定期给这些顾客推送相关产品，使这些客户形成长期的忠诚度。

如果不是在拥有海量的用户交易数据基础上实施数据挖掘，塔吉特不可能做到如此精准的营销。

6.1.4.2　思维启示——数据应用已经渗入生活的方方面面

塔吉特这个案例为何给人如此强烈的印象？原因在于，数据的力量不仅让商家提升了自己的业绩，还让客户为之心甘情愿埋单。不仅如此，塔吉特的大数据分析技术还从孕妇这个细分顾客群开始向其他各种细分客户群推广。

塔吉特的大数据系统会给每一个顾客编一个 ID 号。刷信用卡、使用优惠券、填写调查问卷、邮寄退货单、打客服电话、开启广告邮件、访问官网，所有这一切行为都会记录进客户的 ID 号。而且这个 ID 号还会对号入座地记录下人口统计信息：年龄、是否已婚、是否有子女、所住市区、住所离塔吉特的车程、薪水情况、最近是否搬过家、钱包里的信用卡情况、常访问的网址等。

塔吉特还可以从其他相关机构那里购买客户的其他信息：种族、就业史、喜欢读的杂志、破产记录、婚姻史、购房记录、求学记录、阅读习惯等。在大数据分析部那里，这些看似无用的数据却可以爆发强劲的威力。

在商业领域，大数据就是像 Target 那样收集起来的关于消费者行为的海量相关数据。这些数据超越了传统的存储方式和数据库管理工具的功能范围，必须用到大数据存储、搜索、分析和可视化技术（比如云计算）才能挖掘出巨大的商业价值。

实际上，诸如沃尔玛、Tesco（英国零售巨头）等巨头已从数据中获得了巨大的利益，也因此巩固了自己在业界的长盛不衰的地位。以 Tesco 为例，这家全球利润位居第二的零售商从其会员卡的用户购买记录中，充分了解到一个用户是什么"类别"的客人，如素食者、单身、有上学孩子的家庭等，并基于这些分类进行一系列的业务活动。比如，通过电子邮件或信件寄给用户的促销广告可以变得十分个性化，店内的上架商品及促销也可以根据周围人群的喜好、消费的时段而更加有针对性，从而促进货品的流通。这样的做法为 Tesco 获得了丰厚的回报，仅在市场宣传一项，就能帮助 Tesco 每年节省 3.5 亿英镑的费用。

在互联网行业，大数据更是为电商、广告商们提供了丰厚的回报。雅虎于 2008 年年初便开始启用大数据技术，每天分析超过 200 PB 的数据，使雅虎的服务变得更人性化，更贴近用户。它与雅虎 IT 系统的方方面面进行协作，包括搜索、广告、用户体验和欺诈发现等。AOL 也设立了 300 节点的服务器集群，将在其下属系列网站（如 AOL.com、Huffington Post、MapQuest 等）中，将每天 500 TB 的用户浏览信息收集起来，分析和预测这些用户的行为，以便有针对性地为每个月 1.8 亿独立用户进行个性化广告服务。

对亚马逊而言，数据技术的应用更是为其成为一家"信息公司"、独占电商领域鳌头奠定了稳定的基础。为了更深入地了解每一个用户，亚马逊不仅从每个用户的购买行为中获得信息，还将每个用户在其网站上的所有行为都记录了下来：每个页面的停留时间、用户是否查看 Review、每个搜索的关键词、每个浏览的商品等。在亚马逊 2012 年 11 月推出的 Kindle Fire 中，内嵌的 Silk 浏览器更是可以将用户的行为数据一一记录下来。这些数据的有效分析，使亚马逊对于客户的购买行为和喜好有了全方位的了解，对于其货品种类、库存、仓储、物流及广告业务，都有着极大的效益回馈。

数据技术的应用不仅在零售和互联网行业获得极大回报，其带来的经济价值使各行业均为之"折腰"。在能源行业，Opower 使用数据来提高消费用电的效能，并取得了显著的成功。作为一家提供 SaaS 服务（软件服务）的创新公司，Opower 与多家电力公司合作，分析美国家庭用电费用，并将之与周围的邻居用电情况进行对比，被服务的家庭每个月都会收到一份对比报告，显示自家用电在整个区域或全美类似家庭所处水平，以鼓励节约用电。Opower 的服务覆盖了美国几百万户居民家庭，预计每年为美国消费用电节省 5 亿美元。

6.2　趋势预测

6.2.1　"搜索 + 比价"

什么是"搜索+比价"？其实就是通过网站的搜索，来比较相同商品在不同售卖方的价格，从而选择通过哪种方式来购买商品或服务。它实质是搜索引擎的一种细分，即在网上购物领域的专业搜索引擎，其目的是为消费者展示多个 B2C 网站的商品价格、质量、信誉、服务等信息，以便进行比较。这是大数据与互联网金融相结合而催生的一种新的模式。而最典型的就是美国的 Farecast 和 Decide 网站。

6.2.1.1　Farecast 案例详析

目前在美国，很多人都知道利用大数据分析的结果是购买飞机票可以给自己省钱，而这要归功于美国著名计算机专家奥伦·埃齐奥尼的贡献。

2003 年，奥伦·埃齐奥尼准备乘坐从西雅图到洛杉矶的飞机去参加弟弟的婚礼。他知道飞机票越早预订越便宜，于是他在这个大喜日子来临之前的几个月，就在网上预订了一张去洛杉矶的机票。在飞机上，埃齐奥尼好奇地问邻座的乘客花了多少钱购买机票。当得知虽然那个人的机票比他买得更晚，但是票价却比他便宜得多时，他非常气愤。于是，他又询问了另外几个乘客，结果发现大家买的票居然都比他的便宜。

对大多数人来说，也许下了飞机，就忘记这件事情了，如果真是这样，Farecast 也就不会出现了。可是，当时埃齐奥尼已经是美国最有名的计算机专家之一了，从担任华盛顿大学人工智能项目的负责人开始，他就创立了许多非常典型的大数据公司，而那时候还没有人提出"大数据"这个概念。

1994 年，埃齐奥尼帮助创建了最早的互联网搜索引擎 Metacrawler，该引擎后来被 InfoSpace 公司收购。他联合创立了第一个大型比价网站 Netbot，后来把它卖给了 Excite 公司。他创立的从文本中挖掘信息的公司 ClearForest 则被路透社收购了。在他眼中，世界就是一系列的大数据问题，而且他认为他有能力解决这些问题。

飞机着陆之后，埃齐奥尼下定决心，要利用大数据的相关技术开发一个系统，用来推测当前网页上的机票价格是否合理。作为一种商品，同一架飞机上每个座位的价格本来不应该有差别。但实际上，价格却千差万别，其中缘由只有航空公司自己清楚。

埃齐奥尼表示，他不需要去解开机票价格差异的奥秘。他要做的仅仅是分析从一个旅游网站上搜集来的所有特定航线机票的销售价格，并确定票价与提前购买天数的关系，而后建立一个系统，预测当前的机票价格在未来一段时间内会上涨还是下降。

如果一张机票的平均价格呈下降趋势，系统就会帮助用户做出稍后再购票的明智选择。反过来，如果一张机票的平均价格呈上涨趋势，系统就会提醒用户立刻购买该机票。这个预测系统建立在 41 天内价格波动产生的 12 000 个价格样本基础之上，而这些信息都是从一个旅游网站上搜集来的。这个预测系统并不能说明原因，只能推测会发生什么。也就是说，它不知道是哪些因素导致了机票价格的波动。机票降价是因为很多没卖掉的座位、季节性因素，还是所谓的"周六晚上不出门"——它都不知道。这个系统只知道利用其他航班的数据来预测未来机票价格的走势。

　　这也正是数据科学的思维特点——不再拘泥于因果关系，而是注重相关关系。

　　而后，埃齐奥尼的这个项目逐渐发展成为一家得到了风险投资基金支持的科技创业公司，名为 Farecast。通过预测机票价格的走势以及增降幅度，Farecast 票价预测工具能帮助消费者抓住最佳购买时机，而在此之前还没有其他网站能让消费者获得这些信息（图 6-20）。

　　这个系统为了保障自身的透明度，会把对机票价格走势预测的可信度标示出来，供消费者参考。系统的运转需要海量数据的支持。为了提高预测的准确性，埃齐奥尼找到了一个行业机票预订数据库。有了这个数据库，系统进行预测时，预测的结果就可以基于美国商业航空产业中每一条航线上每一架飞机内的每一个座位一年内的综合票价记录而得出。

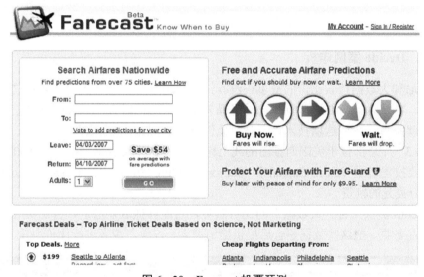

图 6-20　Farecast 机票预测

　　Farecast 网站的主页非常简洁明了，核心功能就是机票搜索和预测（Search Airfares & Get Predictions）。它的搜索功能，参考了其他超级搜索网站的界面优势，搜索结果的显示可以多方面地限定（Refine Results），比如价格、出发抵达时间、航空公司、飞行时间和飞行的一些细节（Flight Quality），而且每个搜索结果会告诉你还剩下几张票（相当于实用的 Fare Code Available Tool），搜索页面最下角会有此航线各个航空公司的市场占有率以及是否支持 Low Fare Guarantee（低价保证）、航空公司网上预订有何优惠等。另外，它的搜索结果都可以很方便地设置 Farecast Alert，通过 E-mail 告诉用户机票价格的变化。

　　当然，它的独家秘笈就是提供未来七天机票的走势预测，价格变化多少，该预测的概率以及过去三个月这段行程的机票最低价格走势图，还会清楚地告诉用户目前的最低价格和之前平均价格的不同。通过这些信息，用户很容易决定是否立即购买。

　　点击机票预测的 Tip，用户可以看到它的详细解释。目前 Farecast 网站支持 70 多个北美城市，预测服务的条件是双程、经济舱、旅行时间 2～8 日、3 个月内的机票，这应该包括了大多数查询机票的情况了。

　　2013 年，Farecast 已经拥有惊人的约 2 000 亿条飞行数据记录。利用这种方法，Farecast

为消费者节省了一大笔钱。

2008年，埃齐奥尼计划将这项技术应用到其他领域，比如宾馆预订、二手车购买等。只要这些领域内的产品差异不大，同时存在大幅的价格差和大量可运用的数据，就都可以应用这项技术。但是在他的计划实现之前，微软公司找上了他，并以1.1亿美元的价格收购了Farecast公司。而后，这个系统被并入必应搜索引擎。

到2012年为止，Farecast系统用了将近10万亿条价格记录来帮助预测美国国内航班的票价。Farecast票价预测的准确度已经高达75%，使用Farecast票价预测工具购买机票的旅客，平均每张机票可节省50美元。

Farecast是大数据公司的一个缩影，也代表了当今世界发展的趋势。5年或10年之前，奥伦·埃齐奥尼是无法成立这样的公司的。那时候他所需要的计算机处理能力和存储能力太昂贵了。虽说技术上的突破是这一切得以发生的主要原因，但也有一些细微而重要的改变正在发生，特别是人们关于如何使用数据的理念。

6.2.1.2 Decide案例详析

埃齐奥尼和大数据搜索比价的故事还没有结束。2008年，埃齐奥尼计划将这项技术应用到其他领域。他认为，只要这些领域内的产品差异不大，同时存在大幅的价格差和大量可运用的数据，就都可以应用这项技术。于是，他创办了Decide.com网站。

2013年3月，总部位于美国西雅图的线上比价网站Decide.com宣布获得800万美元的C轮融资，主要投资者是Vulcan Capital和Madrona Venture Group。目前，Decide.com已经获得总计1 700万美元的融资。

Decide.com提供一种"大数据"的比价服务，它能够抓取亚马逊、百思买等国外多家电商的网站商品数据，把这些数据整合后提供给消费者，方便消费者进行比价决策（图6-21）。

图6-21　Decide电商比价网站

Decide.com使用大数据的方式对全网络160万件产品进行数据分析，对商品的价格趋势以及购买指标给出分析，使消费者能够及时购买到物美价廉的商品。目前Decide.com也推出了移动客户端，让消费者可以随时了解自己想购买商品的价格信息。

Decide.com 是 2011 年 6 月上线的。这家比价预测网站显然很早就意识到了"在互联网时代，固定价格已是过去式"这一点，如今，它已成为美国最为热门的购物风向标，每月用户访问量达数 10 万户，页面浏览量则超过 100 万次，并且仍在高速增长。Decide 的比价无远弗届（图 6-22）。

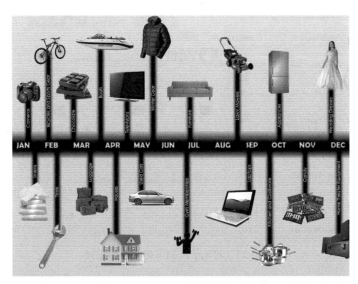

图 6-22　Decide 的比价无远弗届

电子产品的价格走势受太多因素影响，互不相同，无法类推，比如产品本身的因素，如外观、性能、使用舒适度、客户评价等；还有同一系列产品的更新换代，竞争产品的出现，商家促销活动等。

而 Decide.com 正是打算解决电子产品更新速度过快和市场价格变化过快这两个关键问题。

首先，Decide 搭建了一种"线性分析模式"，使用大数据的方式，将成千上万个电子产品加入了自己构建的数据库中，利用专有价格预测算法，通过综合考虑上亿条价格波动信息和超过 40 个不同的价格影响因素（包括新品发布周期、新闻报道、公司公告等），来对价格做出全面预测。

Decide 的综合数据来自数百万的评论和网络中的专家，不仅包括谷歌和必应购物引擎，同时也包括亚马逊、百思买、消费者报告、CNET 以及其他地方的数据。

其次，它还会在搜索结果中，展示出该款产品的全面更新时间线，以避免刚刚买了 iPhone4s，iPhone 5 就上市了这样的烦恼。

Decide 在其"模型谱系"中记录了成百上千的电子产品，自动在技术博客和网站中搜寻新消息和传言，并应用先进的机器学习和文本挖掘算法来预测未来产品的发布（图 6-23）。

更贴心的是，Decide 还会给出"信心指数"，使用户可以了解新品在未来一段时间内上市的可能性有多大。

最后，它还提供了一种产品打分系统，会参考多个用户和专家对某款产品的评价、这些评价发布的时间以及该款产品前几代产品的打分，给出一个 1～100 的分数，并根据打分结果将产品分成"我们爱死它""我们喜欢它""你最好还是选别的""千万别买它"4 个等级，使一锤子买卖变得更容易（图 6-24）。

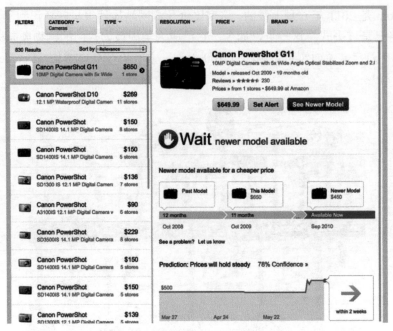

图 6-23 对电子产品系列更替的把握

图 6-24 分数化评价

通过 Decide 的数据分析，发现了很多以往人们一些想当然的观点是多么的错误。大部分人会在新一代产品出现后，去购买老一代产品，想当然地认为老一代的会降价，其实不然。实际上，新商品出现后，在一个很短的时间内，老一代商品的价格反而会上升。随着在线销售厂商越来越多地使用自动化定价系统，Decide.com 的数据分析还可以识别非正常的、由算法导致的价格尖峰，并提醒消费者注意。

6.2.1.3 思维启示

（1）启示一：重要的是思维模式的运用

奥伦·埃齐奥尼刚开始开发机票价格预测系统 Farecast 时，他建立了一个数学模型，以反映票价和提前购买天数之间的关系，最初的预测只是基于 41 天之内的 12 000 个价格样本。

12 000 个价格样本绝对不符合大数据的 4 V 定义。但是，通过埃齐奥尼卓越的建模能力，人们可以初步窥见价格与日期之间的相关关系，随后再对系统"喂入"新的数据，不断优化模型，提高预测的准确性。

所以，Farecast 的启示在于，大数据的核心在于思维，而非数据或技术本身。

（2）启示二：数据的极致利用

Decide 希望通过解决两个问题——电子产品更新速度过快和市场价格变化过快，来给潜在购物者提供最好的购物时机建议，而这一切的背后是技术驱动下对数据的挖掘和极致利用。

面对纷繁的数据处理，Decide 以低门槛的操作体验和直观全面的结果展示，让一切简单化、便捷化和决断化。用户登录 Decide.com，只需在搜索框中输入自己具体想购买的电子产品，Decide.com 便会根据它自己专有的技术预测并给用户反馈是应当购买还是应当等一等的建议。如果用户想要购买，则可继续点击进入他们选中的卖家进行购买。如果根据 Decide.com 给出的建议，用户暂时不想购买，那么他们则可以观看价格时间线，并给自己设定一个降价通知。

刚刚买了 iPhone 4s，iPhone 5 就上市了，这样的烦恼 Decide 也已经考虑到。在搜索结果中，Decide 会展示出该款产品的全面更新时间线，以免你还在旧产品上瞎逛，新品传言在这里也已经能找到。Decide 在其"模型谱系"中记录了成百上千的电子产品，自动在技术博客和网站中搜寻新消息和传言，并应用"先进的机器学习和文本挖掘算法"来预测未来产品的发布。更贴心的是，Decide 还会给出"信心指数"，使用户可以了解新品在未来一段时间内上市的可能性有多大。

6.2.2 Twitter 与对冲基金

6.2.2.1 案例详析

对冲基金通过剖析社交网络 Twitter 的数据信息，可以来预测股市的表现，这已经成为事实。

早在 2011 年，英国对冲基金（Derwent Capital Markets）公司便建立了一个规模为 4 000 万美元的对冲基金，利用 Twitter 来帮助公司投资。这个世界首家基于社交媒体的对冲基金会通过关注 Twitter 内容（Tweet），即时地感知市场情绪，然后再进行投资。

"很久以来，投资者都已经广泛地认可金融市场是由恐惧和贪婪所驱使的这一事实，但是我们此前从未拥有一种可以量化人们情感的技术或者数据。"Derwent Capital Markets 的创始人保罗·霍汀在其发给《大西洋月刊》的邮件中表示。他认为有了 Twitter，投资者终于有了一扇可以了解"恐惧世界"的窗。

老道的投资者为什么会放弃他们的专业知识转而相信 Twitter 来进行高达几百万美元的投资？来看一下该基金的运作方式。

如果 Twitter 可以预测公众情绪，而公众情绪可以预测股票市场，那么 Twitter 可以预测股市吗？

多年前，股票交易者就已开始通过了解人们的共同情绪来预测股价的走势。但是现在专家们发现，Twitter 中的消息由于具有直接性的特点，因而可以更准确地测量人们的情绪。以前，人们以为股市的跌落会导致人们产生负面情绪，但是，现在看来事实正好相反。

位于英国伦敦中部梅菲尔的基金公司英国对冲基金的分析师，通过一套分析程序来评估人们的共同情绪是高兴、悲伤、焦虑，还是疲惫，从而确定他们的投资行为。因为他们相信，这样做能够预测到股市的涨跌行情。

这套分析程序原本是由印第安纳州大学信息和计算机系教授约翰·博伦设计的。它随机抽取10%的Twitter消息，然后利用两种方法整理数据。其一，比较正面评价和负面评价；其二，利用谷歌设计的程序确定人们的六种情绪：冷静、警觉、确信、活跃、友好和高兴。

在之前发布的一项研究中，博伦利用社交网站来预测纽约道琼斯指数的走势，结果准确率达到了87.6%。"我们记录了在线社区的情绪，但是我们无法证实它是否能够做出准确预测。于是，我们观察道琼斯指数的变动，从而验证它们之间是否有某种联系。我们原以为如果股市下跌，人们在Twitter上的情绪将会表现得很低落。但是，我们后来意识到，事实正好相反——如果在线社区的情绪低落，股市就会出现下滑。这真是一个让人豁然开朗的时刻。这意味着，我们能够预测股市的变化，并让你在股市中获得更多的胜算。"他说。

那么具体怎么实施呢？

图6-25所示的浅色线条代表Twitter中"平静"指数；深色线条表示三天后的道琼斯指数变化。在这两条线段重合的部分，"平静"指数预测了三天后道琼斯指数的收盘指数。

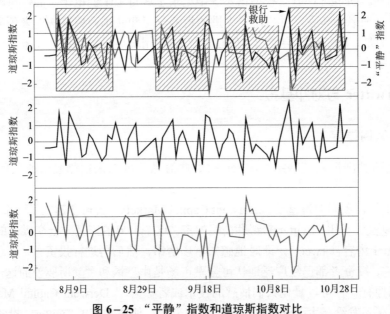

图6-25 "平静"指数和道琼斯指数对比

两线经常走势相近，这暗示出Twitter可以预测股市。但是此种预测同时也存在一些非常惊人的分歧。在2008年10月13日"银行援助计划"前后，Twitter的"平静"指数处于全年的一个低位，但是股市却出现大涨。研究者解释称："'平静'指数与道琼斯指数在那一天的背离阐释了出乎意料的新闻——美联储的援助计划。"

换言之，Twitter不可以预测未来的事件，但是它却可以预测今天的情绪会如何影响明天的股价变化，特别是在没有令人震惊的事件发生的情况下。

"利用Twitter来跟踪股市是不是学术观察，就像通过晴雨表来预测阴雨天和晴天一样，投资者在理论上可以依据民众广泛的情绪来预测股市走向、决定他们投资组合的动作。"保罗·霍汀表示。

"在我们看到这份学术报告之前，我们就已经决定建立一个量化的对冲基金。在我见到报告的一刹那，它坚定了我的想法，所以我约见了约翰·博伦教授——这份报告的作者之一。"保罗·霍汀称。

这个 4 000 万美元的对冲基金刚刚成立几天，便已经为投资客户设定了 15%～20%的年回报率。

6.2.2.2　思维启示：数据可以预测趋势与规律

社交媒体数据反映的是人们的意图、情感、观点和需求，这些情感因素会决定人们在决策或者行动时所采取的方式、所选择的方法。反映到股市上，就是股票的涨跌，一般地讲，就是事物的运行规律。因此，通过正确地解读数据可以预测事物的运行规律。

但是，对从数据中分析出来的规律和现象的解读过程本身就是一个人加工数据的过程，带有强烈的主观色彩。常言道，"一千个人，就有一千个哈姆莱特"。对事物的观测和解读本身也会反过来影响事物，从而影响判断。需要仔细地去研判。

6.2.3　疾病预测

6.2.3.1　谷歌流感趋势

（1）案例详析

在关乎公众生命安全的卫生医疗领域，数据科学也是大有用武之地的。借助科技之力，可以更好地监测医药效果和预测大规模疾病趋势。

"谷歌流感趋势"便是谷歌 2008 年推出的用于预警流感的即时网络服务。其发明者是谷歌公司的两名软件工程师杰瑞米·金斯伯格和马特·莫赫布。他们一致认为，"谷歌搜索显示的数据分布模式非常有价值"。他们在关于这一项目的日志中写道："传统的流感监测系统要用一到两个星期来收集和发布监测数据，而谷歌搜索查询统计却是在很短的时间内自动完成的。通过我们每天的评估，流感趋势项目可以为流感的爆发提供一个早期预警系统。"

谷歌在美国的 9 个地区就这一观点做了测试，并且发现，它比联邦疾病控制和预防中心提前了 7～14 天准确预测了流感的爆发（图 6-26）。

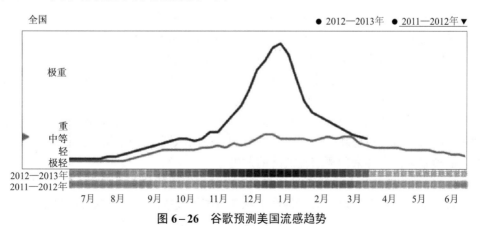

图 6-26　谷歌预测美国流感趋势

该系统根据对流感相关关键词搜索进行数据挖掘和分析，创建对应的流感图表和地图，目前可预测全球超过 25 个国家的流感趋势。而通过仔细研读 2006 年来俄罗斯、美国、澳大利亚等国的流感数据，其中透露出的一些规律颇值得深思。

根据"谷歌流感趋势"显示，位于北半球的俄罗斯、美国、加拿大等国爆发大规模流感的时间主要集中在 12 月至次年 3 月（即北半球的冬末初春时节）；而位于南半球的阿根廷、巴西及澳大利亚等国流感爆发的时间则主要集中在 6—8 月（即南半球的冬季）。这两个时段，恰好与每年候鸟因繁殖、越冬而南北迁徙的时间高度重叠。

除了时间点的重叠外，对比"谷歌流感趋势"地图和全球候鸟迁徙路线图会发现，疫情严重的地区与候鸟迁徙路线之间也有重叠情况。

与此同时，在全球 8 条候鸟迁徙路线里，经过我国的有 3 条，其中有 1 条是从阿拉斯加穿过西太平洋群岛，再经过我国东部沿海省份，而我国 H7N9 的主要疫区正是位于东部沿海的上海、浙江。

这一切似乎都在印证候鸟迁徙与禽流感病毒之间有不可分割的联系。我国国家首席兽医师于康震在接受媒体采访时表示，H7N9 病毒来源不明、传播途径不清，但不排除病毒通过候鸟迁徙带入国内的可能。假如这一观点得到进一步论证，那么我们就能周期性地采取防范措施，抑制大规模流感的爆发。

那么，谷歌预测流感的思路是怎么得来的呢？

原来，谷歌发现一些搜索字词非常有助于了解流感疫情。谷歌流感趋势会根据所汇总的谷歌搜索数据，实时地对全球当前的流感疫情进行估测。

全球每星期会有数以百万计的用户在网上搜索健康信息。正如人们可以预料的，在流感季节，与流感有关的搜索会明显增多；到了过敏季节，与过敏有关的搜索会显著上升；而到了夏季，与晒伤有关的搜索又会大幅增加。所有这些现象均可通过谷歌搜索解析进行研究。

谷歌的研究人员发现，搜索流感相关主题的人数与实际患有流感症状的人数之间存在着密切的关系。在人们进行网络搜索的时候，它利用了人们在网上对他们的健康问题寻求帮助的心理来预测流感。通过追踪像"咳嗽""发烧"和"疼痛"这样的词汇，就能够准确地判断出流感在哪里扩散。

当然，并非每个搜索"流感"的人都真的患有流感，但当谷歌的研究人员将与流感有关的搜索查询汇总到一起时，便可以找到一种模式。他们将所统计的查询数量与传统流感监测系统的数据进行了对比，结果发现，许多搜索查询在流感季节确实会明显增多。而通过对这些搜索查询的出现次数进行统计，便可以估测出世界上不同国家和地区的流感传播情况。

图 6-27 显示了根据历史查询所得的美国的流感估测结果，以及这些结果与官方的流感监测数据的对比。从图中可以看出，根据与流感相关的谷歌搜索查询所得到的估测结果，与以往的流感疫情指示线非常接近。

与美国疾病控制和预防中心（CDC）通常需要花费数星期整理并发布流感疫情报告不同，谷歌的流感趋势报告每日更新。所以，在官方的健康组织发布健康趋势之前，搜索引擎就能利用网上的搜索查询内容来预测潜在流感的发生。

如今，"谷歌流感趋势"正逐渐受到美国官方健康组织的认可。CDC 正打算与谷歌合作推广该项目，提醒内科医生以及公共健康组织在流感爆发季的反应，减轻疾病的传播，甚至挽救生命。为了更好地防控流感，CDC 已经逐步使用大量的数据来监测疫情。过去几年，"谷歌流感趋势"也被证明表现卓越，预测结果与传统监测数据非常接近。

● Google流感趋势估测数据　● 美国的数据

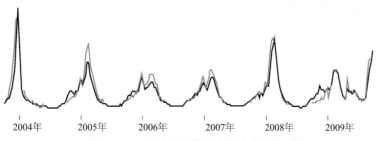

图 6−27　谷歌预测数据与真实数据的对比

　　警告发出得越早，预防和控制措施也就能越早到位，而这也能够预防流感的爆发。全球每年有 25 万～50 万人死于流感。而研究表明，30%～40%的美国人习惯通过登录网络获取健康资讯。

　　其实，早在 2006 年谷歌公司推出的风靡全球的三维卫星地图软件"谷歌地球"就开始被人们拿来尝试预测流行病。2006 年 6 月，美国科学家就开始利用"谷歌地球"搜索特定区域，利用卫星图片形成虚拟三维地图的服务来帮助他们狙击禽流感。

　　（2）工作原理

　　第一，谷歌选用 2003—2008 年每周美国用户使用最频繁的 5 000 万个检索词，将这些检索词按"周"汇总数据，同时也按"州"来整理数据，并做归一化处理。

　　第二，计算如下的线性模型：

$$\operatorname{logit}(P) = \beta_0 + \beta_1 \times \operatorname{logit}(Q) + \varepsilon \qquad (6-10)$$

式中，P 代表疑似流感病人访问占总访问人群的比例，Q 表示时间序列前一步中与疑似流感相关的查询所占比例，β_0 为初始偏差值，β_1 是权重系数，而 ε 则是误差因子。

　　第三，逐个检查这 5 000 万检索词中的每一个，每周提交检索的次数与对应时间内 CDC 发布的流感疑似病例比例波动之间的相关性（区分全国和 9 个不同区域），相关性最好的排在最前面。

　　第四，按照顺序选排在前列的若干个检索词（最终确定为 45 个）参与最后的建模。之所以选择前 45 个，是因为当所选用的检索次数多于 45 个时，准确率会快速下降（图 6−28）。

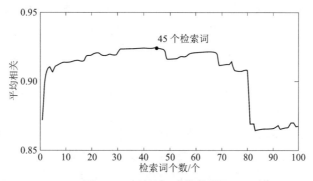

图 6−28　检索词个数的选取

第五，用这45个检索词在全部检索词中的占比作为解释变量，与流感疑似病例比例的周数据建立线性回归模型，确定线性模型中的各系数。

第六，利用训练好的模型来预估各州的流感趋势。

图6-29中给出了流感趋势预测的结果与实际情况之间的对比，可见谷歌的预测是比较准确的。

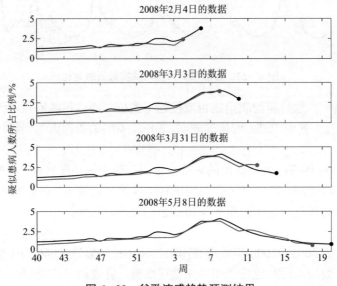

图6-29　谷歌流感趋势预测结果

6.2.3.2　其他案例

谷歌的流感预测系统，是通过跟踪网络搜索的热词来对流感的趋势进行监控和预测的，同样，利用微博也可以来预测流感。

人们感冒时，上微博及时更新状态，告诉关心自己病情的亲友。或许这并不稀奇，但对于研究疾病的人员来说，却意义重大。美国亚特兰大疾病和预防中心的卡斯豪特教授便从Facebook中获得灵感，提出了用社交网络来追踪疾病的构想。

卡斯豪特认为疾控中心可能要花几个星期才能预测流行病的发展、传播趋势，而通过社交网络信息的分析，可以更快得到预测结果。这意味着，一条状态有可能帮助公共卫生部门更快地搜集疾病扩散信息，为其提供医疗帮助和健康服务。

日本国家信息研究所的研究员科利尔开发了疾病预警网站BioCaster。该网站本身配备了各种文本挖掘算法，可以对各地区关于疾病传播的网络信息进行连续扫描，并具有高度的概念识别能力，从而过滤出信度较高的信息。在对抗甲型H1N1流感病毒和海地霍乱的战役中，BioCaster大显身手，帮助疾病控制中心监视"敌情"。

人们还可以通过Sickweather这样的网站获得流行病信息。这个免费网站可以使用户根据疾病的24个不同的特征进行搜索，并将搜索结果显示在地图中（全球范围内均可搜索），传染病传播信息可以非常直观地得以展现，也可以直接在地图上添加自己的疾病信息，还可以链接Facebook，查看好友圈中的疾病情况。

Sickweather 的创始人道奇在分析完 Facebook 和 Twitter 上的 1 700 万条状态和微博后指出，通过社交网络追踪，他快速地预测了美国境内疾病的传播情况。"我们的预测方法和传统方法完全不同。传统方法好比是查看日历，很慢；而我们的方法就好比是用多普勒雷达来扫描一样，非常快。"

6.2.3.3　思维启示

（1）启示一：大数据傲慢

2013 年 2 月，Nature 上出现文章，表示谷歌流感趋势预测的全国范围的流感样疾病占全国人口的比例近乎是实际值的 2 倍。

图 6－30 中显示，谷歌流感趋势在 2012—2013 年的流感流行季节里过高地估计了流感疫情；在 2011—2012 年则有超过一半的时间过高地估计了流感疫情。从 2011 年 8 月 21 日到 2013 年 9 月 1 日，谷歌流感趋势在为期 108 周的时间里有 100 周的预测结果都偏高。

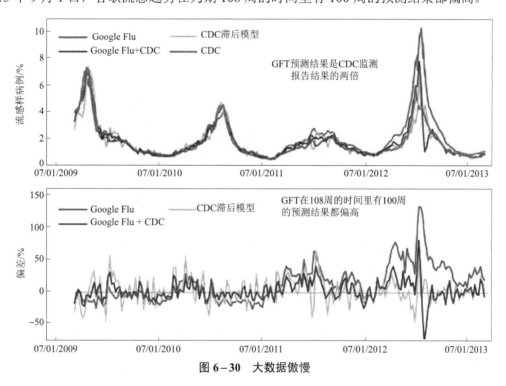

图 6－30　大数据傲慢

造成这种结果的原因有两个：

1）大数据傲慢。所谓大数据傲慢，是指认为利用大数据，则可以完全忽视和取代传统的数据收集方法。这种观点的最大问题在于，绝大多数大数据与经过严谨科学实验得到的数据之间存在很大的不同。所以，最好的办法，是将大数据得到的结果与传统方法获得的结果互相验证。

2）算法变化。谷歌搜索的算法调整非常频繁。媒体对于流感流行的报道会增加与流感相关的词汇的搜索次数，也会令谷歌增加相关搜索的推荐，从而令一些本身并未感冒的人也对流感产生了兴趣，进而把数据弄脏。而相关搜索的算法会对谷歌流感预测造成影响。例如搜索"发烧"，相关搜索中会给出关键词"流感"，而搜索"咳嗽"则会给出"普通感冒"。搜索建议（Recommended Search）也会进一步增加某些热门词汇的搜索频率。这些方法本意是为了提升搜索效果，但是会反过来影响谷歌流感趋势预测的准确性。

到谷歌搜索"流感"的人可以分成两类，一类是感冒患者，一类是跟风搜索者（可能是因为媒体报道而对感冒话题感兴趣者）。显然第一类人的数据才是有用的。其搜索是内部产生的，独立于外界的。因此这些人的搜索模式应该与受到外界影响而进行搜索的人的模式不同。而正是第二类人的社会化搜索使谷歌流感趋势的预测失真。这正是因为谷歌流感趋势把搜索"流感"与得流感的相关性当成了因果关系所致。

这两个问题启示人们一定要对原始数据进行清洗，确定哪些是真正可用的。对于找到的规律也要证伪，明辨陷阱。

（2）启示二：大数据时代的科技伦理问题

不管是谷歌的流感预测系统，还是通过监控微博来预测疾病，都会带来一个问题，那就是人们的隐私问题。这也是大数据时代下，最重要的科技伦理问题。

所谓科技伦理是指科技创新活动中人与社会、人与自然、人与人关系的思想与行为准则，它规定了科技工作者及其共同体应恪守的价值观念、社会责任和行为规范。研究者指出，科技伦理和科技工作者的社会责任事关整个社会的发展前途。

科技伦理规范是观念和道德的规范。它要规范什么呢？简单地说，就是从观念和道德层面上规范人们从事科技活动的行为准则，其核心问题是使之不损害人类的生存条件（环境）和生命健康，保障人类的切身利益，促进人类社会的可持续发展。

科技是推动社会发展的第一生产力，也是建设物质文明和精神文明的重要力量，承担着社会责任和道德责任。从这一点来说，在科技活动中遵守伦理规范是社会发展的需要，一切不符合伦理道德的科技活动必将遭到人们的异议、反对，会被送上道德法庭，甚至受到法律的制裁。

最典型的例子是，美国烟民控告几个大烟草公司获胜，烟草公司赔偿几十亿美元。这不仅是法律的胜利，也是科技伦理道德的胜利。吸烟对人体有害早就被医学研究证实，而烟草公司明知这一事实，却出于自身经济利益考虑，违背伦理道德，制造、销售香烟，造成不良后果。他们的行为理应受到经济上的惩罚和良心上的谴责。我国医学专家和经济专家也曾经算过一笔账：烟草业赚入的钱远抵不过烟民因吸烟损害而造成的医疗费用和间接经济损失。因此，无论从哪方面讲，对于这类有害的工业技术，限制甚至取消其发展也是社会发展和进步的需要。

科技伦理是在克隆技术产生和发展时提出的。当克隆人时，提供体细胞的人和克隆出来的人属于何种关系引发人们的争议。

不少人把科学技术比喻为"双刃剑"和"潘多拉魔盒"，这是很形象的。的确，科技这个"魔盒"里装了很多好东西，但有时候被拿出来进行了不正确的使用，未必产生好效果，相反还有可能出现负面影响。在科技史上，这样的例子太多了，炸药、原子能、化工技术、造纸技术、纺织技术、生物技术……在给人类创造财富和物质文明的同时，也带来了环境污染和生存条件的恶化等问题。这就提出了一个严肃的问题：在科技发展和科技活动中，必须重视伦理规范，以弘扬科技的正面效益，遏制其负面影响，更好地为人类造福。

如今处在互联网时代和大数据时代，互联网的精神就在于开放、分享、平等、合作。而开放必然导致数据的自然流动，从而引发对隐私问题的担忧。

大数据时代使数据的获取变得更为方便。但是，数据的可接近性并不会使其更加合乎伦理。

大数据为监测和预示人们的生活提供了极大的方便，然而个人隐私也随之暴露在无形的"第三只眼"之下。无论是电子商务、搜索引擎，还是微博等互联网服务商都对用户行为数据进行了挖掘和分析，以获得商业利益，这一过程不可避免地威胁到普通人的隐私。以往人们认为网络的匿名化可以避免个人信息的泄露，然而在大数据时代里，数据的交叉检验会使匿名化失效。许多数据在收集时并非具有目的性，但随着技术的快速进步，这些数据最终被开发出新的用途，而个人并不知情。不仅如此，运用大数据还可能预测并控制人类的潜在行为，在缺乏有效伦理机制下有可能造成对公平、自由、尊严等人性价值的践踏。

6.2.4　电影票房预测

6.2.4.1　案例详析

2013 年 6 月 7 日，谷歌发布一篇研究论文，称能够根据谷歌网页和 YouTube 搜索量，再加上其他辅助数据，以 94% 的准确率预测出好莱坞新电影首映第一个周末的票房收入。这听起来就像是天方夜谭。

这篇论文的题目是《用谷歌搜索定量化分析电影的魔术》（*Quantifying Movie Magic with Google Search*），论文研究了人们搜索某部电影和看某部电影的支出的相关关系。

在一般人看来，某部电影，比如《钢铁侠》，如果搜索次数多（比如用"钢铁侠票"作为关键词），看的人自然多，不过如果对详细控制数据进行分析，将会得出准确到令人吃惊的预估结果。

谷歌论文称，如果用谷歌和 YouTube 搜索量预估电影票房，准确率可以达到 70%，这是一个大概估计。按照谷歌的说法，越多人搜索某一特定的电影，这部影片的周末票房就越高。如果再加入其他数据，比如电影广告链接的点击次数、某部新片将会覆盖的银幕数量，谷歌表示，预估周末首映票房的准确率可以达到 92%。

不过银幕数量等信息显然只能在电影放映前一天获得。因此谷歌还考虑了另外一个指标——对电影片花的搜索量。这是因为票房成功的关键不只是取决于对影片的搜索，和搜索广告的点击数量也有关系。"在首映前的 7 天时间里，如果一部电影和同类影片相比有超过 25 万次搜索请求，那么该片可能会多获得 430 万美元的周末首映票房收入。在搜索广告的点击数据方面，如果一部电影的付费广告点击次数比同类电影要多出 2 万次，则预计会带来多达 750 万美元的周末首映票房收入。"

除此之外，谷歌的这篇论文指出，YouTube 搜索也是电影首映票房业绩的一个重要指标。依该论文所说，电影市场推广从业者应该在电影上映一周前关注 YouTube 上面对该片的搜索情况，而不仅是上映前一两天。另外要注意的是，除非首映的宣传规模很大，否则在大多数情况下，去看电影的人通常并不知道电影院在上映什么。

谷歌还指出，在票房淡季，往往会收到诸如"新电影"或者"电影票"之类的搜索查询。但是像去年的《饥饿游戏》和《黑骑士崛起》，电影观众更多地会搜索电影的片名。

综合上述数据，谷歌表示，在新电影上映的前四周，可以以 94% 的准确率预估出首周末票房数据。

有媒体甚至称，有了谷歌的"神奇"预测，好莱坞片商可以及时调整营销策略，比如让首映覆盖更多的影院银幕。当然，如果相信影片的实力，片商也可以不必在意谷歌的预测。

而且谷歌还从中得出了另外一个规律：48%的电影观众是在购买电影票当天才决定看什么片子的。从这一点可以看出，影片推广应该在周末首映之后持续进行，而不仅是到首映时就结束了。

6.2.4.2 工作模式

那么谷歌是如何做到这一点的呢？

谷歌的票房预测模型是大数据分析技术在电影行业的一个重要应用。随着互联网的发展，人们越来越习惯于在网上搜索电影信息。据谷歌统计，2011—2012 年，电影相关的搜索量增长了 56%。谷歌发现，电影相关的搜索量与票房收入之间存在很强的关联性。

图 6-31 显示了 2012 年电影票房收入和电影的搜索量。其中，虚线是票房收入，实线是搜索量，横轴是月份，纵轴是数量。可以看到，两条曲线的起伏变化有着很强的相似性。

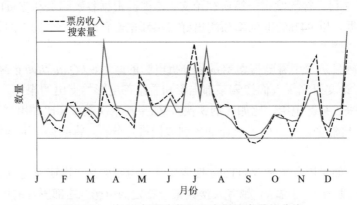

图 6-31　2012 年票房收入和电影搜索量的曲线

更进一步地，谷歌把电影的搜索分成了两类：

1）涉及电影名的搜索（Movie Title Search）；

2）不涉及电影名的搜索（Non-title Film-related Search），这类搜索不包含具体的名字，而是一些更宽泛的关键词搜索，如"热门电影""爱情片""好莱坞电影"等。

图 6-32 显示了 2012 年票房收入与这两类搜索量之间的关系。横轴是月份，纵轴是数量。从图中可以看到，在大部分情况下，第一类搜索量超过第二类搜索量。但在电影淡季的时候（图中灰色椭圆区域，这时候票房收入较低），第一类搜索量会低于第二类搜索量。这符合常理，因为在淡季的时候知名度高的电影很少，人们往往用更宽泛的搜索来寻找想看的电影。

这一发现对电影的网络营销来说有一定的指导意义：在淡季的时候，电影公司可多购买相对宽泛的关键词的广告；而在旺季的时候，多购买涉及电影名的、更具体的关键词的广告。

上面的讨论表明，用电影的搜索量来预测票房是有可能的。那么，如果单纯使用搜索量来预测首周票房收入，效果如何？通过对 2012 年上映的 99 部电影的研究，谷歌发现仅依靠搜索量来预测是不够的。谷歌尝试构建一个线性的模型,但只达到了 70%的准确度(图 6-33)。

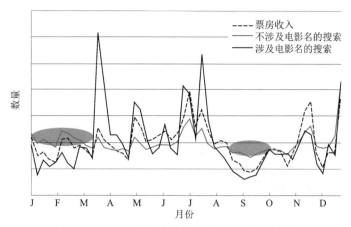

图 6-32　2012 年票房收入和两类搜索量的曲线

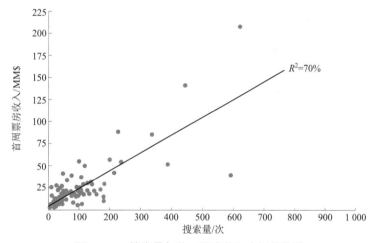

图 6-33　搜索量与首周票房收入之间的关系

在图 6-33 中，横轴是搜索量，纵轴是首周票房收入，灰色点对应某部电影的搜索量与首周票房收入。

为了构建更加精确的预测模型，谷歌最终采用了四类指标：

1）（电影放映前一周的）电影的搜索量；

2）（电影放映前一周的）电影广告的点击量；

3）上映影院数量；

4）同系列电影前几部的票房表现。

其中每类指标又包含了多项类内指标。

在获取到每部电影的这些指标后，谷歌构建了一个线性回归模型，来建立这些指标和票房收入的关系。线性回归模型，在大数据分析领域里算是最基本的模型之一，它认为票房收入与这些指标之间是简单的线性关系。

图 6-34 展示了模型的效果，其中横轴是搜索量，纵轴是首周票房收入，实心代表实际的票房收入，空心代表预测的票房收入。可以看到，预测的结果与实际的结果差异很小。

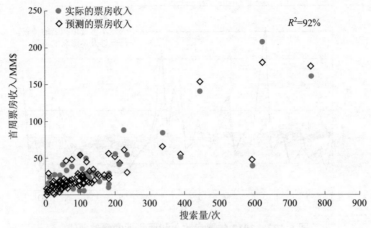

图 6-34 提前一周预测票房的效果

尽管提前一周预测可以达到 92%的准确度，但这对于电影的营销来说，价值并不大，因为一周的时间往往很难调整营销策略，改善营销效果。因此，谷歌又进一步研究，使模型可以提前一个月预测首周票房。

实现提前一个月预测的关键在于：谷歌采用了一项新的指标——电影预告片的搜索量。谷歌发现，预告片的搜索量比起电影的直接搜索量而言，可以更好地预测首周票房表现。这一点不难理解，因为在电影放映前一个月的时候，人们往往更多地搜索预告片。

仅使用预告片的搜索量仍然不够，因此谷歌的模型最终采用了三类指标：

1）电影预告片的搜索量；

2）同系列电影前几部的票房表现；

3）档期的季节性特征。

其中每类指标又包含了多项类内指标。

在获取到每部电影的这些指标后，谷歌再次构建了一个线性回归模型，来建立这些指标和票房收入的关系。

图 6-35 展示了模型的效果，其中横轴是预告片搜索量，纵轴是首周票房收入，实心代表实际的票房收入，空心代表预测的票房收入。可以看到，预测结果与实际结果非常接近。

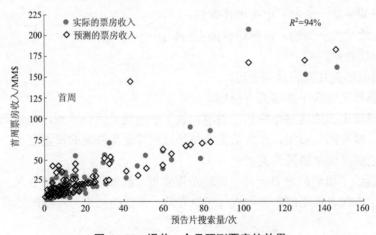

图 6-35 提前一个月预测票房的效果

6.2.4.3　思维启示：简单的就是最好的

谷歌采用的是数据分析中最简单的模型之一——线性回归模型。这对很多读者来说，多少有点意外。为什么谷歌用的模型如此简单？

首先，线性模型虽然简单，但已经达到了很高的准确度（94%）。简单且效果好，是人们在实际应用中一直追求的。

其次，简单的模型易于被人们理解和分析。大数据分析技术的优势正是能够从大量数据中挖掘出人们可以理解的规律，从而加深对行业的理解。正是因为谷歌使用了线性预测模型，所以它很容易对各项指标的影响做出分析。例如谷歌的报告中给出了这样的分析结论：距离电影上映一周的时候，如果一部影片比同类影片多获得 25 万次的搜索量，那么该片的首周票房就很可能比同类影片高出 430 万美元。若一部电影有搜索引擎广告，人们也可以通过其广告的点击量来推测票房表现——如果点击量超出同类电影 2 万次，那该片首周票房将领先 750 万美元。

对于电影的营销来说，掌握各项指标对票房收入的影响，可以优化营销策略，降低营销成本。谷歌的论文中指出，用户一般会通过多达 13 个渠道来了解电影的信息。票房预测模型的出现无疑使营销策略的制定更加有效。

可见，在数据科学的运用中，最重要的是思维模式，找出数据的运用方式，找出一种最为合理的从数据中挖掘出所需信息的手段。

6.2.5　奥斯卡预测

6.2.5.1　案例详析

奥斯卡获奖名单一公布，兴奋的除了影迷们，恐怕还有微软亚洲研究院。其官微称，微软研究院"戴维德·罗斯柴尔德带领的团队通过对入围影片相关数据分析，预测出今年各项奥斯卡大奖的最终归属""除最佳导演外，其他各项奥斯卡大奖预测全部命中"。图 6－36 所示为戴维德·罗斯柴尔德。

图 6－36　微软研究院的
戴维德·罗斯柴尔德

微软研究院的戴维德·罗斯柴尔德博士是微软纽约研究院的一名经济学家，2002 年本科毕业于美国布朗大学，2011 年获沃顿商学院应用经济学博士学位。来看看罗斯柴尔德博士的英雄事迹：2012 年，在美国总统大选中，准确预测了美国 50 个州和哥伦比亚特区共计 51 个选区中 50 个选区的选举结果，准确性高于 98%；2013 年，成功预测 24 个奥斯卡奖项中的 19 个；2014 年，成功预测 24 个奥斯卡奖项中的 21 个。

图 6－37 所示为当年戴维德·罗斯柴尔德博士预测的奥斯卡获奖名单。

罗斯柴尔德博士设立了一个名为 PredictWise 的网站（图 6－38），专门预测各种政治、体育和娱乐事务。

戴维德在微软研究院的博客中介绍了他们是如何通过对数据的挖掘建立预测模型，来预测奥斯卡奖项的。

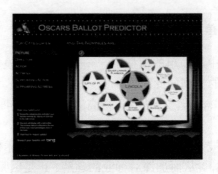

- **Best Picture:** *Argo*
- **Best Director:** Steven Spielberg (Rothschild, Brandwatch popular) / David O. Russell (Brandwatch critics)
- **Best Actor:** Daniel-Day Lewis
- **Best Actress:** Jennifer Lawrence (Rothschild, Brandwatch popular) / Jessica Chastain (Brandwatch critics)
- **Best Supporting Actor:** Tommy Lee Jones (Rothschild) / Christoph Waltz (Brandwatch popular) / Robert de Niro (Brandwatch critics)
- **Best Supporting Actress:** Anne Hathaway
- **Best Animated Film:** *Brave*
- **Best Original Song**: Adele's "Skyfall"

@微软亚洲研究院

图 6-37　微软研究院的戴维德·罗斯柴尔德博士预测奥斯卡获奖名单

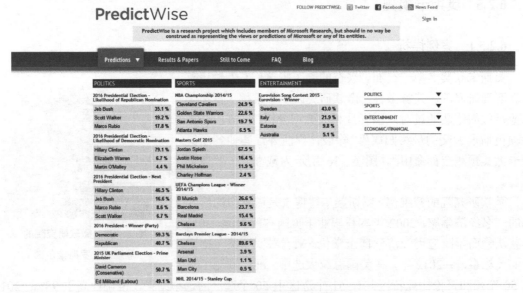

图 6-38　PredictWise 网站

　　戴维德说："预测奥斯卡的方法同我预测其他东西的方法一致，包括政治。我关注最有效的数据，然后创建一个不受任何特别年份结果干扰的统计模型。所有模型都根据历史数据进行检测和校正，确保模型能够正确预测样本结果。这些模型能够预测未来，而不只是验证过去发生的结果。

　　"我关注四种不同类型的数据：投票数据、预测市场数据、基础数据和用户生成数据。

"对于大选来说，基础数据，比如说过去的选举结果、现任者和经济指数等，更为重要。在整个预测周期中，会通过基础数据建立一个基准，当预测市场数据和投票数据所含信息越来越丰富时，再把重点转向后者。预测 2012 年总统大选时，我运用了少量的用户生成数据，但是 XBOX LIVE 的数据对于进行大事件的实时分析非常关键。

"但是对奥斯卡的预测缺少投票数据，而且票房回报和电影评分等数据在统计学上并不是那么有效。所以我更多地把注意力放在预测市场数据上，再加入部分用户生成数据，这可以帮助我了解电影内部和不同类别之间的关联度，比如《林肯》会赢得多少个奖项。

"只要我关注一个新的领域，我就会去思考对于一项有意义的预测来说，有哪些关键的事情。

"首先，我会确定什么是最相关的预测。比如说，我会关注奥斯卡 24 个类别的可能的赢家，也会思考某部电影的获奖总数。

"其次，所有的预测会进行实时更新。从研究的角度看，了解从做出预测到最终结果之间所发生事件的价值很关键。对于奥斯卡来说，这些事件就是其他奖项（如金球奖等）的颁奖结果。

"最后，我会利用这个领域的历史数据来建立一个模型，然后不断更新以确保模型的准确度。我想强调的是，我们做的每件事都是针对独立领域的，来保证它能扩展到很多问题上。如果这项研究能推演出更有效率的预测模型，能应用到更多领域来解决更多问题，那么它对于微软、对于学术界以及这个世界来说都将有很大的价值。"

戴维德和他的团队开设了 PredictWise 网站，专门刊登对各项重大事件的预测结果。他说，奥斯卡预测的难度非常大，因为它涉及 24 个类别（通常只有 6 个），而且随着奥斯卡之前其他奖项的不断颁出，整个结果会不断地产生变化。

为了解决这个问题，戴维德加大了动态数据在整个预测模型中的比重。

"实时预测是非常重要的。因为实时预测可以随时提供最新的预测结果，而动态数据的挖掘表明整个预测结果正在不断纳入新信息。此外，它可以提供一个更详细的追踪记录，来展示什么时候、为什么发生了变化，是哪个部分影响了最后的结果。"

以最佳影片奖的动态数据为例，热门电影《林肯》的胜率就在《逃离德黑兰》陆续获得多个奖项之后迅速滑坡——在奥斯卡提名刚公布的时候，《逃离德黑兰》仅有 8%的可能性获奖，但是后期的奖项让它的获胜率迅速增长到 93%。

除了要考虑时间上的动态变化，还要注意数据之间的相互影响。戴维德的模型指出，最佳影片奖和最佳改编剧本奖之间有着强烈的相关性，所以《林肯》和《逃离德黑兰》在这两个奖项里波动趋向基本一致，只是幅度略有差异。《林肯》最初有 70%的可能性获得最佳改编剧本奖，但在它获得最佳影片奖的可能性一路走低后，《逃离德黑兰》的得奖率反升到 57%。

为了更好地实现动态数据的挖掘，戴维德还和微软的 Office 部门一起合作，发布了一款名为"Oscars Ballot Predictor"的 Excel App，可以实时更新预测情况。

图 6-39 所示就是微软的奥斯卡投票预测器，该 Excel 应用操作起来也很简单，从 PredictWise.com 下载并打开预测建模，单击一个提名并记录您的投票，查看提名和预测 24 个奥斯卡大奖。

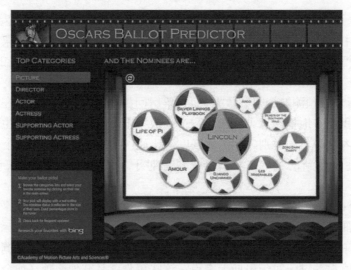

图 6-39　奥斯卡投票预测器

和戴维德更多地挖掘预测市场数据和基础数据不同，分析机构 Brandwatch 选择的是利用社交数据建立自己的预测模型。它从各大社交网络中找出演员、导演和电影被提及的次数，通过计算所获得的积极评价数来预测他们获奖的概率。而 Twitter 约占到了 Brandwatch 取样内容的 40%。

Brandwatch 的做法并不新鲜，但是与以往的数据分析有一点不同的是，它把专业人士的评论和普通大众的评论区分开来统计，而且只收集积极评价的数量。这里面就涉及两个变量，一是提及次数，还有一个就是背后的态度。Brandwatch 认为，这样就可以确保过滤掉一定的无效数据，比如，大量关于海伦·亨特在红地毯上穿着的评价，就不会作为主要数据纳入统计中。

此外，因利用统计学成功预测美国总统大选的纳特·席尔瓦，也给出了他自己的预测结果和模型，有兴趣的可以点击他在《纽约时报》的专栏。

6.2.5.2　思维启示：大数据可以做预测

大数据技术的主要功能是对未来事态的预测和对未知事物的想象。但与占卜不同的是，大数据技术使用的方法是通过海量数据的挖掘来发掘某种预后的迹象，而占卜使用的方法是基于原始生化思维的预测和想象。

大数据的占卜预判属性让人们相信在一行行的代码和庞大数据库的背后存在着有关人类行为模式的客观、普遍的有价值的见解，无论是消费者的支出规律、犯罪或恐怖主义行动、健康习惯，还是雇员的生产效率。

作为大数据分析的直接受益者，梦芭莎集团董事长佘晓成在广州举行的"2013 年腾讯智慧峰会"上，提出企业要打造自己的数据库，形成有价值的第一手数据。"大数据的导航作用使得我们在生产过程中能够及时地调整，我们做了以后，库存每季售罄率从 80% 提升到 95%，实行30 天缺货销售，能把 30 天缺货控制在每天订单的 10% 左右，比以前有 3 倍的提升。"佘晓成说。

不过，对于腾讯来说，对数据的抓取及分析很有难度，其难点在于数据太过复杂。腾讯网络媒体事业群广告平台部总经理郑靖伟表示，大数据平台里面有太多复杂多样的数据，仅

QQ 就被不同类型的人使用，如何将这些人的数据进行分类归纳是一个非常棘手的问题。

　　对此，腾讯网络媒体事业群微博事业部总经理邢宏宇认为，未来智能化媒体的核心技术驱动，应该是大数据的技术。社交媒体的公开数据，可以通过信息交叉验证，以及内容之间的关联等方式，来产生更大的价值。

　　"微博上有一种体验叫'微热点'，当看到某一条微博讲香港大黄鸭的时候，你不知道是怎么回事，会有一个热点，点过去之后，通过我们挖掘的力量把事件的来龙去脉呈现出来，这样就降低了用户获取信息的成本。"邢宏宇说。据其介绍，新版腾讯微博利用后台大数据技术，将用户的微博信息进行整合、重组，将具有相同、相近信息的微博配以热门"标签"，用户通过进入标签，可浏览到一个清晰完整的关于此热门事件的发展脉络以及走向，对后期参与事件的讨论和互动产生积极的影响。

6.3　决策支持

6.3.1　《纸牌屋》

6.3.1.1　案例详析

如果说《纸牌屋》（图 6-40）这部剧在播放以前，它的出品方网络影视光盘租赁公司 Netflix 就已经知道它会火了，可能人们都不会相信，但事实上确实如此。

图 6-40　《纸牌屋》剧中人物

　　Netflix 是一家在线影片租赁提供商，能够提供超大数量的 DVD，而且能够让顾客快速方便地挑选影片，同时免费递送。Netflix 已经连续五次被评为顾客最满意的网站。用户可以通过 PC、TV、iPad 和 iPhone 收看电影、电视节目，可通过 Wii、Xbox360、PS3 等设备连接 TV。

　　现在，Netflix 不仅是全球最大的流媒体运营商，其订户数更是超越了"传统强队" HBO 电视网。有分析师称，Netflix 目前在美国拥有 2 920 万个用户，比 HBO 此前的预估高出了 50 万个。今年第一季度，Netflix 新增用户 305 万个，该季度用户观看的视频总时长超过 40 亿个小时。

Netflix 占到美国互联网下行流量的 38%，超过 YouTube、Amazon Video 和 iTunes 等互联网服务。Netflix 还指出，该公司将开始提供包月价格为 12 美元的家庭服务计划，允许用户同时观看四段视频。目前 Netflix 流媒体及 DVD 租赁业务的订阅费均为每日 7.99 美元，允许用户同时播放两段视频。

《纸牌屋》根据同名小说和英国同名迷你剧改编，讲述了一个美国国会议员及其妻子在华盛顿高层"运作权力"的政治故事。该剧由《社交网络》导演大卫·芬奇执导导航集，并且作为该剧的执行制作人。同时加盟的还有《本杰明·巴顿奇事》的编剧艾瑞克·罗斯、制作人约书亚·达能以及史派西制作公司 Trigger Street Productions 的合伙人达纳·布努内蒂。

《纸牌屋》一经播出便火了，在美国等 40 多个国家成为最热门的在线剧集。Netflix 花了 1 亿美元买下版权，请来大卫·芬奇和老戏骨凯文·史派西，首次进军原创剧集就一炮走红。

《纸牌屋》的出品方兼播放平台 Netflix 在一季度新增超过 300 万流媒体用户，第一季财报公布后股价狂飙 26%，达到每股 217 美元，较上年 8 月的低谷价格，累计涨幅超 3 倍。《纸牌屋》的成功，让全世界的文化产业界都意识到了大数据的力量。

6.3.1.2　大数据的运用方式

在美国电视行业，没有什么是确定的。也许你找齐了金牌导演、实力派演员和时下流行题材的剧本，结果依然是失败的。在任一门生意中，能够预见未来都是可怕的，Netflix 在《纸牌屋》一战中可能已经接近这个水准。

资料显示，Netflix 在美国有 2 700 万个订阅用户，在全世界则有 3 300 万个，它比谁都清楚人们喜欢看什么样的电影和电视节目。有研究表明，每天的高峰时段网络下载量都是出自 Netflix 的流媒体服务，2012 年人们在网上看流媒体视频的时间比看实体 DVD 的时间还多。用户每天在 Netflix 上产生 3 000 万个行为，比如暂停、回放或者快进时都会产生一个行为，Netflix 的订阅用户每天还会给出 400 万个评分，还会发出 300 万次搜索请求，询问剧集播放时间和设备。

这些看似枯燥的数据，记录了用户对视频内容的喜好和口味，而这正是《纸牌屋》走红的秘笈。

作为世界上最大的在线影片租赁服务商，Netflix 几乎比所有人都清楚人们喜欢看什么。它已经知道用户很喜欢 Fincher（《七宗罪》的导演），也知道史派西主演的影片表现都不错，还知道英剧版的《纸牌屋》很受欢迎，三者的交集表明，值得在这件事上赌一把。

《纸牌屋》的数据库包含了 3 000 万个用户的收视选择、400 万条评论、300 万次主题搜索。最终，拍什么、谁来拍、谁来演、怎么播，都由数千万观众的客观喜好统计决定。从受众洞察、受众定位、受众接触到受众转化，每一步都由精准细致、高效经济的数据引导，从而实现大众创造的 C2B，即由用户需求决定生产。

可以说，《纸牌屋》的成功得益于 Netflix 海量的用户数据积累和分析。

6.3.1.3　思维启示

（1）启示一：大数据下更注重个性化

大数据技术的预判功能，说明一个拥有亿级用户的社交网络平台若能够通过对大数据的解构，为企业提供个性化、智能化的广告推送和服务，那么企业可以抢占更大的商业空间。

伴随着社交媒体的兴起，消费者对广告行为的依赖方式已经发生变化，传统的广告和营销手法其实很难奏效。"这个年代做市场营销的如果不了解移动化的概念，很难去理解消费者，碎片化的消费场景已经让实体店发生变化了。"腾讯网络媒体事业群总裁、腾讯集团高级执行副总裁刘胜义如是表示。

对此，星巴克中国市场推广部副总裁韩梅蕊认为，社交媒体可以帮助企业与消费者进行良好的互动，也使整个营销变得更加精准。在韩梅蕊看来，星巴克没有可口可乐那么广泛的渠道，因此广告必须更加富有针对性，而社交媒体对大数据的解构可以解决这个问题。

因此，星巴克在线下已经有大量用户的情况下，并没有以增加新顾客为第一出发点来进行社会化营销，而是以维护老顾客为主，通过老顾客的口碑称颂来实现新顾客的增长。因为在消费者决策链中，由消费者自己驱动的营销变得越来越重要。

如今，消费者获取信息的渠道已经大大增加。他们已经不再听任企业的摆布，而是追求更加个性化的产品和服务，并根据搜集来的各种信息做出判断、随时分享，将个人体验的影响扩大到更大范围的群体之中。

"尽管社交媒体让整个广告营销更加精准化，但也要根据产品和服务的特性来决定是否采取精准化营销。"郑靖伟向记者表示，一些快速消费品并不太适合精准化营销，户外、电视以及报刊等传统媒介对于快速消费品依旧有很强的吸引力。

值得注意的是，社交媒体对于大数据的解构会不可避免地带来隐私问题，用户在使用电子邮件、社交网络的时候，大概也会知道自己的信息将被记录下来，用户发表的言论或者分享的照片、视频类型，都决定着互联网运营商将向用户推荐什么样的资源和广告；当用户拿着智能手机到处跑的时候，手机厂商们早已通过定位系统把用户的全部信息收罗在自己的数据库里，利用这些信息来构建地图和交通信息等。

以前，这些记录几乎不会对普通人造成影响，因为它的数量如此巨大，除非刻意寻找，人们才会注意其中的某些信息。但是，随着大数据技术的不断进步，这一状况正在悄然发生改变。这也是"数"变时代下，企业和消费者都面临的挑战。

（2）启示二：大数据推动变革的产生

《纸牌屋》的最大特点，就是一下播放完了 13 集。这是一个巨大的变革，改变了以往美剧的习惯。为什么这样会获得成功呢？

根据 Netflix 官方公布的数据，3/4 的订阅者都会接受 Netflix 的观影推荐。这意味着，Netflix 不用一集一集地攒《纸牌屋》这一新剧的口碑，只需向标签为"喜爱凯文·史派西"或"喜爱政治剧"的观众推荐一下就行了。

Netflix 还通过"大数据"观测到另一流行趋势：越来越多的人不再像 30 年前那样，在固定晚上的固定时刻守在电视机前，等着收看电视剧的最新剧集，而是"攒"起来，直到整季剧全部播放完毕之后，才选一个自己方便的时间段和地点，在方便的设备（多数是网络设备，如计算机、iPad）上一次性观看。"逐周更新的剧集发布模式很快就要变得不合时宜了，它是 20 世纪六七十年代电视节目直播时形成的产物，尽管后来电视剧都是提前制作好一季的内容，却仍然遵循每周一集的惯例，其实这不过是受当年条件所限。如今人们希望不受束缚，想看就看，想看多少就看多少。"《纸牌屋》编剧鲍尔·威利蒙说。

正是因为 Netflix 观测到了这一趋势，所以《纸牌屋》采取了这种播出方式，并获得了巨大的成功。

（3）启示三：如何运用数据科学这个工具

大数据是导航仪。基于抽样调查+人口学特征的"小样本模式"不再具有导航性，对于营销者来说，目标受众、目标客户是"谁"已经不重要，重要的是他的偏好特征和传播相关信息的时机——根据数据判断他在什么时候需要什么。相比传统收视率统计只抽取数千个样本，《纸牌屋》的数据库包含了 3 000 万用户的收视选择、400 万条评论、300 万次主题搜索。《纸牌屋》是通过对数千万观众的客观喜好进行统计，然后决定拍什么、由谁来拍、由谁来演和怎么播放。从受众洞察、受众定位、受众接触到受众转化，每一步都由精准细致、高效经济的数据引导，从而实现大众创造的 C2B，即由用户需求决定生产。

大数据更是显微镜，让人洞悉网络营销过程中每一个细微的状况，掌握传统数据手段无法洞察的业务细节。《纸牌屋》广受欢迎，当然不能说是完全由数据决定，但如果说好的内容、情节设计、创意等是其成功的必要条件的话，那么前期的数据分析就是其成功的充分条件。当明确用户群在哪里、他们喜欢什么、应该怎样传播等时，就必然会有适当的内容（经典剧＋导演演员组合）、适当的方式（13 集同时上线）、适当的受众（喜欢老版《纸牌屋》及同类剧的用户）出现。精准的用户群与用户行为，源于海量的数据资源。对中国企业而言，《纸牌屋》这一鼓舞人心的案例给人最大的启示，在于提醒人们应将营销活动中的每个细节数据收集起来，进行分析。

大数据也是纠错器，可以实时发现营销过程中存在的问题，及时调整策略，提高营销效率。网络营销中的数据积累、应用贯穿全程，使数据与业务形成不断循环、反哺。每一次营销，都将形成循环效果。通过定位用户群、分析用户内容偏好、分析用户行为偏好、建立受众分群模型、制定渠道和创意策略、试投放并收集数据、优化确定渠道和创意、正式投放并收集数据、实时调整投放策略、完成投放评估效果等，加上完整的数据应用过程，不断把控营销质量与效果，实现从效果监测转向效果预测，提升广告投入的效率。

大数据还是发动机。互联网不再只是媒体，更是用户不断转化的平台。相应地，营销由独立转为系统性工程，而数据在营销全程中扮演的角色也必然要由参考工具转向驱动发动机。数据驱动的精准营销引擎，将颠覆传统的营销决策模式及营销执行过程，给网络营销行业乃至互联网及传统行业带来革命性的冲击。国内的互联网行业，特别是腾讯、阿里巴巴、百度等领头企业更在其他业务层面搜集、挖掘数据，进行大数据应用的准备和尝试，使大数据向网络广告之外的领域渗透。2012 年"双十一"时，天猫平台应用底层数据帮助店家进行营销推广，对于电子商务界来说，这样的尝试，其意义或许并不亚于《纸牌屋》对影视视频业的冲击。

互联网已经像水、电一样普及，像《纸牌屋》一样从海量信息中挖掘出用户感兴趣的信息，并把这些信息推送给用户，将越来越成为生产、营销及社会、政务服务的常态。当然，对用户来说，大数据的价值也将逐渐显现。比如，网络上可获取的信息量爆炸式增长，而人们甄别选择信息的能力、注意力有限，这让人们很难从数万亿网页、数亿商品中迅速找到自己喜欢或需要的对象，也无法从海量的媒介或载体广告中获得有价值的信息。而当大数据也像水和电一样普遍存在、俯拾即是时，这些问题也将不再是问题。

6.3.2　美国总统大选

6.3.2.1　案例详析

就在美国总统奥巴马成功击败对手罗姆尼，再次赢得美国总统选举的当天，《时代》杂志刊登了一篇文章，描述了奥巴马总统获胜背后的秘密——数据挖掘。以竞选工作组发言人本·拉波特的话来形容："奥巴马团队拥有'核代码'，数据是能够击败罗姆尼的最根本优势！"

的确，美国总统奥巴马的再次当选创造了奇迹：在他获胜前的 70 年时间里，没有一位美国总统能够在全国失业率高于 7.4%的情况下连任成功；而他与对手罗姆尼的一系列"激战"也让整个竞选过程变得扑朔迷离。且不论谁在政治上更英明，单在如何获得更多选民支持以及如何让他们掏腰包这一点上，奥巴马团队绝对比罗姆尼团队更加聪明：奥巴马与罗姆尼均获得了近 10 亿美元筹款，而奥巴马网络筹款是罗姆尼的两倍；奥巴马在整个竞选过程中的花销不到 3 亿美元，而罗姆尼花了近 4 亿美元却仍然败选；奥巴马最终以 332 票赢得选举，高出罗姆尼近 100 票，而在大选前一周的一项民意调查中显示，55%的被调查选民都认为罗姆尼比奥巴马更具有未来视野。

这一串串的数字显然推翻了美国历史上总统选举的定律：谁筹的钱越多，谁胜出的可能性越大，谁花的钱多谁就会赢。奥巴马团队能取得颠覆性的胜利，是因为他们实现了三个最根本的目标：让更多的人掏更多的钱，让更多的选民投票给奥巴马，让更多的人参与进来。这些都源于他们对选民的认知达到了"微观"层面：每个选民最有可能被什么因素说服？每个选民在什么情况下最有可能掏腰包？什么样的广告投放渠道能够最高效地获取目标选民？

通过这些分析，奥巴马团队制定了相应的策略，并赢得了大量草根阶层选民的支持和捐赠。一项民调显示，80%的美国选民认为奥巴马比罗姆尼让他们感觉更加重视自己。结果是，奥巴马团队筹得的第一个 1 亿美元中，98%是小于 250 美元的小额捐款，而罗姆尼团队在筹得相同数额捐款的情况下，这一比例仅为 31%。

6.3.2.2　大数据的运用方式

让这一切"微观智能"成为可能的是数据。正如竞选总指挥吉姆·梅西纳所说，在整个竞选活动中，没有数据做支撑的假设很少存在。奥巴马团队运用数据挖掘技术在美国政坛上取得的胜利，告诉了人们一个不争的事实：今天，已然进入了一个"微竞争"的时代，在激烈的市场竞争中，谁能够深入地了解他的每一个用户的个性化需求，谁就能在竞争中击败对手，获取胜利。

这一切始于 2008 年，当时奥巴马的支持者继承了民主党多年以来所创建的糟糕的孤岛式数据库。在赢得了大选后，奥巴马的团队抛弃了这些孤岛式数据库，并重新建立了新式数据库。新式数据库增加了大量来自 Web 追踪和社交媒体网站的新数据。

在经过了 18 个月的数据处理后，奥巴马的团队搞清楚了如何在先前海量的非结构化数据中找到不同的利用模式。他们知道应当以哪些区域为目标以及应当忽视哪些人，知道哪些信息能够吸引女性和少数民族选民，知道在哪里花钱效果更好。他们还知道依靠哪些人才有可能得到增强竞争力的捐款，以及如何发出呼吁。

奥巴马团队中的数据分析人员注意到，乔治·克鲁尼对于西海岸年龄在 40～49 岁的女性非常有吸引力，那么这个群体无疑最有希望通过捐钱获得一次和克鲁尼共进晚餐的机会，当然，还有克鲁尼支持的候选人——奥巴马。

奥巴马高级竞选助手们决定利用这一发现。他们试图寻找一位对女性群体有类似吸引力的东海岸的名人，以达到像克鲁尼筹款晚会那样筹集数百万美元的成绩。一名高级竞选顾问说："我们有大把选择，但最后决定的人选是莎拉·杰西卡·帕克。"于是下一场与奥巴马的晚宴在帕克家中举行。

对于普通公众来说，他们根本无法知道，选择帕克家举行筹款活动的主意是来自数据挖掘技术对同类支持者的发现：喜欢竞争、小型晚宴、名人。从一开始，竞选经理吉姆·梅西纳就承诺要进行一个完全不同的、由数据驱动的竞选，政治将是目标，但政治本身可能不再是方式。他在就职后称："我们将计量竞选活动的所有东西。"他雇用的分析部门的规模是2008年竞选时规模的5倍。芝加哥竞选总部还有一位名为拉伊德·加尼的"首席科学家"，他先前的数据分析曾使超市的打折活动取得最好效果。图6-41所示为大数据帮助大选。

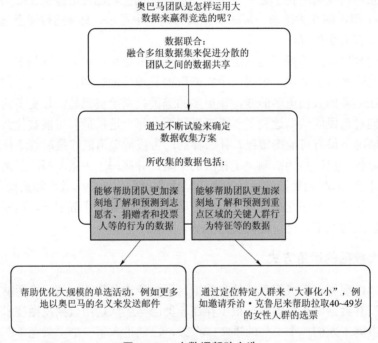

图6-41　大数据帮助大选

不过，数十名数据分析者组成的团队具体如何工作是一个机密。当被问及相关的工作时，竞选发言人本·拉波特称："这是我们的核密码。"数据挖掘实验有很多神秘的代号，例如独角鲸，或是追梦人。这个团队甚至要与其他竞选工作人员分开工作，在竞选总部北端一个没有窗户的办公室里工作。"科学家们"在白宫向奥巴马和他的高级官员进行例行工作汇报。选举团队认为这是他们所拥有的对罗姆尼竞选团队的最大机制优势——数据。

在整个竞选中，奥巴马团队的广告费用花了不到3亿美元，而罗姆尼团队则花了近4亿美元却最终落败，这是因为奥巴马的数据团队对广告购买的决策，是经过缜密的数据分析之后才制定的。一名官员表示："我们可以通过复杂的建模来找到目标选民。例如，如果迈阿密戴德郡35岁以下的女性是我们的目标，那么这里有如何覆盖她们的方式。"因此，奥巴马竞选团队在一些非传统节目中购买了广告，例如 4 月 23 日的电视剧《混乱之子》《行尸走肉》和《23 号公寓的坏女孩》。芝加哥总部称，在电视平台上，2012 年的广告购买率较 2008 年提升了 14%。

在本次竞选中，奥巴马团队的投票动员绝不是千篇一律的，对于不同的用户，他们动员的渠道及采取的互动方式也不同。2013 年 8 月，奥巴马决定在社交新闻网站 Reddit 上回答问题，当时多名总统高级助理并不清楚此事。一名官员表示："我们为何将奥巴马放在 Reddit 上？因为我们发现很大一部分目标选民在 Reddit 上。"而在"摇摆州"的电话动员上，他们也发现，一个"摇摆州"志愿者打来电话的效果要优于一个"非摇摆州"（如加州）志愿者打来的电话。

此外，奥巴马团队还首次利用 Facebook 进行大规模的投票动员，这模仿了现场组织者挨家挨户敲门的方式。在竞选活动的最后几周，下载某一款应用的用户收到了多条消息，其中包含他们在"摇摆州"好友的照片。他们被告知，可以通过单击按钮，呼吁这些目标选民采取行动，例如进行投票注册、更早地投票，积极参与到投票中。奥巴马竞选团队发现，大约 1/5 收到 Facebook 请求的选民做出了响应，这在很大程度上是因为请求来自他们熟悉的人。

奥巴马的统计团队主管丹·瓦格纳建立了人口特性分析系统。这个系统里有所有奥巴马希望得到支持的选民的档案。他们根据每个人是否会投票、是否会投给奥巴马，为每个选民打分。根据这个系统，丹不仅可以更准确地预测选民的投票行为，也知道如何通过各种方式改变他们的选择，对不同的人群使用不同的广告方式。比如，在亚拉巴马州的一个小镇就投放了 68 个广告，因为那个小镇的人群历来都把票投给共和党，但是选票数都非常接近。

罗姆尼的团队则依旧使用早期的统计方法，建立更宽泛的人口性格分析系统，围绕一些较大话题，比如奥巴马支持的太阳能公司 Solydra 的负面新闻。

奥巴马团队的灵感来自互联网。当你在上网时，谷歌、Facebook 等网站一直在追踪你的上网行为，一些网络数据公司，比如 Apsalar、Flurry、Localytics 和 Sonamine 都是通过建立人口性格分析系统来分析用户。他们不仅希望得到用户上网行为的数据，还希望知道用怎样的方式去影响每位用户。通过庞大的数据，这些公司能够用惊人的高准确率计算出用户下一步会怎么做，比如，他们知道一个 25 岁男性要玩某个游戏多久才会进行第一次应用内消费，并会建议游戏公司让这名男性能够在这个时间段内对游戏保持新鲜感。

奥巴马团队用的是同样的原理，只是这一次不再针对移动应用用户，而是一个个选民。他们通过大数据弄清楚每个选民的特点，并且计算出他们对各"推销方式"的接受程度，包括寄信、上门找选民聊天、社交网络、广告、电视辩论等。之后，他们会把这份数据分发给他的志愿者助选团成员，让他们分头行动。

佛罗里达一直是共和党和民主党竞争的主要州之一。而奥巴马团队的目标则是让 4 年前选过他的人再次选择他，并在此基础上，寻找新的支持者。比如在佛罗里达的杰克逊县，奥巴马在 2012 年获得了 7 342 票（35.1%），而 2008 年，支持者票数为 7 632 票（35%）。他希望把能够留住的人都留住。再根据选民行为去赢得更多用户。最终，奥巴马以 73 000 票的微弱优势赢得了佛罗里达州。

不仅如此，丹建立的系统还准确地预测了最终的大选结果。这届大选中大数据第一次广泛用于拉选民的过程中。

看来，下一届大选，共和党也将会加入大数据分析团队，两党竞争会愈发激烈。

6.3.2.3　思维启示

（1）启示一：数据由人创造，反映人的行为和心理

奥巴马团队用了更少的竞选经费却获得了胜利，为什么？因为他们分析了数据，精确地将经费用到了正确的地方。这是数据分析所带来的效果。

在商业上，以数据分析为支撑的决策，让商家获得利润的例子也数不胜数。

Tesco 就是一个例子。作为全球利润第二多的零售商（仅次于沃尔玛），这家英国超级市场巨人从用户行为分析中获得了巨大的利益。从其会员卡的用户购买记录中，Tesco 可以了解一个用户是什么类别的客人，如素食者、单身、有上学的孩子的家庭等。这样的分类可以帮助 Tesco 设计个性化的服务，比如，通过邮件或信件寄给用户的促销单可以变得十分个性化，店内的上架商品及促销也可以根据周围人群的喜好、消费的时段而更加有针对性，从而提高货品的流通。这样的做法为 Tesco 获得了丰厚的回报，仅在市场宣传一项，就能帮助 Tesco 每年节省 3.5 亿英镑的费用。

在零售业上，巨头沃尔玛也同样重视与其用户进行个性化互动。2012 年年底，沃尔玛在 Facebook 上发布了一个名叫 Shoppycat 的应用，这个应用的功能是帮助用户解除为朋友挑选生日礼物的烦恼。当用户将 Shoppycat 加入她/他的 Facebook 中时，应用程序将访问这个用户所有朋友的信息，如用户信息、行为、状态、喜好、关系圈等，通过对这些信息的分析挖掘，为每一个朋友的生日都推荐相应的礼物。

（2）启示二：数据挖掘之前一定要做好充足准备

首先，收集和整理数据是一个枯燥冗长的过程。奥巴马数据团队在竞选前两年就开始收集大量的信息，而他们做的第一件事就是将民主党所有各自独立零散的选民数据库汇总在一起。同样，当企业的数据分散在各地的服务器、各种文件、各种数据库中时，需将这些数据进行有效的集中存储和格式清理。

其次，做到精准是一个业务定制的过程，没有"一键安装式"的灵丹妙药。机器学习是数据挖掘中常用的方法，它的基本原理是让计算机从历史数据中"学习"其中的规律，并利用该规律对未来数据进行预测，这个过程也就是建模和预测的过程。因此，当用户数据因业务而异时，每一组数据中都会有自己独特的数据模型，这也就是与实际业务相定制的过程。比如，奥巴马的数据团队就会对每一个群体的选民都进行建模，进而预测他们的捐款行为方式（通过网络捐款，还是汇款）。

最后，模型需要根据实际情况进行动态调整。环境、喜好或其他因素常常会导致用户的行为规律发生一定的变化，使其产生的数据也随之变化，这些变化将会影响模型的精准性，因而，人们需要随时动态地去调整模型。奥巴马竞选的案例中，在关键的"摇摆州"俄亥俄州，数据分析团队获得了约 2.9 万人的投票倾向数据。这是一个包含 1%选民的巨大样本，使他们可以准确了解每一类人群和每一个地区选民在任何时刻的态度。当第一次电视辩论结束后，选民的投票倾向发生改变。而数据分析团队可以立即知道什么样的选民改变了态度，什么样的选民仍坚持原来的投票选择。

6.3.3　大数据助力医疗决策

让我们先来看看史蒂夫·乔布斯（Steve Jobs），苹果的传奇首席执行官，与癌症斗争的

故事。

史蒂夫·乔布斯算是世界上最早对自己和体内癌细胞实行了完整的 DNA 测序的人。我们知道，任何一种药物的面世都会经历漫长的研制过程，其中一个环节就是药物人体试验。每个人的 DNA 都有差异，面世的抗癌药物通过了药物人体试验的验证，但严格说来只能证明该药物对于参与药物人体试验过程中的这些人的 DNA 来说是有效的。为此，在一般的癌症患者选择药物时，医生们总是希望被治疗的病人的 DNA 能尽可能地与参与药物人体试验中的患者的 DNA 相似，这样药物才能比较好地起作用。

然而，史蒂夫·乔布斯的这个案例中不同之处在于，他的医生团队可以根据他的特定基因组成选择治疗方法。鉴于一种药物使用之后，癌细胞会慢慢形成抗药性，并自发变异以对抗该药物。每当一种治疗因癌细胞发生变异而失效时，医生就根据对当前癌细胞的 DNA 测序结果的分析来针对性地改用另一种药物。即通过对 DNA 数据和药物数据的分析对比，来辅助进行医疗决策。

尽管最后很遗憾，乔布斯没有赢得这场战争的胜利，但是通过这种大数据辅助医疗决策的方式，他比同类型癌症病人多争取了多年的生存时间。这个例子可以说是利用大数据来辅助医疗决策的一个开端。

2015 年 1 月，美国总统奥巴马在国情咨文中宣布，要开展一项名为"精准医学"的计划。

2015 年 3 月，中国科技部举办首届国家精准医疗战略专家会议，提出了中国的精准医疗计划，这一计划很可能纳入"十三五"重大科技专项，上升为国家战略。

2016 年 3 月和 10 月，科技部相继公布了 2016 年度和 2017 年度国家重点研发计划"精准医学研究"重点专项申报指南。

所谓的精准医学，就是结合数据密集型研究方法，从人与人之间的 DNA 数据差异入手，结合病例、病理数据，发展个性化的、数据指导的医学决策方法。从经验医学到循证医学，再基于大数据手段来到精准医学，我们迎来的是一个全新的医学时代！

2016 年我国支持的重点研发计划中所支持的其中一项便是"适用于中国人的药物基因组学大数据平台与精准用药智能分析系统建设"，由北京大学牵头、北京理工大学等多家单位参与，主要研究目标就是基于对医学数据的分析，来构建我们黄种人的用药指南，围绕我国重大疾病传统药物存在无效治疗和严重不良反应的问题，建立精准用药研究体系和用药指南。

6.3.4 大数据辅助行车路线优化

快递司机一天中几乎有无数条路线可供选择。对 UPS 这样的巨头来说，更是如此。因此它利用大数据分析打造了一个名为 Orion 的导航系统（图 6-42），可以在约 3 s 内找出较佳路线。

在任何一天中，UPS 的司机都有许多条快递路线可以选择；或者换个说法——UPS 的司机在任何一天中，可以选择的快递路线的数目都是令人难以想象的。这可不是夸张。UPS 公司的司机一般每天要送 120～175 次货。在任何两个目的地之间，都可以选择多条路线。显然，司机和 UPS 想要找到其中最有效率的那条。不过如此一来，事情就变得复杂了。

为了解决这个问题，UPS 利用组合数学的算法得出，以上所述的情景中所有可能的线路的总数，是一个 199 位的数字。这一数字甚至大过了换算成纳秒单位的地球年龄。UPS 的流程管理高级总监杰克 里维斯曾表示："这数字太大了，令人难以想象。你只能从分析学上得出一个概念。"虽然这对 UPS 而言，是一项庞大的挑战，但是他们也有很强烈的动力去实现路线最优化：因为如果每位司机每天少开 1 英里，公司便能省下 5 000 万美元。

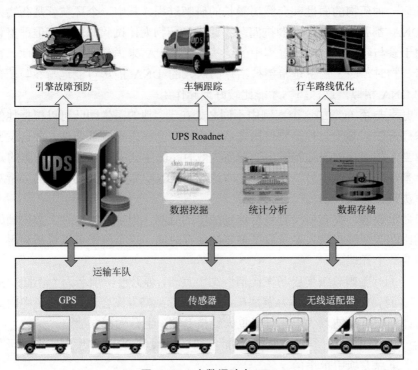

图 6-42　大数据助力 UPS

　　UPS 所研发的这个名为 Orion 的系统，也就是道路优化与导航集成系统（On-Road Integrated Optimization and Navigation）的缩写，也是希腊神话中猎户座的名字。Orion 的算法诞生于 21 世纪初，并于 2009 年开始试运行。该系统的代码长达 1 000 页，可以分析每种实时路线的 20 万种可能性，并能在大约 3 s 内找出较佳路线。

　　UPS 已开始在公司全部的 5.5 万条北美快递线路上装配了这一系统。到 2013 年年底，Orion 系统让公司节省了 150 万 t 燃料，少排放了 1.4 万 t^3 的二氧化碳。

6.4　模式创新

6.4.1　大数据与反恐

6.4.1.1　美国"棱镜"计划

　　棱镜，是指用透明材料做成的多面体，光线通过它会发生分光或色散。但在 2013 年 6 月 6 日，这个词语被赋予了令人震惊的新含义：美国国家安全局和联邦调查局通过进入各大网络运营商的服务器，监控普通民众的电子邮件、聊天记录、视频及照片等秘密资料。这一计划被称为"棱镜"。在"棱镜"的倒映下，深藏在阴影之后的"黑客帝国"逐渐暴露在阳光中。图 6-43 所示为美国"棱镜门"风波。

图 6-43　美国 "棱镜门" 风波

2013 年 6 月，前中央情报局（CIA）职员爱德华·斯诺登将两份绝密资料交给英国《卫报》和美国《华盛顿邮报》，并告知媒体何时发表。按照设定的计划，2013 年 6 月 5 日，英国《卫报》先扔出了第一颗舆论炸弹：美国国家安全局有一项代号为 "棱镜" 的秘密计划，要求电信巨头威瑞森公司必须每天上交数百万用户的通话记录。

2013 年 6 月 6 日，美国《华盛顿邮报》披露称，2007—2013 年，美国国家安全局和联邦调查局通过进入微软、谷歌、苹果、雅虎等九大网络巨头的服务器，监控美国公民的电子邮件、聊天记录、视频及照片等秘密资料。美国舆论随之哗然。

这项代号为 "棱镜" 的高度机密行动此前从未对外公开。《华盛顿邮报》获得的文件显示，美国总统的日常简报内容部分来源于此计划，该工具被称作获得此类信息的最全面方式。一份文件指出，"国家安全局的报告越来越依赖 '棱镜' 项目。该项目是其原始材料的主要来源"。

2013 年 6 月 5 日，《卫报》刊登的法院密令显示，从 2013 年 4 月 25 日至 2013 年 5 月 19 日，美国电信巨头威瑞森公司（Verizon）须每日向美国国家安全局上交数百万用户的通话记录，涉及通话次数、通话时长、通话时间等内容，但不包括通话内容。

2013 年 6 月 6 日，美国《华盛顿邮报》又曝光政府机密文件，显示美国国家安全局和联邦调查局直接接入微软、谷歌、苹果、Facebook、雅虎等 9 家网络巨头的中心服务器，可以实时跟踪用户电邮、聊天记录、视频、音频、文件、照片等上网信息，全面监控特定目标及其联系人的一举一动（图 6-44）。

《纽约时报》指出，两大计划的曝光打开了一个非比寻常的窗口，使人们看到政府监控强度的增加，布什政府在 "9·11" 恐怖袭击之后开始采取监控举措，奥巴马政府非常支持这种举措，其监控范围甚至还有所扩大。该报分析说，这种接连出现的大曝光还说明，由于信息

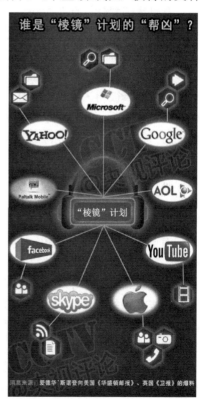

图 6-44　谁是 "棱镜" 计划的 "帮凶"

泄露的相关事件引发众怒，知晓高级情报秘密的人员很可能决定揭露真相。

根据报道，泄露的文件中描述"棱镜"计划能够对即时通信和既存资料进行深度的监听。许可监听的对象包括任何在美国以外的地区使用参与计划公司服务的客户，或是任何与国外人士通信的美国公民。国家安全局在"棱镜"计划中可以获得的数据为电子邮件、视频和语音交谈、影片、照片、VoIP 交谈内容、档案传输、登入通知，以及社交网络细节。综合情报文件"总统每日简报"在 2012 年内于 1 477 个计划中使用了来自"棱镜"计划的资料。

根据斯诺登披露的文件，美国国家安全局可以接触到大量个人聊天日志、存储的数据、语音通信、文件传输、个人社交网络数据。美国政府证实，它确实要求美国公司威瑞森（Verizon）提供数百万私人电话记录，其中包括个人电话的时长、通话地点、通话双方的电话号码。

"棱镜"计划（图 6-45）的正式名称为"US-984XN"，被列为美国最高机密。

图 6-45　美国"棱镜"计划

6.4.1.2　加拿大的"棱镜门"

随着美国"棱镜门"事件的曝光，加拿大也有了连锁反应。

有媒体曝料称，早在 2005 年，加拿大国防部就开始秘密实施一项类似于"棱镜"的情报窃取计划，这同样在加拿大国内引起轩然大波。不过加拿大国防部长公开表示，该计划收集的只是信息来源的"元数据"，并不会侵犯个人隐私。

加拿大《环球邮报》和加拿大通讯社依照《信息获取法》获取了一些文件，文件显示加拿大国防部长彼得·麦凯在 2011 年 11 月签署了七项法令，授权加拿大通信安全局实施一项秘密的电子窃听计划，窃取国内外的电话及网络通信。不过出于对国家安全的考虑，这些文件中的一些内容已经被删除。这两家媒体报道称，这份授权法令是对原有内容的更新，而这一秘密窃听计划早在 2005 年加拿大自由党执政时就已经开始实施。只是在 2008 年，加拿大联邦监管机构发现这一计划可能导致对加拿大人隐私的不正当监控时，一度暂停了一年多的时间。不过报道也称，这一窃听计划并不直接读取窃取的信息内容，只是收集信息来源的"元数据"。

而英国《卫报》报道说，英国政府的通信监控部门与美国国家安全局、加拿大通信安全局合作密切，英国方面至少 3 年前就加入了"棱镜"计划。这样的报道也让人对加拿大是否参与"棱镜"计划打了个大大的问号。

有媒体分析说，加拿大是美国的亲密盟友，而且在美国、加拿大、英国、澳大利亚和新西兰组成的情报分享网络"五只眼"中也扮演着重要的角色，美国存在着秘密情报监视，加拿大也很难逃脱干系。

消息一出，加拿大联邦隐私专员詹妮弗·斯托达特就表达了担忧，并表示将进行更多的调查。斯托达特专员的发言人哈钦森在一份电子邮件中透露，加拿大通信安全局有一个专门的监控机构，以通信安全局专员办公室的身份存在，他们计划对这一办公室进行质询，以获取更多的细节，他们需要了解该办公室计划和正在采取的行动。他还称联邦隐私办公室还将与世界各国的相关机构合作，共同调查美国"棱镜门"事件。

这一事件的当事人、加拿大国防部长麦凯在联邦议会下院遭到了议员的炮轰，不少问题都十分尖锐，例如"加拿大政府是否知道美国的'棱镜'计划也在收集加拿大人的个人信息""加拿大是否也在使用美国'棱镜'计划窃取的元数据"等。对不少问题，麦凯选择了回避，但他强调，加拿大通信安全局并没有读取收集来的信息内容，这一计划是直接针对来自加拿大国家外部的行为，例如国外的威胁等。加拿大法律明确规定，不允许窃取加拿大人的隐私，这一计划完全是在法律的严格监管下实施的。

6.4.1.3　思维启示

（1）启示一：大数据时代如何保护隐私安全

"棱镜门"事件的持续发酵，引发了更多的对于隐私安全的顾虑。大数据时代，隐私安全该如何维护呢？

隐私权是最基本也是最神圣的一种权利。但是在 Web 2.0 时代，面对如此众多的社交和共享应用，这一权利慢慢地被剥夺了。事实上，一些专家认为，这一权利已经丢失了。人们看到了一些严重的事实：无论是机构还是个人，都可以通过一系列的做法跟踪人们的行迹、习惯和选择。在大数据时代即将来临的今天，如何保护自己的个人隐私安全，是一个亟待解决的问题。

数据安全往往涉及很多隐私，数据被谁掌握，怎样能够保证安全，是一直困扰人们的问题，这一问题在大数据时代下再一次被放大。在信息爆炸的信息化社会，保护隐私安全不仅是大数据技术或者个人的单独行为，也是整个社会的行为，所有问题都不可能通过单一的技术手段解决，还要靠法律手段和道德建设来协助。现在很多数据涌来，一时间人们面临的数据非常多，这时候相关规则、立法甚至道德宣讲或者体系建立都要跟得上。工具没有好坏，看用在谁的手上。如果控制不好，就会泛滥。这要取决于人们的手段，取决于人们对建设的投入和关注。图6-46形象地描绘了大数据时代的个人隐私安全。

图6-46　大数据时代的个人隐私安全

隐私的问题不是大数据时代带来的，在没有大数据的时候，人们就已经有很多隐私的问题。可是到了大数据时代，媒体发布多了，隐私权也就很难保证了。

大数据实际上应该作为一种工具，而并不应作为一种专为窃取隐私而发展形成的泄密途径。既然是工具，那关键是看用在什么地方，掌握在谁手里。当然，企业本身也必须考虑到，怎样保护用户的隐私，这一直都是在大数据应用过程中不断探索的一件事情。在安全的前提下，实现数据共享，真正创造数据价值，这才是利用大数据真正的目的。

（2）启示二：大数据带来的伦理忧思

大数据带来的究竟是天堂还是地狱？美国"棱镜门"事件仿佛一记重重的耳光狠狠地打在了大数据的"脸上"——美国等进行的诸多"棱镜"项目实施的前提，正是大数据的存在。"棱镜门"事件引发了公众对大数据的恐慌，人们害怕在大数据的洞察和检测下成为没有隐私的"透明人"。因此大数据作为一种基础设施，必须建立自己的规则，对掌握大数据的人要有所约束，以保证大数据用到对的地方。

"科学预测"是对大数据的最大期望，作为大数据生产者的普通大众，在"被采集"数据和数据利用的过程中，隐私边界似乎尚不明晰。

大数据潮流迎面而来，几乎所有的互联网企业都在紧锣密鼓地抢夺资源，争分夺秒想要倾听大数据诉说的逻辑企图并将之转化为商业价值。

目前，广告营销是大数据应用最广泛的领域。比如在淘宝网搜索或购买了童装，再登录时，淘宝网就会推送各类童装，与购买或浏览过的衣服款式、价格都很相似，甚至在浏览新浪、腾讯、网易等门户网站时，内容页面的右侧也会出现一个小窗口，为你推送的仍然是价格、款式都类似的童装。不仅是淘宝、亚马逊、当当、京东，几乎所有的电子商务网站都在这么做。

被推送的广告，是通过大数据预测的结果。电商网站通过消费者的购买记录、支付宝记录、浏览记录提炼出用户性别、年龄和爱好，然后对消费者进行广告推送营销。

电子产品日新月异，互联网无处不在，人们的一举一动产生的大量数据被记录在案。当企业对数据采集兴趣正浓时，越来越多的消费者却在担忧自己的隐私会在互联网这"第三只眼"的监视下"裸奔"，成为别人赚钱的筹码，而自己却丝毫未受益。

提高数据的精确性是企业的强烈需求，所以，企业在搜集在线数据的同时，也关注线下数据，并且需要对搜集到的信息做进一步的分析，在这个二次开发的过程中，用户的隐私存在失守的危险。

在开发过程中，可以提炼出用户已婚还是未婚、是不是有孩子、在南方还是北方、从事什么职业等信息。比如淘宝网通过支付宝和淘宝数据，统计发现淘宝网上的活跃用户中有近2 000万名大学生，但"大学生"这个标签是数据本身没有的，是通过用户收货地址挖掘、提取出来的。

阿里巴巴数据科学家杨滔坦陈："淘宝评测65%以上的移动应用，但同时也会抓取一些与评测功能无关的用户数据，甚至是涉及隐私的数据。"

如果大数据在商业领域的挖掘和应用只是边界不明晰，那么从"棱镜门"事件来看，在政治领域的应用可以说毫无边界可言。

传统的政治伦理是要保护个人隐私与自由，但大数据时代的到来与公共安全的需求，正在颠覆这一传统。

更加令人担忧的是，并不仅是美国在这样做，全球很多国家都有着类似的举动。因为不对称性的恐怖袭击事件日益增多，国防部门掌握一定的隐私具有合理性。

尽管被提到"国防安全"的高度，但受众并不买账，全球各地涌现出大批斯诺登的支持者就足以证明一切。

但无论人们怎样抵触和排斥，终究难以抵挡大数据时代到来的趋势。

可以预见，在不可逆转的大数据潮流下，没有任何一个国家能够置若罔闻，大数据时代的到来为一些国家提供了增强竞争力的机会，谁能在大数据中发现人类活动的规律、预测经济的波动，谁就将在信息时代严酷的竞争中处于优势地位。

不仅大数据的采集过程可能会侵犯用户的隐私，在使用过程中产生的伦理思辨更加难解。

大数据时代，自然规律能够被轻易地发现和预测，但是对于主观性更强、所思与所做常常大相径庭的人类行为，预测产生的价值究竟有多大？

《大数据时代》一书的作者维克托·迈尔·舍恩伯格有这样的担忧：大数据在欧美国家已经被应用到了警察这一行业，如果按照一个人过往的行为数据分析，预测他 2 年之后可能成为一个杀人犯，那么是放任其自由还是现在就要给他贴上"杀人犯"的标签，开始对他进行监控或者直接投入监狱？没有人能够给出答案。

试想，如果通过数据分析出哪个姑娘最适合你但你却对她没有心动的感觉；你在下班的时候没有决定去哪里但数据预测却清楚地点出了你即将前往的目的地……人们面对这些预测的时候，是否会失去选择的权利？

由大数据产生的伦理争辩中，悲观派十分抵触将私人行为暴露在公众视野中，乐观派却认为人类行为就好比自然资源，本就应该无私地提供，企业、政府、医疗单位利用大数据革新服务和产品后，会以更大的优势反哺人类。

但是，无论是保守派还是开放派都必须承认，大数据作为一种基础设施，必须建立自己的规则，就好比公路上的汽车要遵守交通规则一样，如此才能保证大数据用到对的地方。

只有将大数据用到对的地方，才能为人们带来更加欣喜的明天，造福人类生活。比如在医疗领域，它对人类基因组的分析和计算，使得攻克癌症看到了曙光。苹果公司已逝总裁乔布斯在接受胰腺癌治疗期间就运用了大数据，他说："要么我是第一个彻底战胜癌症的人，要么是最后一个死于癌症的人。"

因此，大数据带来的究竟是天堂还是地狱，重点在于是否要对掌握大数据的人有所约束。一方面要对数据使用者进行道德和法律上的约束，另一方面，还是要加强人们自身的保护意识。

6.4.2 利用大数据打击犯罪

6.4.2.1 "先知"系统

《少数派报告》改编自菲利普·迪克的同名短篇小说，由史蒂文·斯皮尔伯格执导，汤姆·克鲁斯、柯林·法瑞尔、萨曼莎·莫顿等主演的科幻悬疑电影（图 6-47）。

图 6-47 《少数派报告》

电影讲述了 2054 年的华盛顿特区，谋杀已经消失了。随着科技的发展，人类利用具有感知未来的超能力的人——"先知"，能侦查出人的犯罪企图，所以罪犯在犯罪之前，就已经被犯罪预防组织的警察逮捕并获刑。

这套"先知"系统并不只存在于科幻电影之中。

美国洛杉矶因警员比例过低，一直是全美犯罪率最高的地区之一。2012 年，该地警察局开始进行一项尝试，由加州大学人类学系与数学系联合组成的一个实验室，为该局提供了一套类似"先知"的计算器系统。

这套系统把洛杉矶市发案最高的福德希尔地区划分为几个区域，通过分析过去的 1 300 多万起案件，找到了发案与日期、天气、交通状况以及其他相关事件之间的某种关系，进而能够预测出哪个区域在未来数小时内可能发生案件。

那么这套系统参考的是什么规律呢？原来参考的是对地震的预测。

对地震的预测是非常困难的，不过，对余震的预测则要容易得多。这个系统参考的就是这个规律。那是怎么操作的呢？

原来，洛杉矶警察局把过去 80 年内的 1 300 万个犯罪记录输入了由圣克拉拉大学助理教授乔治·默勒开发的余震预测模型。数据显示，当某地发生犯罪案件后，不久附近发生犯罪案件的概率也很大。这一点很像地震后余震发生的模式。

当警察们把一部分过去的数据输入模型后，模型对犯罪的预测与历史数据也吻合得很好。

在测试期间，根据算法预测，某区域在一个 12 小时时间段内有可能有犯罪发生，在这个时间段，警察们被要求加大对该区域进行巡逻的密度，去发现犯罪行为或者犯罪线索。

但一开始，警察们并不愿意让算法指挥巡逻。然而，当他们在该区域确实发现了犯罪行为的时候，便对软件和算法认可了。

现在，洛杉矶警察局有一组专门的警员每天会驾驶着警车按照计算机发出的巡逻指令前往不同的区域。

尽管这些熟练的经验丰富的警员仍然不适应被二进制的代码指挥，但是在不增加警员的前提下，"先知"已经使该地区财产犯罪下降了 12%，盗窃案件下降了 26%。

6.4.2.2　犯罪数据分析和趋势预测系统

2013 年起，北京怀柔警方开始使用犯罪数据分析和趋势预测系统。这套系统收录了怀柔近 9 年来 1.6 万余件犯罪案件数据，通过由数学专家建立的多种预测模型，自动预测未来某段时间、某个区域可能发生犯罪的概率以及犯罪的种类，便可依此加强对重点地区警力投入，加强巡逻防范工作。

这套系统所遵循的理念是：每类案件都有着相应的犯罪时间规律。而这个预测系统能够以数轴方式预测出不同时间段发生犯罪的概率，包括具体的日、周、月、季度、半年度、年度以及自定义的时间周期，并随时补充近期发生犯罪的时间、地点等数据。

在指挥和情报系统进行会商之后，警方将系统预测可能发案的区域通报所属各单位，民警不再被动地围着案件转，而是主动出击，加强对预测案发地的巡逻防控。

2013 年的 1—5 月，怀柔区接报 110 刑事和秩序类警情同比下降 27.9%，其中抢劫案下降了近 55%。

6.4.3　大数据与破案

说到数据科学，有一部电影是非常经典的，那就是《源代码》。这部影片由邓肯·琼斯执导，杰克·吉伦哈尔、维拉·法米加、米歇尔·莫娜汉等人联袂出演。影片于 2011 年 4 月 1 日在美国上映（图 6−48）。

图 6−48　《源代码》海报

"咚，咚""呼，呼"，急促的心跳声和喘息声震耳欲聋。一切都开始模糊，继而扭曲变形。然后，一阵尖锐的火车汽笛声，将柯尔特·斯蒂文斯上尉（杰克·吉伦哈尔饰演）拉回了现实。窗外，是疾驰倒退的绿地。坐在他对面的女子（米歇尔·莫娜汉饰演）疑惑地看着走神的他，又继续着话题，柯尔特突然觉得头皮发麻。他不是这个女子口中的肖恩，也压根儿就不认识眼前这个叫作克里斯蒂娜的女子。他所记得的最后一件事情，是自己正在阿富汗执行飞行任务。

柯尔特意识到只有一种方法可以证明真相。他冲向洗手间，直愣愣地盯着里面的镜子，出现在镜子里的人，是一个身着呢子大衣、蓝色衬衫，眼中带着几分惊恐的中年男子。不是他自己，至少不是他印象中的自己。

还没等他惊魂落定，一股强大的爆炸气浪袭来，列车在烈火中被炸成碎片。

猛然睁开双眼，柯尔特惊疑地看着四周，他发现自己身处一个独立的空间里，穿着本就属于他的军服。

"欢迎回来，柯尔特上尉。"一个温和的女声在他耳畔响起。紧接着，是一个冷静的男声。

原来柯尔特被选中执行一项特殊任务，这任务隶属于一个名叫"源代码"的政府实验项目。

在科学家的监控下，利用特殊仪器，柯尔特可以反复"穿越"到一名在列车爆炸案中遇害的死者身体里，但每次只能回到爆炸前最后的 8 分钟，也就是这一天清晨的 7 点 40 分。

理论上，"源代码"并不是时光机器，"回到"过去的柯尔特无法改变历史，也并不能阻止爆炸发生。大费周折让受过军方专业训练的柯尔特"身临其境"，是因为制造这起爆炸的凶手宣称将于 6 小时后在芝加哥市中心制造另一次更大规模的恐怖行动。为了避免上百万人丧生，柯尔特不得不争分夺秒，在"源代码"中一次次地"穿越"收集线索，在这爆炸前最后的"8 分钟"里寻找到元凶。

也就是说，在影片中，科学家们利用收集来的数据创造了一个虚拟的平行空间，他们利用数据模拟了空间和时间的运行，再把柯尔特上尉不断地送回到这个时空中，让他去找寻线索。当然，最后会发现，实际上并不是柯尔特上尉去了那个时空，去那里的也只是对他的脑电波进行的数据模拟。

这其实就是非常典型的数据密集型研究方法，利用大量数据模拟时空，然后进行数据的分析和寻找。

6.4.4　大数据与城市设施维护

纽约每年会发生许多起因内部失火而造成的沙井盖（下水道检修口）爆炸。爆炸能使重达 300 lb①的沙井盖冲上几层楼的高度（图 6–49）。

图 6–49　纽约沙井盖

为纽约提供电力支持的联合爱迪生电力公司每年都会对沙井盖进行常规检查和维修。但过去碰运气式的抽检无法彻底解决问题。2007 年联合爱迪生电力公司向哥伦比亚大学的统计学家求助，希望他们通过对一些历史数据的研究预测出可能会出现问题并且需要维修的沙井盖。如此一来既能排除隐患，又能维持检修的低成本。

在纽约，地下电缆足有 15 万 km 那么长，而曼哈顿有大约 51 000 个沙井盖和服务设施，其中很多设施都是在爱迪生那个时代建成的，而有 1/20 的电缆在 1930 年之前就铺好了。1880 年以来由会计人员或整修人员手工记录的数据都保存着，数量庞大而且杂乱。所有电缆的数

----

① 1 lb=0.453 592 kg。

据表格只能在地上拖动，人力无法举起。

　　负责这个项目的统计学家鲁丁和她的同事必须在工作中使用所有的数据，因为这成千上万个沙井盖中的某一个就是一个定时炸弹。

　　寻找因果关系的努力也是无用的，因为这样做需要上百年的时间，而且不一定找得对。鲁丁决定找出数据间的相关关系，同时还得向联合爱迪生电力公司高层证明自己的方案是正确的。毕竟人们天生想通过找出原因来理解事物。

　　鲁丁他们在整理数据后发现了大型沙井盖爆炸的 106 种预警情况。在布朗克斯的电网测试中，他们对 2008 年中期之前的数据都进行了分析，并利用这些数据对 2009 年会出现问题的沙井盖做了预测。效果非常好，在他们列出的前 10%的高危沙井盖名单里，有 44%发生了严重的事故。

　　最终研究人员发现电缆的使用年限和是否出现过问题是两个决定性因素。这样一来，联合爱迪生电力公司就可以基于此迅速进行沙井盖事故的可能性排序。

　　也许这样的结果有些出乎人们的意料，但千万不要忘记一开始有 106 种预警情况。各种因素相互交织的情况下决定优先修理成千上万个沙井盖中的哪一个绝非易事。若没有建立在全样本数据上的相关关系分析，是很难做出最终判断的。

6.4.5　大数据帮助寻根问祖

　　奥巴马和影星布拉德·皮特是什么关系？答案是第九代表兄弟。他们共同的祖先名为埃文·希克曼，生于 1690 年。埃文的儿子小埃文是布拉德·皮特的第七代曾祖父；埃文的另一个儿子詹姆斯是奥巴马的第七代外曾祖父，属奥巴马母亲的家族。

　　该信息来自成立于 1983 年的"家谱网"（ancestry.com）。这家网站的业务就是基于庞大数据库，帮助人们寻根问祖（图 6－50）。

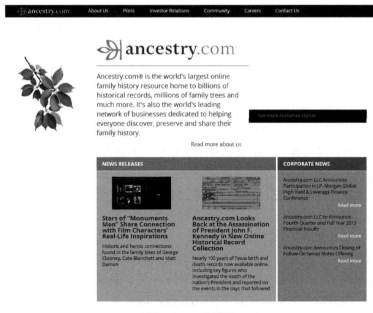

图 6－50　家谱网

就在 2012 年，家谱网将家谱业务做到了 3 亿美元。

既然是帮助用户找祖宗，自然离不开庞大的基于家庭关系的资料数据库，而这也是家谱网最核心的竞争力所在。目前，它已拥有数 10 亿人的数据，这一数据还在持续不断地增加。基于这个数据库，家谱网可以帮助用户找到自己的祖先和远亲，甚至可以发现其与某个名人之间存在的亲戚关系。因为根据六度空间理论，一个人和任何一个陌生人所间隔的人不会超过 6 个。

之所以能拥有这么庞大的数据库，完全是源于家谱网的不断积累，通过为用户提供建立家庭树的家谱软件，然后再通过各种记录的资料充实数据库，支持寻根活动。

比如在美国市场，家谱网就拥有 1790—2000 年的美国人口普查的数据，另外还有各种移民记录、军队服役记录，连旧报纸和杂志上的个人资料也不放过。而在其他市场，家谱网的工作同样用心，英国用户在家谱网上甚至可以追溯到 13 世纪剑桥大学的同学录。

当然，这些数据都不可能通过捷径来获得，需要把很多手写的记录录入计算机数据库中，其中包括一些字迹非常难以辨认的档案资料，这耗费了非常大的人力。仅是美国人口普查档案数据的录入就耗费了 6 年时间，共耗时达到 660 万小时。而英国人口普查档案数量也非常多，如果把这些档案打印成册并堆放起来，高度可达到著名摩天轮"伦敦眼"的 5 倍。

正是通过这样一砖一瓦慢慢添加的"土办法"，家谱网打造了一个旁人无法想象的庞大数据库，为整个寻根模式打下了基础。

虽然不像谷歌、Facebook 等大众型网站那么引人注目，但家谱网一年几亿美元的收入也让投资人心里很踏实。它在 2009 年的 IPO，目前市值 18 亿美元。

通常家谱网的用户有两周的试用期，付费用户分为查看美国本土资料的用户和查看世界资料的用户，两者服务的价值也不同。其中，查看美国本土资料的用户，一年需要交纳 155.4 美元，而如果要查找全世界的资料，年费为 299 美元，相对于美国居民的总体收入，这点钱简直微不足道。

付费用户不仅可以获得所有免费用户的服务，而且可以获得家族寻根的提醒服务。比如通过其庞大的数据库，帮助用户发现可能的祖先或者远亲。付费用户还可以通过社区服务寻找相关的人员，比如有相同研究兴趣的人，也许可能就是自己的远亲。网站为用户提供了信息传递的服务，因为在确定身份之前，双方可能并不一定愿意认识，网站能够起到信息沟通的中介作用。最后，付费用户还可以查阅和搜索很多珍贵的记录资料，这些记录资料有利于用户寻根，有利于用户完善个人的家族历史，并把家族历史传承下去。

另外，免费用户则可以建立、扩大和分享家庭树，还可以上传照片、文档以及家族故事，可以在线邀请其他朋友浏览，相当于免费建立个人家族历史谱系。这里，免费用户其实也在为网站做贡献，贡献了家族历史的数据，这样的数据为其他用户，尤其是付费用户的寻根提供了很好的基础。从这一点看，家谱网的模式对于所有用户价值的挖掘其实做到很深的层次了。图 6-51 所示为家谱网帮助寻根问祖。

家谱网之所以成功，主要原因就在于它的庞大数据库很难被模仿或拷贝，并在此基础上建立了坚实的用户价值。如果谁想提供类似的服务，至少要想方设法获得多如牛毛的档案资料，这是一道坎；而要对档案资料进行数字化处理，这又是一项庞大的工作；而要说服用户放弃家谱网转投其他网站，又是一道坎。其他网站即使做到了对档案的数字化工作，如果没有其他更好的寻根服务，用户也没有必要去上这个网站。

图 6-51 家谱网帮助寻根问祖

到目前为止，家谱网还只是为用户提供寻根服务，毕竟它是靠这项服务起家的，但是手握如此庞大而又准确的数据库，就像守着一座金库一样，仍有可挖掘的商业空间。

比如，这些梳理人际关系的个人数据对企业用户就价值千金。因为这些数据将使企业的宣传销售更有针对性，同时能更好地提供个性化服务。到时候，家谱网就能广开财源，在为个人用户提供付费服务的同时，还能获益于企业用户。

毫无疑问，喜欢钻研族谱的爱好者们乐于翻阅美国人口普查报告、出生证明以及其他一些由家谱网提供的亲属追溯信息。不过在向朋友或亲属展示人事档案时，细节的缺失往往令人难以了解先人们的生活状态。

家谱网的技术服务人员意识到了这一点，目前他们正在全力汇总容量达 4 PB 的资源库，其内容包括官方人事档案、用户提交信息以及由计算机生成的定制摘要信息，三者共同构成了用户先人的可用资讯。

家谱网从"故事浏览"功能起步，与 1/10 使用者共享这些过往的信息。网站允许用户移动单一图像文档页面与编辑相关文档内容，旨在进一步提高新功能的互动特性。

故事浏览功能基于家谱网现有的成熟数据发掘工具，其中包括一部分手写记录内容。但有时候故事浏览只涉及一部分关键性信息，例如姓名及居住地等。客户可以在查看手写记录时滚动至对应描述处，通过单击相关内容进一步了解尚未列出的资讯，例如，查询对象的职业。

家谱网正努力开发图文转换工具，借以将手写扫描图像转化为可供搜索的文本内容，并最终摆脱对手写记录的高度依赖。网站用这种方式添加了街道地址信息，并将把更多内容陆续加进来。随着家谱网不断扩展其记录资源库，生活故事将得以充实，从而向用户展现出更加丰富多彩的历史世界。

为了能够根据多份文档中的大量信息汇总出搜索对象的生平摘要，家谱网决定与创建于 2010 年的 Narrative Science 公司合作，后者专门提供设备可读副本的相关技术。这项技术最早被用于打理体育赛事以及上市公司的盈利报告等信息，但目前 Narrative Science 已经越来越多地把这项技术用于个人资讯处理。

根据家谱网描述与背景服务小组首席开发者里德·麦格鲁的解释，家谱网刚刚与 Narrative

Science 开展合作时，后者还只能生成大批量数据。"他们擅长生成大量财务报告，但这并不是我们公司的主要关注范畴，"麦克鲁表示，"因为一旦信息规模过于庞大，处理速度会变得相当缓慢。"

然而就在短短几个月之后，Narrative Science 公司带来了新的应用编程接口，能够以更精细的水平进行信息汇总。"通过对用户信息的逐一整理，他们的技术终于能够生成令人满意的生平回顾。"麦克鲁指出。

"家谱网深谙家谱信息服务供应的诀窍。该公司的各位编辑制定出标准化编辑或'规则'流程，用于指导数据转化为描述、描述转化为可供阅读的内容。"麦克鲁表示，"有哪些具体标准？举例来说，我们不会采用那些 10 岁以下即怀孕生子的信息。这类内容基本上属于输入失误。虽然偶尔也确实有此种情况发生，但其可能性非常低，因此一般会将其作为失误进行处理。"

故事浏览模式下的先人信息以图片与生平摘要为载体（且可以随意缩放），而非散乱的结构化文本。在图片旁边，家谱网还可以插入根据文档信息生成的资料简介。工程技术人员负责从资源库中提取信息，汇总成资料系统，进而显示在网站界面中。如果相关对象的记录信息过多，家谱网会根据编辑规则从中筛选特定内容，并将其整理成可供阅读的完整句段。用户可以对浏览器中显示的文档简介进行编辑与保存，并最终与他人分享。

家谱网首席技术官史葛·索伦森表示，最大的挑战并非创建并存储那些由用户生成的新数据与页面。存储资源的成本越来越低，而且这一趋势仍将保持下去；精确处理手写记录也不再是什么技术难题。索伦森告诉人们，大部分负责信息整理的工作人员都来自中国。他说："汉字字库比英文体系的字母表庞大得多，因此工作人员能够很熟练地输入这些记录内容。"

真正的难点在于确保服务本身的高度可用性、为数以百万计的用户提供正确的文档与文本内容，并保证网站能在巨大的流量压力下保持正常运作。不过故事浏览功能的目标在于让更多使用者查看需要的内容，并最终注册为正式用户，因此这类难题的存在也正是网站人气高涨的证明。

第 7 章
新　生　活

7.1　智慧城市

7.1.1　概述

目前，智慧城市建设项目在全世界范围受到重视，这些项目把信息技术应用到社会基础设施中，以建设能够稳定供给能源并且绿色环保的城市为目标。在智慧城市建设项目中，有不少像中国天津的"环保城"、阿布扎比的"马斯达尔城"、韩国的"松岛新城"等很大规模的项目，因此智慧城市的庞大市场开始受到广泛关注。自 2010 年开始，各家信息技术企业也纷纷参与到智慧城市项目中。

智慧城市的建设是一个庞大数据的整合分析过程，本身也是一个城市建设的过程，涉及建筑、汽车、家电、信息技术和金融等各种行业。智慧城市的建设由于涉及方方面面，可以看成是数据科学中相关技术应用的集大成者。

7.1.1.1　智慧城市的定义

智慧城市是新一代信息技术支撑、知识社会下一代创新（创新 2.0）环境下的城市形态（图 7-1）。智慧城市基于物联网、云计算等新一代信息技术以及维基、社交网络、FabLab、LivingLab、综合集成法等工具和方法的应用，营造有利于创新涌现的生态。利用信息和通信技术（ICT），可以令城市生活更加智能化，使我们高效利用资源，促进成本和能源的节约，改进服务交付和生活质量，减少对环境的影响，支持创新和低碳经济。实现智慧技术高度集成、智慧产业高端发展、智慧服务高效便民、以人为本持续创新，完成从数字城市向智慧城市的跃升。

图 7-1　智慧城市

智慧城市是智慧地球的体现形式，是 Cyber-City、Digital-City、U-City 的延续，是创新 2.0 时代的城市形态，也是城市信息化发展到更高阶段的必然产物。但就更深层次而言，智慧地球和智慧城市的理念反映了当代世界体系的一个根本矛盾，那就是一个新的、更小的、更平坦的世界与人们对这个世界的落后管理之间的矛盾，这个矛盾有待于用新的科学理念和高新技术去解决。此外，智慧城市建设将改变人们的生存环境，改变物与物之间、人与物之间的联系方式，也必将深刻地影响和改变人们的工作、生活、娱乐、社交等一切行为方式和运行模式。因此，本质上，智慧城市是一种发展城市的新思维，也是城市治理和社会发展的新模式、新形态。智慧化技术的应用必须与人的行为方式、经济增长方式、社会管理模式和运行机制乃至制度法律的变革和创新相结合。

在 IBM 的《智慧的城市在中国》白皮书中，基于新一代信息技术的应用，对智慧城市基本特征的界定是全面物联、充分整合、激励创新、协同运作四个方面。即智能传感设备将城市公共设施物联成网，物联网与互联网系统完全对接融合，政府、企业在智慧基础设施之上进行科技和业务的创新应用，城市的各个关键系统和参与者进行和谐高效的协作。智慧城市不仅强调物联网、云计算等新一代信息技术的应用，更强调以人为本、协同、开放、用户参与的创新 2.0，该白皮书中将智慧城市定义为新一代信息技术支撑、知识社会下一代创新（创新 2.0）环境下的城市形态。智慧城市基于全面透彻的感知、宽带泛在的互联以及智能融合的应用，构建有利于创新涌现的制度环境，实现以用户创新、开放创新、大众创新、协同创新为特征的以人为本的可持续创新，塑造城市公共价值，并为生活在其中的每一位市民创造独特价值，实现城市与区域的可持续发展。因此，智慧城市的四个特征被总结为：全面透彻的感知、宽带泛在的互联、智能融合的应用以及以人为本的可持续创新。有学者认为，智慧城市应该体现在维也纳大学评价欧洲大中城市的六个指标，即智慧的经济、智慧的运输业、智慧的环境、智慧的居民、智慧的生活和智慧的管理六个方面。

智慧城市包含智慧技术、智慧产业、智慧（应用）项目、智慧服务、智慧治理、智慧人文、智慧生活等内容。对智慧城市建设而言，智慧技术的创新和应用是手段和驱动力，智慧产业和智慧（应用）项目是载体，智慧服务、智慧治理、智慧人文和智慧生活是目标。具体说来，智慧（应用）项目体现在：智慧交通、智能电网、智慧物流、智慧医疗、智慧食品系统、智慧药品系统、智慧环保、智慧水资源管理、智慧气象、智慧企业、智慧银行、智慧政府、智慧家庭、智慧社区、智慧学校、智慧建筑、智慧楼宇、智慧油田、智慧农业等方面。

7.1.1.2　智慧城市产生背景

智慧城市经常与数字城市、感知城市、无线城市、智能城市、生态城市、低碳城市等区域发展概念相交叉，甚至与电子政务、智能交通、智能电网等行业信息化概念发生混杂。对智慧城市概念的解读也经常各有侧重，有的观点认为关键在于技术应用，有的观点认为关键在于网络建设，有的观点认为关键在于人的参与，有的观点认为关键在于智慧效果，一些城市信息化建设的先行城市则强调以人为本和可持续创新。总之，智慧不仅是智能。智慧城市绝不仅是智能城市的另外一种说法，或是信息技术的智能化应用，它还包括人的智慧参与、以人为本、可持续发展等内涵。综合这一理念的发展源流以及对世界范围内区域信息化实践的总结，强调智慧城市不仅是物联网、云计算等新一代信息技术的应用，更重要的是面向知识社会的创新 2.0 的方法论应用。

　　智慧城市通过物联网基础设施、云计算基础设施、地理空间基础设施等新一代信息技术以及维基、社交网络、Fab Lab、Living Lab、综合集成法、网动全媒体融合通信终端等工具和方法的应用，实现全面透彻的感知、宽带泛在的互联、智能融合的应用以及以用户创新、开放创新、大众创新、协同创新为特征的可持续创新。伴随网络帝国的崛起、移动技术的融合发展以及创新的民主化进程，知识社会环境下的智慧城市是继数字城市之后信息化城市发展的高级形态。

　　从技术发展的视角，智慧城市建设要求通过以移动技术为代表的数据科学、物联网、云计算等新一代信息技术应用实现全面感知、泛在互联、普适计算与融合应用。从社会发展的视角，智慧城市还要求通过社交网络、Fab Lab、Living Lab、综合集成法等工具和方法的应用，实现以用户创新、开放创新、大众创新、协同创新为特征的知识社会环境下的可持续创新，强调通过价值创造，以人为本，实现经济、社会、环境的全面可持续发展。

　　2010 年，IBM 正式提出了"智慧的城市"愿景，希望为世界的城市发展贡献一份力量。IBM 经过研究认为，城市由关系到城市主要功能的不同类型的网络、基础设施和环境六个核心系统组成：组织（人）、业务/政务、交通、通信、水和能源。这些系统不是零散的，而是以一种协作的方式相互衔接。而城市本身，则是由这些系统所组成的宏观系统。

　　与此同时，国内不少公司也在"智慧地球"的启示下提出架构体系，如"智慧城市 4+1 体系"已在城市综合体智能化天津智慧和平区等智能化项目中得到应用。

　　智慧城市是充分利用数据科学技术为代表的各项信息技术，实现城市基础设施效率化、体系化的新型城市形态。目前，智慧城市的建设已经率先在能源、供水（包括自来水和下水道）、交通等领域开展。在能源领域，根据家庭的耗电量，推进可以改善供需效率的智能电网（下一代电网）建设；在自来水供应方面，正在推进以稳定供水为目的的资源管理和故障管理的自动化进程；在交通领域，建设以解决交通拥堵为目的的拥堵收费系统及拥堵预测系统。

　　目前，智慧城市如此受瞩目，一个重要的原因是社会环境的变化。发达国家人口老龄化导致了劳动人口及税收的减少，这就造成了在公共设备的管理和维护方面，很难投入与以往同样数量的人员及资金。对地方政府及公益机构来说，迫切需要在更少的资源条件下提供与以前同等质量的服务。

　　水务管理就是一个典型的例子。在美国，大部分水处理和自来水管道等设备信息以及故障信息没有实行一体化管理，因此，一旦发生漏水等故障，就需要花费一定的时间和人力进行修复，无法进行高效的管理。

　　而运用数据科学技术之后，城市的管理效率将会极大地提升。

　　在社会基础设施管理方面存在问题的不只是发达国家。在发展中国家，伴随着经济的高速增长，人口也迅速向城市涌入，但与之相应的供电、供水、供气等市政基础设施建设却远远没有跟上，因此，完善这些基础设施成为城市发展的当务之急（图 7-2）。

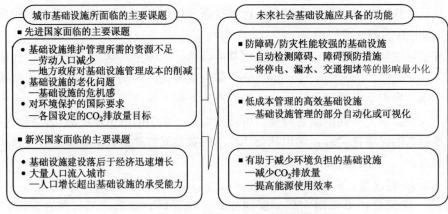

图 7-2 城市建设所面临的社会基础设施问题

7.1.2 大数据与智慧城市

在智慧城市的建设过程中，涉及建筑、汽车、家电、信息技术和金融等各种行业。其中信息技术承担着重要作用，尤其是数据科学部分。利用数据科学等信息技术可以实现基础设施故障的可视化以及基础设施管理自动化，这样，城市管理者就可以及早地发现并解决各类问题。目前，已有多家信息技术企业参与到智慧城市项目的建设计划中。

IBM 早在 2009 年就提出了"智慧地球"的概念，并开始提供智慧城市解决方案的服务。同时，Cisco 也提出了"Smart + Connected Communities"理念，该理念将家庭、办公室、医院、学校等在网络上实现相互连接，从而提供更加贴近居民的服务内容。另外，Accenture 在 2010 年 3 月也发表了智能电网数据管理方案。

与以往不同的是，信息技术企业在智慧城市项目的建设过程中，积极地与房屋设备、电动车、空调、灯具等制造商协作，联合开拓出新的服务内容和应用市场。例如，Cisco Systems 公司为了在自己的 IP 平台上提供能源、交通、医疗等城市功能服务，主动与空调、灯具等房屋设备制造商进行合作。目前，已经有韩国仁川市的松岛新城、沙特阿拉伯的吉赞经济城等城市实现了"Smart + Connected Communities"理念，在这些城市的大厦内，已经成功应用了能源消耗优化等系统。可以说，智慧城市的建设离不开大数据。

7.1.2.1 智慧城市的基本特征与层次构成

智慧城市的基本特征与层次构成如图 7-3 所示。

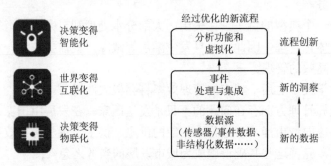

图 7-3 智慧城市的基本特征与层次构成

智慧城市的基本特征可以概括为：

1）物联化：基于传感器的系统将可见性扩展到实际运输、公用事业、水资源和城市建筑中，提供以前无法利用（不可用或数据收集成本过高）的新的实时数据源。

2）互联化：事件处理软件从原始传感器输入流中导出和业务相关的事件，集成中间件可将这些数据带入所需情景中，实现对运营系统的实际行为的洞察。

3）智能化：数学算法和统计工具针对系统集成的进一步拓展，利用可用数据提供对城市事件的更深入洞察。可执行结果预测、场景建模和模拟，帮助管理风险，并使决策过程更加充分。

图 7-4 中给出了一个基于此三个特征而构建的智慧城市组件图。根据三个基本特征大致可以将智慧城市的整体构建分为三层：

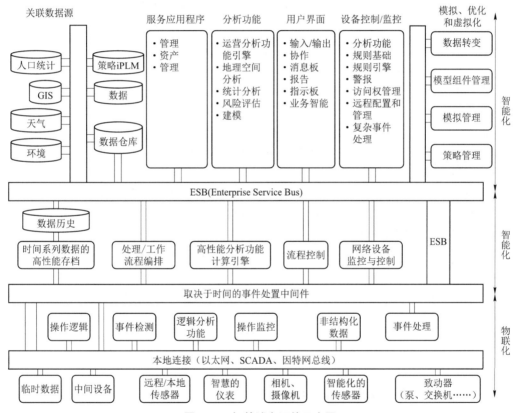

图 7-4 智慧城市组件示意图

一是物联化层。

物联化层由传感器、制动器、可编程的逻辑控制器（PLC）和分布式智能传感器组成。这项技术以控制引擎为基础，且具有大量实体基础设施。目前，通过场地总线和其他接口实现控制器与感测器和制动器之间的通信。

物联化层可为达到特定目的而设计，例如控制建筑物的环境或通过逻辑序列执行预定任务。要构建有效的业务智能（BI）和业务分析（BA）系统，最重要的是寻找可靠且精确的数据。由于该层十分复杂，应在行业控制性领域查询更多资源，获得更多信息。

物联化层的关键功能包括以下两项：

数据捕获和控制：集成大量传感器和设备，能够收集和移动数据，执行本地命令，采取行动，运行分布式操作逻辑。

管理分布式设备基础设施：能够管理设备和传感器，提供设备的远程配置和管理，能够监控和提供这些设备及其数据的安全性。

二是互联化层。

控制系统在设计时具有特定任务。在一个城市中，可同时存在成百甚至上千个控制系统，每个系统执行各自的专门任务。例如，大部分十字路口红绿灯是以可编程的逻辑控制器（PLC）系统为基础的独立控制系统。

为了有效监控这个领域，需要聚集所有的单独系统，并在互联化层执行任务。互联化层将来自单独域控制系统和其他数据源的数据连接在一起，并将这些数据转化为与事件相关的信息。然后使用企业服务总线（ESB）将这些信息发送给智能化层，以做进一步的处理。有了 ESB，可将各种来源的数据传播给较高顺序的 BI 和 BA 系统。

因此，互联化层的关键功能包括以下三项：

事件处理和服务：事件和流处理，数据识别、聚集和关联。

数据建模和集成：针对域的信息模型，可互操作的信息框架，与现有数据的集成，联合数据的管理等。

流程整合：扩展现有系统，启用新的业务流程，监控业务流程，为系统和人员提供信息。

三是智能化层。

随着应用程序的发展，智能化层经历了很大变化，可以更好地利用互联化层所提供的信息。BI、BA、优化、事件管理和规则引擎应用程序等都有着重要的技术发展进步，这种进步使得分析数据和使信息可视化的能力得到大提高。设计该层的关键在于理解城市需求和城市政策，为城市管理者提供工具和用户接口（以访问应用程序和数据）。

智能化层的关键功能包括以下两项：

分析功能：针对域的分析应用程序，数学模型的应用程序，绩效指示板和关键绩效指标（KPI）。

业务优化功能：用于实现优化的模型业务流程，优化技术的应用程序，优化资产使用情况并简化业务流程，改善操作逻辑和业务规则。

7.1.2.2　智慧城市建设中所应用的数据科学技术

在实现智慧城市的过程中，数据科学相关技术将起到至关重要的作用，可以细化为三个层面。

（1）数据信息的收集：利用传感网络收集数据信息

为了有效管理城市基础设施，需要掌握水资源及能源的供需状况，实时掌握交通拥堵状况等城市活动的运行情况。

反映城市活动实际运行的信息包括各家庭的用电量、汽车的位置信息、公共设备的运转情况等。在智慧城市建设中，需要在街道部署大量用于收集这些数据信息的传感器。

在收集数据信息的过程中，另一个起到关键作用的设备就是智能电表。所谓智能电表是指在家庭中安装的具有通信功能的电表。智能电表测出的耗电量数据通过 3G 网络或 WiMAX

等通信网传送到电力公司的服务器。如果智能电表的安装工作顺利，就可以实时掌握各家庭的耗电量数据。

（2）数据信息的整合：不同数据信息的整合和统一管理

通常，在对收集到的信息加以利用时，常会与其他系统收集的信息组合使用，如智能电表收集到的耗电量数据就可以与送/配电网设备的状态信息及收费系统的客户信息组合使用。

收集的数据分散在不同的系统中时，待处理的数据信息格式及数据项常出现不兼容的问题。因此，在利用这些数据信息时，就需要考虑各系统之间的数据集成问题及不同数据信息之间的兼容性处理。但如果让每个应用程序都具备这些功能，就会使应用程序变得庞大而且低效。

针对这种情况，有必要在分析应用程序与收集信息的基础设备之间构建一个数据信息的整合平台。数据信息整合平台是集成各系统收集的数据，对数据项及数据格式进行标准化处理，对反映城市活动实际运行的数据信息进行统一管理的基础平台。具体地说，数据信息整合平台不仅具备满足系统数据整合需要的数据调节及格式转换功能，还具备统一数据项内容需要的元数据定义功能，还能为分析应用程序的信息访问提供操作界面。

Meta Data Management（MDM）系统就是具有数据信息整合平台功能的应用软件，此系统将从智能电表收集到信息的数据项进行规范，与客户数据信息及电网的负荷信息等数据进行统一管理。使用 MDM 系统，可以轻松地对不同智能电表系统获得的数据信息进行统一管理。

（3）数据信息分析与应用：大容量、实时性分析技术

存储在数据信息整合平台的数据经过分析后，在能源供求关系优化以及公共设备故障预防功能自动化等系统中得到应用。

在智慧城市的运行过程中，需要对收集到的大量信息进行实时分析，及时将分析结果传送给控制系统。因此，需要开发和使用实时数据分析技术，而实时数据分析技术和常规的数据分析技术有很大区别。智慧城市建设中使用到的数据分析技术有以下两个发展方向（图 7-5）。

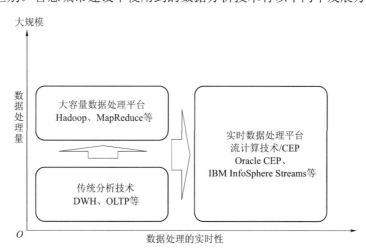

图 7-5 智慧城市建设必需的数据分析技术的发展趋势

第一个发展方向是对传感数据等大规模数据进行处理的技术。近年来在对网络服务器的浏览记录等大规模数据分析管理时，如果使用以往的数据仓库技术，则无法完成这些大量非结构性数据的处理，因此，开源分布式处理框架"Hadoop"作为不同于传统数据仓库的数据分析技术正逐步得到推广。

例如美国的 Tennessee Valley Authority（TVA），是以田纳西河流域的开发为目的而设立的政府机关，为了尽早发现送电网的异常情况，就把"Hadoop"技术应用到对电网电压以及相位等传感数据的分析中。

第二个发展方向是用于现实世界控制的实时化信息处理技术，流计算是具有代表性的技术。流计算不仅可以处理存储在数据库中的静态数据，还可以对时刻变化的动态数据进行实时处理。目前流计算技术已经应用在耗电量数据及交通拥堵数据的分析等领域。

例如，瑞典首都斯德哥尔摩市通过引入 IBM 的流计算平台 InfoSphere Streams，实现了为城区的通行车辆提供回避拥堵路线的服务。

此服务对来自约 1 500 台出租车（装有全球定位系统终端）每隔 60 秒回传的位置数据进行实时分析，并得出实时的道路拥堵状况，然后向服务请求人提供正确的回避拥堵线路的建议。

应用此系统后，斯德哥尔摩市减少了 10%的温室气体排放量，还减少了 20%的交通拥堵率，居民的外出开车时间也缩短了一半。

7.1.3 智慧城市案例

2008 年 11 月，在纽约召开的外国关系理事会上，IBM 提出了"智慧的地球"这一理念，进而引发了智慧城市建设的热潮。

欧盟于 2006 年发起了欧洲 Living Lab 组织，它采用新的工具和方法、先进的信息和通信技术来调动方方面面的"集体的智慧和创造力"，为解决社会问题提供机会。该组织还发起了欧洲智慧城市网络。Living-Lab 完全是以用户为中心，借助开放创新空间的打造，帮助居民利用信息技术和移动应用服务提升生活质量，使人的需求在其间得到最大的尊重和满足。

2009 年，迪比克市与 IBM 合作，建立美国第一个智慧城市。利用物联网技术，在一个有 6 万居民的社区里将各种城市公用资源（水、电、油、气、交通、公共服务等）连接起来，监测、分析和整合各种数据，以做出智能化的响应，更好地服务市民。

韩国以网络为基础，打造绿色、数字化、无缝移动连接的生态、智慧型城市。通过整合公共通信平台以及无处不在的网络，消费者可以方便地开展远程教育、医疗，办理税务，还能实现家庭建筑能耗的智能化监控等。

新加坡 2006 年启动"智慧国 2015"计划，通过物联网等新一代信息技术的积极应用，力争将新加坡建设成为经济、社会发展一流的国际化城市。在电子政务、服务民生及泛在互联方面，新加坡成绩引人注目。其中，智能交通系统通过各种传感数据、运营信息及丰富的用户交互体验，为市民出行提供实时、适当的交通信息。

美国麻省理工学院比特和原子研究中心发起的 Fab Lab（微观装配实验室）基于从个人通信，到个人计算，再到个人制造的社会技术发展脉络，试图构建以用户为中心、面向应用的用户创新制造环境，使人们即使在自己的家中也可随心所欲地设计和制造他们想象中的产品，巴塞罗那等城市从 Fab Lab 到 Fab City 的实践，则从另外一个视角解读了智慧城市以人为本、可持续创新的内涵。

欧洲的智慧城市更多地关注信息通信技术在城市生态环境、交通、医疗、智能建筑等民生领域的作用，希望借助知识共享和低碳战略来实现减排目标，推动城市低碳、绿色、可持续发展，投资建设智慧城市，发展低碳住宅、智能交通、智能电网，提升能源利用效率，应对气候变化，建设绿色智慧城市。

　　丹麦建造智慧城市哥本哈根，有志在 2025 年之前使其成为第一个实现碳中和的城市。要实现该目标，主要依靠市政的气候行动计划——启动 50 项举措，以实现其 2015 年减碳 20% 的中期目标。在力争取得城市可持续性发展的同时，许多城市的挑战在于维持环保与经济之间的平衡。采用可持续发展城市解决方案，哥本哈根正逐渐接近目标。哥本哈根的研究显示，其首都地区绿色产业 2008—2012 年，营业收入增长了 55%。

　　瑞典首都斯德哥尔摩，2010 年被欧盟委员会评定为"欧洲绿色首都"。在普华永道 2012 年智慧城市的报告中，斯德哥尔摩名列第五，分项排名中智能资本与创新、安全健康与安保均为第一，人口宜居程度、可持续能力也是名列前茅。

　　下面来具体地看一些智慧城市建设的具体案例。

7.1.3.1　韩国

　　以往，城市中供电、供水、供气、交通等社会基础设施的建设和维护工作，分别由所在地区的地方政府相关部门及公益机构承担。但在社会基础设施管理资源越来越有限的情况下，如果分别推进基础设施建设及维护工作，效率就会极其低下。

　　松岛新城位于韩国仁川市郊区，致力于建设成为东北亚经济中心，已被韩国政府指定为经济特区。在松岛城的规划中包括了以智能大厦为中心的商务园区，由国际展览中心、酒店组成的会展中心以及住宅小区。在该城的高楼大厦中，不仅实现了照明控制及耗电记录的集中管理，还利用视频会议系统实现了远程教学及远程医疗（图 7-6）。

图 7-6　松岛新城

　　松岛新城部署的网络、数据中心、视频会议系统等信息技术基础设施不仅应用在公共服务，还通过标准化方式向企业开放，这样企业就可以利用这些信息技术基础设施开发新型服务。

　　对地方政府来说，通过集中管理信息基础设施，不仅可以降低社会基础设施的构建、维护、管理等费用，还可以对使用这些基础设施的企业征收使用费。图 7-7 所示为韩国政府斥巨资修建的松岛新城。

7.1.3.2 日本

（1）"智慧日本"战略

2009年7月，日本推出"智慧日本（I-Japan）战略2015"，旨在到2015年实现以人为本"安心且充满活力的数字化社会"，让数字信息技术如同空气和水一般融入生产、生活的每个角落。目前，该战略将目标聚焦在电子化政府治理、医疗健康信息服务、教育与人才培育三项公共事业上。当前日本各城市积极落实国家战略，重视新技术的研发和应用推广，在远程医疗、电子病历等方面进行了积极尝试。

图7-7　韩国政府斥巨资修建的松岛新城

（2）推广泛在环境下的网络技术

泛在网络环境是指互联网在任何时候和任何情况下都可以实现全面互联的状态。基于这种技术的优越性，目前日本大力发展泛在环境下的电子政府和电子地方自治体，推动医疗、健康和教育的网络化。日本政府希望通过执行这一战略，开拓并支持日本中长期经济发展的新产业。

（3）电子病历系统

目前，东京电子病历系统在各类医院已基本普及，电子病历系统整合了各种临床信息系统和知识库，如能提供病人的基本信息、住院信息和护理信息，为护士提供自动提醒，为医生提供检查、治疗、注射等诊疗活动。此外，医院采用笔记本计算机和PDA实现医生移动查房和护士床旁操作，实现无线网络化和移动化。目前，日本的医疗信息化建设基本实现了诊疗过程的数字化、无纸化和无胶片化。

7.1.3.3 美国

2009年1月28日，奥巴马就任美国总统后，与美国工商业领袖举行了一次圆桌会议。作为仅有的两名代表之一，IBM首席执行官彭明盛在会上首次提出"智慧地球"（Smart Planet）这一概念，建议奥巴马政府投资新一代的智慧型信息基础设施。随后，在精心规划和部署下，奥巴马政府将智能电网项目作为其绿色经济振兴计划的关键性支柱之一，进行了改革与投入。

（1）哥伦布市

建于 1812 年的哥伦布市，位于美国内陆中西部偏北的塞奥托河（Scioto River）与奥兰滕吉河（Olentangy River）的交汇处，是俄亥俄州的首府。自建立后，哥伦布市快速发展，大批欧洲移民、亚裔、拉美裔来此定居。漫步哥伦布市，满眼都是仿古建筑与现代大厦交相辉映之美。俯瞰整个城市面貌，仿希腊式的州政府大楼、欧式的老教堂、维克多利亚风格的民居以及玻璃幕墙的商业写字楼，无不诉说着这座城市人口与文化的多样性。

哥伦布市的多样性还体现在经济方面，基于教育、保险、时尚、国防、航空、食品、物流、能源、医学研究、酒店和零售等，哥伦布市拥有良好的服务产业生态系统。在这个生态系统中，哥伦布大学颇为引人注目。确切说来，拥有 54 所大学的哥伦布市本身就是一座大学城，包括 15 万名在校生、2 000 多家科研机构和近 5 万名科技工作人员。其中，俄亥俄州立大学哥伦布校区是美国最大的大学校区之一。

哥伦布市的企业力量也颇为引人注目，2013 年，全市共有 4 家公司入选美国《财富》500 强名单。摩根大通、欧文斯科宁等大型雇主，为哥伦布市创造了诸多就业机会。此外，哥伦布市还有十分发达的物流业，其延伸出的铁路与美国东西海岸各大港口直接相连，却有较芝加哥和纽约低廉的货机降落费用和仓库及分销中心的租金，使 Gap、飞利浦、卡夫食品都在里奇贝克内陆港设全球物流中心。

总之，多样性的文化、众多的大学和科研院所资源为哥伦布市提供了智慧的源泉。凭借深厚的人力资源基础和商业主体优势，在多元文化的碰撞下，哥伦布市才有可能高屋建瓴地投资于城市可持续发展所需的信息基础和绿色信念，以一种强大的包容力调动各方面的资源，体现出城市整体的智慧，并在进一步的人力资源发展中实现良性循环。

哥伦布市从来就不是信息经济时代的落后分子，哥伦布市的超级计算机中心（Ohio Supercomputer Center，OSC）成立于 1987 年，它为俄亥俄州立大学的研究人员及俄亥俄州各行业提供超级计算机服务和计算机科学专业知识。长期以来，政府对 OSC 的投入毫不吝啬，仅 2011 年，OSC 获得的政府科研经费就达 1.4 亿美元。与许多纯粹的空中楼阁式研究学院不同，OSC 除了致力于科技研发，还十分注重产学研结合以及与市民的互动。产学研结合让 OSC 与企业一起开发新的产业和服务，为企业提供培训和教育服务；与市民的互动则引领了社会的价值导向，信息技术的重要意义在潜移默化中渗透到社会的基因当中。图 7–8 所示为哥伦布市。

图 7–8　美国俄亥俄州的哥伦布市

同样身为著名研究机构的巴特尔纪念研究所（Battelle Memorial Institute）则在其研究领域之外还致力于 STEM 教育，STEM 代表科学（Science）、技术（Technology）、工程（Engine）和数学（Mathematics），并参与建立了包括哥伦布市在内的俄亥俄州 STEM 学习网络（Ohio STEM Learning Network，OSLN）。与传统理念有所不同，STEM 教育强调跨学科和跨组织合作的方式培养学生，在调查和解决实际问题的过程中培养学生分析和创造的能力，研究所更像是由学者、商业领袖和机构成员编织成的网络系统，既为培养学生提供切实可行的方案，也为产学研各方的交流提供了平台。

为了进一步提升信息优势，2012 年 12 月，哥伦布市通过无线网络部署，第一步实现了网络速度从 70 Mbps 到 117 Mbps 的跨越。2013 年 5 月，哥伦布市完成了多阶段无线网络铺设计划的第二步，中央商务区移动设备的下载速度得以超过 150 Mbps，为北美最快的无线网络。两阶段无线网络成功铺设后，第三步将接踵而至。这一次，哥伦布市将考虑中央商务区外的其他地点，并集成商业和住宅区的高容量网络服务及公共安全摄像机系统。这样的网络设施一旦在全市范围内铺设完成，智慧的城市安全系统便有望建成，城市不仅能实现智能监控，还将能对突发事件做出及时响应。

哥伦布市所致力的能源改革最早开始于 2005 年，政府分析城市释放的温室气体量，并推出了公共教育活动"实现绿色哥伦布"。政府已经意识到，改革节省下来的能源成本和减少的污染危险将有助于促进经济的发展，并改善居民生活。为实现能源利用的绿色改革，政府采取了包括改造城市建筑物、铺设清洁能源设备和促进公共交通等在内的诸多举措。

图 7-9　My Columbu 移动应用程序

2006 年，哥伦布市积极开发绿色经济实用住房项目，完成后的建筑有顶尖的保温功能、室内气体过滤系统、节能家电等，提高能源效率的同时帮助居民降低生活成本。

2009 年，六家哥伦布地区的制造厂商参加了环保局的试点项目——"经济、能源与环境"（E3 项目），政府提供补助及绿色基金，公用事业单位提供技术评估，金融企业为有潜力的厂商提供贷款，多方协作帮助制造商走向绿色生产。图 7-9 所示为 My Columbu 移动应用程序。

2010 年，哥伦布市政府利用 740 万美元的节能津贴启动了一系列改造，用于减少建筑物中的能源浪费。

一直以来，美国都因个人高度消耗能源而备受争议，作为一个车顶上的国家，哪怕是银行存取款都设计好汽车通道，以便驾驶员可以不下车就能搞定所有的手续。与美国许多城市取消自行车道和人行道、强化车道形成鲜明对比的是，哥伦布市大力修建完善自行车道，以减少机动车辆的使用。

从哥伦布市的表现来看，处处都有绿色，行动在于点滴。绿色理念增加了哥伦布城市运作的效率，从而能够将资源使用在更加有利于未来发展的地方。

如果说信息基础为哥伦布市提供了高效沟通的可能，无处不在的社会网络则为高效的交流提供了动力。凭借育成中心、暑期学院、STEM 教育计划、企业产学研项目、校友会等纵横交错的合作交流，哥伦布市的政府、大学、企业和非营利组织之间存在大量的信息接口。这些信息接口借助畅通的信息高速公路，让哥伦布市成为一个有机的整体。

城市各功能体之间的融合贯通，将具有多元文化背景的主体放入一个大的平台中，以此发挥集体思考的能力，才有可能激发出持续创新的灵感。这些灵感再借助系统进入城市各功能体中，以扬长避短、相互配合的方式找到创新落地的方法和载体。对此，ICF 在报告中也曾称赞过哥伦布市政府、学术界、企业及非营利组织之间的协作。

哥伦布市的开放创新还体现在对未来的响应上。新能源、低碳、3D 打印机、健康、新能源汽车成为哥伦布市的重要投入方向。由于哥伦布市有强大的企业和高研院所资源，凭借两者之间的长期配合，哥伦布市包揽了全美国 2/3 的能源项目研究。凭借政府、企业和高研院所力量的整合，这些实验室研发项目能够迅速地进入产业化通道，体现了科学技术对生产力的直接作用。

多元而包容的文化、高研院所资源基础、出色的企业、坚定的信息基础投入、绿色的理念、开放的创新心态，智慧城市虽然有着一样的未来畅想，但付之于建设时，不同的城市有不同的背景，其建设起点与内容也会有所不同。但在可见的差异背后，以上基础要素值得每一个有着雄心描绘智慧蓝图的城市借鉴。

（2）美国其他建设智慧城市的举措

1）建设现代化的城市电网。

2009 年年初，美国总统奥巴马在发布《经济复兴计划进度报告》中宣布，美国计划在未来的 3 年之内，为百姓家庭安装 4 000 万个智能电表，同时投资 40 多亿美元推动电网现代化建设。在这一过程中，美国博尔德市较早地启动了智能电网城市工程，该工程将现有的测量设施改造成强大、动态的电力系统和通信网络，并通过配电网络提供实时、高速、双向的通信服务，将现有的变电站改造成具备远程监控、实时数据发布等优化性能的"智能"变电站，届时该市将成为一座全集成的智能电网城市。

2）研制虚拟车辆设计平台。

美国伊利诺斯州立大学研制出的车辆设计系统，使不同国家、不同地区的工程师们可以通过计算机网络实时协作进行设计。该技术也可以应用于人们的生活环境中，使人们在虚拟世界里完成现实生活中的互联互通，实现人们在虚拟化的环境中远程合作，形成无所不在的智能化协同环境。当虚拟办公室、虚拟社区等概念成为现实时，人们便可以在同一虚拟平台中无障碍沟通，推动经济的繁荣发展。

3）智能道路照明工程。

圣何塞 2009 年 4 月启动了智能道路照明工程，其控制网络技术不受灯具的约束，有效地为各种户外和室内照明市场带来节能、降低运行成本、实施远程监控以及提高服务质量等好处。智能控制联网技术以新型灯具的效率为基础，通过诸如失效路灯的早期排查、停电检测、光输出平衡以及调光等功能来降低成本和改善服务，同时使城市的街道、道路和公路更安全、美观。

4）联邦智能交通系统。

此系统包括了两大智能子系统：即智能基础设施和智能交通工具。智能基础设施由动脉管理、高速公路管理、意外预防及安全保障系统、道路天气管理、道路作业和维修、运输管理、交通事故管理等 13 项管理措施组成。其中，智能基础设施中的动脉管理主要包括对交通和基础设施的监控、交通控制、道路管理、停车管理、信息传播和自动执法系统；高速公路管理包括了交通和基础设施监控、匝道管控、道路管理、特殊活动交通管理、信息传播和自动执法系统；意外预防及安全保障系统包括道路几何预警系统、铁路穿越预警系统、交叉口碰撞预警系统、自行车预警及动物预警系统；公路天气管理包括天气和道路条件的监控、检测及预测等。而智能交通工具则包括防撞保护、驾驶者助手和碰撞信息发布在内的智能交通工具。

5）优化能源分配，保证电力供给。

加州电网系统运营中心（Independent System Operator，ISO）管理着加州超过80%的电网，向3 500万个用户每年输送2.89亿MW电力，电力线长度超过25 000 mi。该中心采用了Space-Time Insight的软件进行智能管理，能够综合分析来自包括天气、传感器、计量设备等各种数据源的海量数据，通过可视化界面，用户可以以最优的方式优化和利用可再生能源，平衡全网的电力供应和需求，并对潜在危机做出快速响应。

6）大数据推动智能水资源管理。

佛罗里达州迈阿密戴德县与IBM的智慧城市项目合作，将35种关键县政工作和迈阿密市紧密联系起来，帮助政府领导在治理水资源、减少交通拥堵和提升公共安全方面制定决策时获得更好的信息支撑。IBM使用云计算环境中的深度分析向戴德县提供智能仪表盘应用，帮助县政府各个部门实现协作化和可视化管理。智慧城市应用为戴德县带来多方面的收益，例如，戴德县的公园管理部门今年因及时发现和修复跑冒滴漏的水管而节省了100万美元的水费。

7）减少交通事故。

美国是世界最先普及汽车的大国，拥有的机动车辆是中国的3倍，但是它的交通事故死亡率却只有中国的一半。

其实，美国在汽车刚普及时，交通事故死亡率也很高。1966年，交通事故死亡人数达5万人，美国国会要求联邦政府"立即建立一套有效的交通事故记录系统，以分析确定交通事故及死亡的原因"。一起交通事故的数据可能是无序的，一年的数据、一个地区的数据也看不出太多章法，但随着跨年度、跨地区的数据越来越多，群体的行为特点就会在数据上呈现一种"秩序、关联、稳定"，更多规律就会浮出水面。

数据显示，美国某州发生车辆右侧碰撞的比例比其他州高，调查发现，该州公路的路缘坡比其他州的都长，导致驾驶员注意力分散。经过修整路面，交通事故骤然减少。

7.1.3.4 爱沙尼亚

爱沙尼亚的塔林市，名列全球智慧社区论坛（Intelligent Community Forum，ICF）公布的"2013全球7大智慧城市"名单中。

爱沙尼亚是一个虽小却充满创新精神的北欧国家，不为国人所熟知，但其城市信息化水平之高，令人称奇。

在世博会上，爱沙尼亚馆号召大家参与一次为全世界城市"储蓄"智慧的活动。"小猪"外观的愿望储蓄罐将在馆内收集游客对改善世界各个城市而提出的巧思妙计。游客们可以参加抽奖，最高奖品是前往2011年欧洲文化之都塔林（爱沙尼亚首都）（图7-10）旅游的大奖。

图 7-10　爱沙尼亚的塔林市

展馆内播放的大屏幕视频采用了"穿越"的手法演绎爱沙尼亚的古今融合，一边是保存完好的中世纪城市风貌，另一边却是信息化程度极高的现代化都市。塔林市政府办公室主任图马斯·塞普说："塔林的电子服务足以代表爱沙尼亚甚至整个欧洲在新技术应用上的领先水平。"

在爱沙尼亚，通过网站文件系统，内阁会议已变成无纸会议；所有的爱沙尼亚学校均可上网；每 100 人拥有 121 部手机；只要 18 分钟就可以通过网络注册一家实体公司。

带有 IC 卡的身份证和手机是爱沙尼亚人的两大信用终端，人们可以通过它们实现自己的全方位电子生活。98%的银行交易是通过网络完成的，91%的所得税通过电子平台申报，电信运营商和银行的双头监管使电子支付在爱沙尼亚的普及率非常高。通过银行开办的手机支付业务，人们可以在汽车旅馆、美容院、出租车等所有贴着蓝黄两色标志的地方"刷手机"消费。

通过手机号码登录学校账号，家长即可查询自己子女的课业成绩；利用身份证登录政府网站后，则能查到自己的所有个人信息，甚至包括最近哪个国家机构、税务局或警察局查看过你的档案，如果你担心有问题，可以立即与相关政府部门取得联系。

不断扩大的无线网络覆盖遍及爱沙尼亚各区，有的免费无线网络覆盖率甚至超过了 98%，成为名副其实的"无线城市"。居民支付家庭宽带费用后，即可免费享受无处不在的 WiFi 宽带网络。

虽然 16～74 岁的爱沙尼亚人中有 71%是互联网用户，63%的家庭可以在家上网，小孩从四五岁就开始学着使用计算机，但爱沙尼亚仍旧希望通过对老年人的教育，进一步提高网络使用率，如提高目前为 15%的地方政府选举网络投票率。

7.1.3.5　荷兰

荷兰虽然是欧洲小国，但在欧洲甚至全球范围内自我意识甚强，非常在乎国际观感。由于位于阿姆斯特丹市中心的旧街道非常狭窄，而运河发达，往来的船只与汽车造成噪声污染与空气污染相当严重。以政府行政单位的立场，期望通过智慧城市计划（Amsterdam Smart

City，ASC），提高市民生活水平并创造新就业机会（图 7-11）。

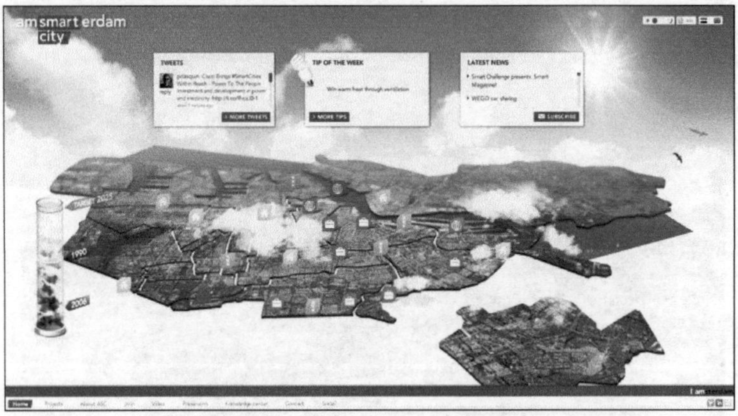

图 7-11　阿姆斯特丹的 ASC 计划

阿姆斯特丹智慧城市的建设主要由以下四个主题组成：

（1）可持续性生活：West Orange 项目和 Geuzenveld 项目

阿姆斯特丹是荷兰最大的城市，总共有 40 多万户家庭，占据了全国二氧化碳排放量的三分之一。通过节能智慧化技术，二氧化碳排放量和能量消耗可以得到很大程度的降低。

Geuzenveld 项目的主要内容是为超过 700 户家庭安装智慧电表和能源反馈显示设备，促使居民更关心自家的能源使用情况，学会确立家庭节能方案。

West Orange 项目中，500 户家庭将试验性地安装使用一种新型能源管理系统。目的是节省 14%的能源，同时减少等量的二氧化碳排放。通过这一系统，居民可以了解整个屋子的能源使用量，甚至每一件家用电器的用电量。

参与以上项目的部门、企业有：Liander，Amsterdam Innovation Motor（AIM），Municipal District Geuzenveld，阿姆斯特丹气候局，FarWest，Favela Fabric，Accenture，Nuon，IBM，Cisco，Ymere，Home Automation Europe，Amsterdam ROC，阿姆斯特丹大学。其中，IBM 负责利用智能 IT 系统和网络防护技术开发一种能源管理软件；Cisco 则负责对基于 IP 的家庭能源软件、家用电器和能源网络之间进行安全连接。

（2）可持续性工作：智能大厦项目

阿姆斯特丹全城汇集了许多大大小小的公司，从小商铺到跨国公司，从运河边的老房子到钢筋玻璃的办公大楼。ITO Tower 大厦是智能大厦项目的试验性、示范性工程，总面积 38 000 平方米。智能大厦的用途就是在未给大厦的办公和住宿功能带来负面影响的前提下，将能源消耗减小到最低限度。在大楼能源使用的具体数据分析的基础上，使电力系统更有效地运行。另外，一些新型可持续性系统的安装，传感器记录能源消耗量，保证了照明系统、制热制冷系统和保安系统的低能耗正常运行。

参与以上项目的企业、部门有：Liander、AIM、阿姆斯特丹气候局和 Accenture。

（3）可持续性交通：Energy Dock 项目

阿姆斯特丹的移动交通工具，从轿车、公共汽车、卡车到游船，其二氧化碳排放量占据整个阿姆斯特丹的三分之一。该项目在阿姆斯特丹港口的 73 个靠岸电站中配备了 154 个电源接入口，便于游船与货船充电，利用清洁能源发电取代原先污染较大的产油发动机。在具体操作过程中，船长通过电话输入个人账号，可以与靠岸电站取得连接，收费则自动从船舶账号上扣除。

参与以上项目的部门、企业有：Liander、AIM、阿姆斯特丹气候局、阿姆斯特丹港口局和 Accentrue。

（4）可持续性公共空间：气候街道（the Climate Street）

Utrechtsestraat 是位于阿姆斯特丹市中心的一条具有代表性的街道。狭窄、拥挤的街道两边满是漂亮的咖啡馆和旅店。小型公共汽车和卡车来回穿梭运送货物或者搬运垃圾，造成交通拥堵。2009 年 6 月 5 日，气候街道项目启动。整个项目涉及三个方面：

后勤部门：利用电动汽车搬运垃圾；货物集中运送至一个中心点，随后由电动汽车转送到各家商户。

公共空间：街道照明采用节能灯，深夜无人时灯光自动减弱。环保电车站的灯利用太阳能发光。此外，太阳能 BigBelly 垃圾箱配备了内置垃圾压缩设备，使得垃圾箱空间利用率提高五倍。

商户：安装智慧电表，并且可以与节能电器连接。能源可视屏则可以反馈能源消耗情况，基于智能电表提供的信息向商户提供个人节能建议。另外，智能插座可以关闭未使用的家用电器或降低其工作功率。商户还可以通过向气候局的能源办提供一份能源账单，获得在购买节能电器或节能灯时享受优惠的机会。

ASC 计划最初包含四大行动计划，在 2011 年，行动计划正式增加至五大领域，包括：拥有数字监控设施的市政办公楼建设（Online Monitoring Municiple Buildings）、太阳能共享计划、智能游泳池计划、智能家用充电器、商务办公区域全面使用太阳能节能计划五大行动。所有行动计划于 2015 年前完成，将荷兰阿姆斯特丹建设成了一个真正的节能绿色智慧城市。

五大计划与相关的商务合作机会均可以在 ASC 官方网站上了解到详细信息。同时，也希望借此计划能改变民众使用能源的行为，达到节能的目的。因此，计划中将运用智慧电表等技术，让耗能状况视觉化，针对能源消耗行为进行评估与改善。此外，在导入智慧电表前后，通过民间企业与当地大学协助，对民众进行意识调查，所得结果对扩大城市建设将有所帮助。该计划期待透过各种方式，促进阿姆斯特丹朝智慧城市迈进，截至 2012 年，投资金额已达 11 亿欧元。

7.1.3.6　英国

（1）打造"数字"之都

2009 年 6 月，英国发布了《数字英国》（*Digital Britain*）计划，明确提出将英国打造成世界的"数字之都"，在 2012 年建成覆盖所有人口的宽带网络。英国城市建设模式注重发展应对世界气候变化的各种智能和环境友好型的技术与方案，"绿色环境"是其城市智慧化的目标之一。

（2）智能屋试点应用

2007 年，英国在格洛斯特建立了"智能屋"试点，将传感器安装在房子周围，传感器传回的信息使中央电脑能够控制各种家庭设备。智能屋装有以电脑终端为核心的监测、通信网络，使用红外线和感应式坐垫可以自动监测老人在屋内的走动。屋中配有医疗设备，可以为老人测心率和血压等，并将测量结果自动传输给相关医生。此外，智能屋还可以提供空调温度设定等诸多功能。

（3）"贝丁顿零化石能源发展"生态社区

贝丁顿社区是英国最大的低碳可持续发展社区，其建筑构造是从提高能源利用的角度考虑，是表里如一的真正"绿色"建筑。该社区的楼顶风帽是一种自然通风装置，设有进气和出气两套管道，室外冷空气进入和室内热空气排出时会在其中发生热交换，这样可以节约供暖所需的能源。由于采取了建筑隔热、智能供热、天然采光等设计，并综合使用太阳能、风能、生物质能等可再生能源，该小区与周围普通住宅区相比，可节约81%的供热能耗以及45%的电力消耗。

7.1.3.7 巴西

在距离巴西科帕卡巴纳海滩（Copacabana Beach）不远处，有一间布局和设施都很像美国国家航空航天管理局（NASA）指挥中心的控制室，身穿白色套装的市政机构管理人员坐在控制室内巨大的屏幕墙前静静地工作着。屏幕上显示着里约热内卢城市动态监控视频，包括各个地铁站、主要路口的交通状况，通过复杂的天气预测系统预报城市未来几天的降雨情况、交通事故处理状况、停电处理状况，以及其他城市问题处理及其进展等状态。采用了以往难以想象的城市管控模式的里约热内卢，今后可能成为全球各大城市进行运营、管控时效仿的样板。

这间控制室所在的大楼正是里约热内卢市政运营中心大楼，其管控运营系统是IBM公司应里约热内卢市长帕斯的请求专门设计的。此前，IBM曾在其他地方为警察局等单个政府职能部门建立过类似的数据中心管理运营系统，但从未开发过整合了30多个城市管理部门数据的统一城市运营管理系统。此次里约热内卢市的实践，标志着IBM正在深入拓展这一有着巨大市场规模的业务领域。

里约热内卢城市运营中心系统于2010年年底正式投入使用，它成为IBM、思科等科技公司开拓这一智慧城市运营市场的成功案例。图7-12为里约热内卢的城市运营中心。

图7-12　里约热内卢的城市运营中心

里约热内卢城市地理环境复杂，绵延于山脉和大西洋之间，城市里遍布着别墅、民居、研发中心和建筑工地。石油开采业巨头，如 Halliburton 和 Schlumberger 等，纷纷到这里建立研发中心，准备开发丰富的海上油气田资源。

在里约热内卢，自然和人为灾难时有发生，频发的暴雨常会造成山体滑坡，导致人员伤亡。2011 年，这里发生的一起历史上最严重的游览电车出轨事故致使 5 人遇难。2013 年年初，三座建筑倒塌造成至少 17 人死亡。此外，贫富差距悬殊问题也在困扰着这个城市。

实施里约热内卢市政运营中心系统对于 IBM 公司也是一个非常大的挑战。不过，对于致力于拓展地方政府业务的 IBM 来说，里约热内卢复杂的状况恰好为其提供了一个大显身手的契机，将环境如此复杂的里约热内卢市打造为一个运营、管控更加智慧化的城市，其经验对于全球其他城市的管理都将很有借鉴意义（图 7–13）。

图 7–13　里约热内卢的智慧城市建设

IBM 全球政府及公众服务部门首席技术官巴纳瓦尔指出："信息是智慧城市管理的根本。城市管理部门一旦掌握信息、理解信息，并且知道如何利用信息，实现智慧城市管理的目标就已经完成一半了。"

据巴纳瓦尔讲，有一天，他站在 Praca da Bandeira 中心十字路口。这里连接里约热内卢北部及南部沿海地区。巴纳瓦尔不禁思索，如果这个十字路口积水达一两米深，这里就仿佛变成一个大池塘，高架摄像头将图像传回市政运营中心后，多个市政管理部门如何才能快速联合行动起来，协调处理各种状况呢？

事实上，正是几年前夏天的一场特大暴雨促使里约热内卢市政运营中心决定改造信息运营管理系统。一天早晨，帕斯市长收到了警告报告：暴雨引发一些贫民区房屋倒塌，许多人面临危险；暴雨带来的洪水来势凶猛，轿车和卡车被冲到不断暴涨的水中……但里约热内卢市内找不到一个地方能让市长实时监控灾难状况，指挥落实应急措施。

帕斯市长在随后的电话采访中说："我当时认识到，我们太被动了。我简直要急疯了。"他突然想起自己小时候住在美国康涅狄格州时，美国城市管理部门在下雪天号召民众清扫道路的情形了。于是他立刻召集电视台、电台和报纸等媒体人士，请他们发布城市的紧急情况，要求人们待在家里。帕斯市长说："我们没有制定预案，但可以采取行动。洪水和房屋倒塌，造成全市 68 人死亡，但是如果不发布警告，后果将更加严重。"

为了使里约热内卢在下一次灾难应对中可以做得更好，帕斯市长做了一个大决定。一个月后，他会见了巴纳瓦尔和他所领导的 IBM 智慧城市团队。帕斯市长希望 IBM 智慧城市团队能帮助他们消除城市职能部门之间的信息孤岛，整合每个职能部门的数据，为整个城市运营管理提供支持。帕斯市长说："其实我们一直在利用这些信息，只是我们未能将其整合，并以智能化的方式重新加以利用。"他希望新的、整合的市政运营中心系统能尽快投入运行。

尽管过去 IBM 曾为马德里和纽约市开发了犯罪管控中心，为斯德哥尔摩开发了交通拥堵费管理系统等，但为里约热内卢整个城市建立一个整合系统仍是一项十分艰巨的任务。IBM 面临的挑战是，作为总承包商，除了负责具体实施工作以外，IBM 还要管理项目中其他供应商提供的实施工作，如管理当地公司承接的建筑和电信工程，管理思科提供的网络基础设施和电视会议系统，管理三星公司提供的数字显示屏等。巴纳瓦尔说："IBM 作为主集成商，必须全面协调项目实施中每一项工作。"

与此同时，IBM 结合其硬软件应用需求，以及分析和调查结果，制定了用户手册，帮助市政运营中心员工将城市出现的问题分为四类：事件、事故、紧急情况和危机。例如，公众聚会属于事件，人们在聚会上相互打斗属于事故，聚会发生暴乱属于紧急情况，如果有人在暴乱中死亡属于危机。手册还规定了城市各个部门处理洪水和山体滑坡等危急情况的流程。

此外，IBM 还安装了整合的虚拟操作平台。这是一个基于 Web 的信息交互平台，用以整合通过电话、无线网络、电子邮件和文本消息发来的信息。比如说，市政管理员工在登录平台后，可在事件现场及时输入信息，同时可查看派出了多少辆救护车等信息。他们还可以分析历史信息，确定诸如汽车容易发生事故的地点等。

IBM 还将为里约热内卢定制的洪水预测系统整合到城市运营中心系统中。

巴纳瓦尔甚至建议市长设立一个首席运营官职位，全面监控市政运营中心的运营工作。帕斯市长接受了这个建议。

据帕斯市长介绍，里约热内卢市政运营中心这个项目的投资大约 1 400 万美元。里约热内卢已成为基于数据对城市进行运营、管理的典范。

系统上线后的一天晚上，里约热内卢市立剧院附近的一座 20 层办公楼发生垮塌并殃及邻近的两座建筑，引起一片恐慌。市政运营中心根据运营系统提供的信息立即采取相应措施。一名市政机构的工作人员恰巧在事故现场附近喝啤酒，他向市政中心负责公共事务善后处理的秘书长卡洛斯·罗伯托·奥索里奥汇报了现场情况。在这个时候，"赢得一分钟时间都非常宝贵，"奥索里奥说，"我们的系统运行得相当好。"

在市政运营中心，管理人员就此事故向消防和民防部门发出警报，要求燃气和电力公司中断事故现场附近的供气和供电。市政运营中心采取的其他措施包括：临时关闭事故现场附近的地铁、封锁街道、派出救护车、通知医院、调集重型设备清理瓦砾、派遣民防队员疏散建筑附近的人群并保证事故现场的安全。市政运营中心在 Twitter 上向网民提示被封锁的街道名及绕行路线。奥索里奥本人火速前往现场，他在现场通过 Twitter 和 Facebook 发布照片。

市政人员事后称，事故原因可能是这座 20 层建筑的内部构件压垮了承重墙，而市政机构能够相互协调处理是市政运营中心的胜利。奥索里奥说："我们以前不可能做出如此迅速的响应。"

在巴西狂欢节的一天，巴纳瓦尔曾站在里约热内卢市政运营中心内，仔细察看整合城市运营系统运行状态。巴纳瓦尔感叹："我在全球其他城市单体职能部门见过比这里还好的信息基础设施，但里约热内卢市政运营中心系统的整合程度之高是前所未有的。"

在狂欢节准备工作上，这个城市面临的最大挑战是街道的通行能力。据奥索里奥介绍，狂欢节期间的四个周末，在 350 个不同的地点大约要举行 425 场桑巴舞游行表演，几百万人参加活动。利用运营中心，市政机构现在可以协调 18 个不同部门进行同步计划。这些部门可以共同分配街道的表演时段并设计游行路线，同时制订安全、街道清理、人群控制及满足其他城市管理需求的计划。

"过去，每个部门都独自制订计划，相互之间几乎不进行沟通。" 奥索里奥说。

狂欢节的一天晚上，Ipanema 区高档购物街 Visconde de Pirajá 发生火灾。一些参加狂欢节的人取出智能手机拍照。还不到晚上 7 点，住在附近的一位女演员皮蒂·韦博就开始在 Twitter 上向她的粉丝发出警报。几分钟后，运营中心就在 Twitter 上发出了改道的通知。

另外一个例子是，自从发生山体滑坡后，里约热内卢在 66 个贫民区安装了警报器，以无线方式连接到市政运营中心。同时，市政中心开展了大量演习，志愿者在演习中帮助疏散居民。

在真正发生山洪的情况下，运营中心可以决定何时发布何种警报。这一决定是由城市运营中心系统来做的——通过超级计算机、系统模型、算法运算预测 1 km^2 范围内的降雨量，计算结果比标准气象系统准确得多。当系统预测出强降雨时，运营中心向不同部门发送相应预警信息，便于各部门做出应对准备。

市政人员认为，市政运营中心还成为里约热内卢吸引投资的一个名片。奥索里奥表示，市政管理人员可以利用市政运营中心最大限度地缓解城市中的不便，吸引外来投资。

然而，尽管境内外都对里约热内卢市政运营中心做了大量报道，帕斯市长也参加了在加利福尼亚长滩举行的 TED 会议上的城市座谈会，并介绍了市政运营中心，然而许多居民还不是很了解这个运营中心：有些人怀疑所有这些是否只是为了让奥运会官员和海外投资者放心而在作秀；有些人担心市政运营中心只能是观光区而不会使市民区受益；有些人则担心这种监视会限制自由或侵犯隐私；还有一些人认为市政运营中心未取的措施只是权宜之计，不能解决城市建设中基础设施问题等。

让公众认可危机已经得到防范也是相对困难的。帕斯市长说："这不是人们每天能够感受到的，这种问题（危机）不会每天都发生。"

值得一提的是，IBM 已经将里约热内卢的很多成功实践经验整合到其新推出的软件产品 IBM Intelligent Operations Center（IBM 智能运营中心——IOC）中。

IOC 产品可以理解为智慧城市一体化解决方案。巴纳瓦尔指出："过去，您需要购买 IBM 的 12 个软件组件并需要集成服务，才能解决城市管理问题。现在，一次购买就将服务整个城市运营。"

这款产品已经引起另外一些城市的兴趣。近期 IBM 宣布，我国浙江省镇江市购买了 IOC 系统，用于公共交通管理，用来进行交通预测，并缓解公交路线交通拥堵问题。

不仅是城市，迈阿密足球队也购买了这款产品，用来管理具有 7.5 万个座席的永明体育场的观众流量。

7.2　智慧医疗

7.2.1　概述

从计算机、互联网、云计算一直到物联网，大数据的浪潮已经悄然降临。医疗服务作为人类最基本的需求之一，拥有庞大的数据量。当大数据和医疗服务相撞后，一个崭新的智能医疗时代就呼之欲出了。

医疗和大数据结缘于医疗数字化，病历、影像、远程医疗等都会产生大量的数据。在医疗服务行业上，大数据可应用于临床诊断、远程监控、药品研发、防止医疗诈骗等方面。麦肯锡曾说，大数据就是生产资料。有报告显示，医疗大数据的分析会为美国产生3 000亿美元的价值，减少8%的美国国家医疗保健的支出。

医疗离不开数据，数据用于医疗，大数据的基础为医疗服务行业所提出的"生态"概念的实现提供了有力保障。

随着全球老龄化问题的不断加重、医疗费用的持续上涨以及医疗大数据价值的不断增长，医疗行业出现了新的转折点。据介绍，到2020年，医疗数据将增至35 ZB，相当于2009年数据量的44倍。其中，影像数据增长最快，其次是EMR电子病历数据。

IBM中国研究院信息管理与医疗健康首席科学家潘越表示："医疗领域的数据有几种类型，比较完整的是医学影像的数据，像X光、CT，等等。比如说，如何通过医学影像的自动分析来确定病变的位置：现在有很多放射治疗要对癌细胞的位置进行辐射，范围越小，接受的辐射量就越小，对病人本身的损害就越小，利用大数据的分析方法可以确定这个范围。这个技术现在刚刚产生。第二类数据是电子病例、电子健康档案。这类数据的获取还是非常多的，有些技术是基于病人的相似度，比较两个患者的病例，如果相似的话，就可以找到一群相似的病人，然后分析有效的治疗手段是什么。目前，IBM已经把它变成了产品。第三个领域是跟基因组学、蛋白组学等新的治疗技术相关。这些技术已经发展到了应用的边缘。"

大数据给医疗行业带来的不仅仅是庞大的数据处理，在各个分支领域都有相关的优异表现。

下面具体来看看在医疗服务业的五大领域（临床业务、付款/定价、研发、新的商业模式、公众健康），大数据是如何发挥它的效力的。

7.2.2　智慧医疗的范畴

7.2.2.1　临床操作

在临床操作方面，有五个主要场景的大数据应用。麦肯锡估计，如果这些应用被充分采用，光是美国，国家医疗健康开支一年就将减少165亿美元。

（1）比较效果研究

通过全面分析病人的特征数据和疗效数据，然后比较多种干预措施的有效性，就可以找到针对特定病人的最佳治疗途径。

基于疗效的研究包括比较效果研究（Comparative Effectiveness Research，CER）。研究表明，对同一病人来说，医疗服务提供方不同，医疗护理方法和效果不同，成本上也存在着很大的差异。精准分析对象包括病人体征数据、费用数据和疗效数据在内的大型数据集，可以帮助医生确定临床最有效和最具有成本效益的治疗方法。医疗护理系统实现 CER，将有可能减少过度治疗（比如避免那些副作用比疗效明显的治疗方式）和治疗不足的发生。从长远来看，不管是过度治疗还是治疗不足都将给病人身体带来负面影响，并且产生更高的医疗费用。

世界各地的很多医疗机构（如英国的 NICE、德国的 IQWIG、加拿大普通药品检查机构等）已经开始了 CER 项目，并取得了初步成功。2009 年，美国通过的复苏与再投资法案，就是向这个方向迈出的第一步。在这一法案下，设立的比较效果研究联邦协调委员会协调整个联邦政府的比较效果的研究，并对 4 亿美元投入资金进行分配。这一投入若想获得成功，还有大量潜在的问题需要解决。比如临床数据和保险数据的一致性问题，当前在缺少 EHR（电子健康档案）标准和互操作性的前提下，大范围仓促部署 EHR 可能造成不同数据集难以整合。再如病人隐私问题，想要在保护病人隐私的前提下，又要提供足够详细的数据以便保证分析结果的有效性不是一件容易的事情。还有一些体制问题，比如目前美国法律禁止医疗保险机构和医疗补助服务中心（Centers for Medicare and Medicaid Services）（医疗服务支付方）使用成本/效益比例来制定报销决策，因此即便他们通过大数据分析找到更好的方法也很难落实。

（2）临床决策支持系统

临床决策支持系统可以提高工作效率和诊疗质量。目前的临床决策支持系统分析医生输入的条目，比较其与医学指引不同的地方，从而提醒医生防止潜在的错误，如药物不良反应。通过部署这些系统，医疗服务提供方可以降低医疗事故率和索赔数，尤其是那些因临床错误引起的医疗事故。在美国 Metropolitan 儿科重症病房的研究中，两个月内，临床决策支持系统就削减了 40%的药品不良反应事件数量。

大数据分析技术将使临床决策支持系统更智能，这得益于对非结构化数据的分析能力的日益加强。比如可以使用图像分析和识别技术，识别医疗影像（X 光、CT、MRI）数据，或者挖掘医疗文献数据，建立医疗专家数据库（就像 IBM Watson 做的），从而给医生提出诊疗建议。此外，临床决策支持系统还可以使医疗流程中大部分的工作流向护理人员和助理医生，使医生从耗时过长的简单咨询工作中解脱出来，从而提高治疗效率。

（3）医疗数据透明度

提高医疗过程数据的透明度，可以使医疗从业者、医疗机构的绩效更透明，间接促进医疗服务质量的提高。

根据医疗服务提供方设置的操作和绩效数据集，可以进行数据分析并创建可视化的流程图和仪表盘，促进信息透明化。流程图的目标是识别和分析临床变异和医疗废物的来源，然后优化流程。仅仅发布成本、质量和绩效数据，即使没有与之相应的物质上的奖励，也往往可以促进绩效的提高，使医疗服务机构提供更好的服务，从而更有竞争力。

数据分析可以带来业务流程的精简，通过降低生产成本，找到符合需求的更高效的员工，从而提高护理质量，并给病人带来更好的体验，也给医疗服务机构带来额外的业绩增长潜力。美国医疗保险和医疗补助服务中心正在测试仪表盘，将其作为建设主动、透明、开放、协作型政府的一部分。本着同样的精神，美国疾病控制和预防中心（Centers for Disease Control and Prevention）已经公开发布医疗数据，包括业务数据。

公开发布医疗质量和绩效数据还可以帮助病人做出更明智的健康护理决定，这也将帮助医疗服务提供方提高总体绩效，从而更具竞争力。

（4）远程病人监控

从对慢性病人的远程监控系统收集数据，并将分析结果反馈给监控设备（查看病人是否正在遵从医嘱），从而确定今后的用药和治疗方案。

2010 年，美国有 1.5 亿慢性病患者，如糖尿病、充血性心脏衰竭、高血压患者，他们的医疗费用占到了医疗卫生系统医疗成本的 80%。远程病人监护系统对慢性病患者的治疗是非常有用的。远程病人监护系统包括家用心脏监测设备、血糖仪，甚至还包括芯片药片，芯片药片被患者摄入后，实时传送数据到电子病历数据库。举个例子，远程监控可以提醒医生对充血性心脏衰竭病人采取及时治疗措施，防止紧急状况的发生，因为充血性心脏衰竭的标志之一是因保水而使体重增加，这可以通过远程监控实现预防。更多的好处是，通过对远程监控系统产生的数据的分析，可以减少病人的住院时间，减少急诊量，实现提高家庭护理比例和门诊医生预约量的目标。

（5）对病人档案的高级分析

在病人档案方面，应用高级分析可以确定哪些人是某类疾病的易感人群。举例来说，应用高级分析可以帮助识别哪些病人有患糖尿病的高风险，使他们尽早接受预防性保健方案。这些方法也可以帮患者从已经存在的疾病管理方案中找到最好的治疗方案。

7.2.2.2　付款/定价

对医疗支付方来说，通过大数据分析，我们可以更好地对医疗服务进行定价。以美国为例，这将有可能创造每年 500 亿美元的价值，其中一半来源于国家医疗开支的降低。

（1）自动化系统

自动化系统（例如机器学习技术）可以检测欺诈行为。业内人士评估，每年有 2%～4% 的医疗索赔是欺诈性的或不合理的，因此检测索赔欺诈具有巨大的经济意义。通过一个全面的、一致的索赔数据库和相应的算法，可以检测索赔准确性，查出欺诈行为。这种欺诈检测可以是追溯性的，也可以是实时的。在实时检测中，自动化系统可以在支付发生前就识别出欺诈，避免造成重大损失。

（2）基于卫生经济学和疗效研究的定价计划

在药品定价方面，制药公司可以参与分担治疗风险，比如基于治疗效果制定定价策略。这对医疗支付方的好处显而易见，有利于控制医疗保健成本支出。对患者来说，好处更加直接。他们能够以合理的价格获得更好的药物，并且这些药物经过了基于疗效的研究。而对医药产品公司来说，更好的定价策略也是好处多多。他们可以获得更高的市场准入可能性，也可以通过创新的定价方案，推出更有针对性疗效的药品，从而获得更高的收入。

在欧洲，现在有一些基于卫生经济学和疗效的药品定价试点项目。

一些医疗支付方正在利用数据分析衡量医疗服务提供方的服务，并依据服务水平进行定价。医疗服务支付方可以基于医疗效果进行支付，他们可以与医疗服务提供方进行谈判，看医疗服务提供方提供的服务是否达到特定的基准。

7.2.2.3　研发

医疗产品公司可以利用大数据提高研发效率。以美国为例，这将创造每年超过 1 000 亿美元的价值。

（1）预测建模

医药公司在新药物的研发阶段，可以通过数据建模和分析，确定最有效率的投入产出比，从而配备最佳资源组合。模型基于药物临床试验阶段之前的数据集及早期临床阶段的数据集，尽可能及时地预测临床结果。评价因素包括产品的安全性、有效性、潜在的副作用和整体的试验结果。通过预测建模可以降低医药产品公司的研发成本，在通过数据建模和分析预测药物临床结果后，可以暂缓研究次优的药物，或者停止在次优药物上的昂贵临床试验。

除了研发成本，医药公司还可以更快地得到回报。通过数据建模和分析，医药公司可以将药物更快地推向市场，生产更有针对性的药物，生产有更高潜在市场回报和治疗成功率的药物。原来一般新药从研发到推向市场的时间大约为 13 年，使用预测模型可以帮助医药企业提早 3～5 年将新药推向市场。

（2）提高临床试验设计的统计工具和算法

使用统计工具和算法，医药公司可以提高临床试验设计水平，并在临床试验阶段更容易招募到患者。它们通过挖掘病人数据，评估招募患者是否符合试验条件，可以加快临床试验进程，提出更有效的临床试验设计建议，并能找出最合适的临床试验基地。比如那些拥有大量潜在符合条件的临床试验患者的试验基地可能是更理想的，或者在试验患者群体的规模和特征二者之间找到平衡。

（3）临床实验数据的分析

分析临床试验数据和病人记录可以确定药品更多的适应证，也可发现其副作用。在对临床试验数据和病人记录进行分析后，可以对药物进行重新定位，或者实现针对其他适应证的营销。实时或者近乎实时地收集不良反应报告，可以促进药物警戒（药物警戒是上市药品的安全保障体系，对药物不良反应进行监测、评价和预防）。或者在一些情况下，临床实验暗示了一些情况，但没有足够的统计数据去证明，现在基于临床试验大数据的分析可以给出证据。

这些分析项目是非常重要的。可以看到最近几年药品撤市数量屡创新高，药品撤市可能给医药公司带来毁灭性的打击。2004 年从市场上撤下的止痛药 Vioxx，给默克公司造成 70 亿美元的损失，短短几天内就造成股东价值 33%的损失。

（4）个性化治疗

另一种在研发领域有前途的大数据创新，是通过对大型数据集（例如基因组数据）的分析发展个性化治疗。这一应用考察遗传变异与特定疾病的易感性、特殊药物的反应的关系，进而可以使专家在药物研发和用药过程中考虑个人的遗传变异因素。

个性化医学可以改善医疗保健效果，比如在患者发生疾病症状前，就提供早期的检测和诊断。很多情况下，病人用同样的诊疗方案，但是疗效却不一样，部分原因是遗传变异。针对不同的患者采取不同的诊疗方案，或者根据患者的实际情况调整药物剂量，可以减少副作用。

个性化医疗目前还处在初期阶段。麦肯锡估计，在某些案例中，通过减少处方药量可以减少 30%～70%的医疗成本。比如，早期发现和治疗可以显著降低肺癌给卫生系统造成的负担，因为早期的手术费用是后期治疗费用的一半。

（5）疾病模式的分析

通过分析疾病的模式和趋势，可以帮助医疗产品企业制定战略性的研发投资决策，帮助其优化研发重点，优化配备资源。

7.2.2.4　新的商业模式

大数据分析可以给医疗服务行业带来新的商业模式。

（1）汇总患者的临床记录和医疗保险数据集

汇总患者的临床记录和医疗保险数据集，并进行高级分析，将提高医疗支付方、医疗服务提供方和医药企业的决策能力。比如，对医药企业来说，他们不仅可以生产出具有更佳疗效的药品，而且能保证药品适销对路。临床记录和医疗保险数据集的市场刚刚开始发展，扩张的速度将取决于医疗保健行业完成 EMR 和循证医学发展的速度。

（2）网络平台和社区

另一个潜在的大数据启动的商业模型是网络平台和大数据，这些平台已经产生了大量有价值的数据。比如 PatientsLikeMe.com 网站，病人可以在这个网站上分享治疗经验；Sermo.com 网站，医生可以在这个网站上分享自己的医疗见解；Participatorymedicine.org 网站，这家非营利性组织运营的网站，鼓励病人进行积极治疗。这些平台可以成为宝贵的数据来源。例如，Sermo.com 向医药公司收费，允许他们访问会员信息和网上互动信息。

7.2.2.5　公众健康

大数据的使用可以改善公众健康监控。公共卫生部门可以通过覆盖全国的患者电子病历数据库，快速检测传染病，进行全面的疫情监测，并通过集成疾病监测和响应程序，快速地进行响应。这将带来很多好处，包括医疗索赔支出减少、传染病感染率降低，卫生部门可以更快地检测出新的传染病和疫情。通过提供准确和及时的公众健康咨询，将会大幅增强公众健康的风险意识，同时也将降低传染病感染风险。所有的这些都将帮助人们创造更好的生活。

7.2.2.6　给我们的思维模式启示

也许前面看到的首先是大量数据所带来的好处，但是也不能忽视其中所潜在的各种问题。如何应对"大数据"，是摆在医院 IT 部门面前的一个"大考验"。如果处理不好，"大数据"就会成为"大包袱""大问题"；反之，如果应对得当，"大数据"则会为医院带来"大价值"。而这一切，都离不开科学地规划和部署存储架构。

安全、效率、成本——这是大数据在医疗服务业面前的三座大山。

数据存储是否安全可靠，关乎医院业务的连续性。系统一旦出现故障，首先考验的就是数据的存储和恢复能力。如果数据不能迅速恢复，而且恢复不能到断点，则对医院的业务、患者的满意度构成直接损害。

一个病人的 CT 影像往往多达 2 000 幅，调取一个病人的数据就要等 5 分钟，为等待大量图像数据传输到本地，等待阅片的教授不得已只能以喝茶消磨时间；采用虚拟化云存储架构之后，调阅 2 000 幅影像仅需 50 秒。提高效率就是节省医生的时间，从而缓解医疗资源的紧张状况，在一定程度上帮助解决"看病难"问题。

很多医院的信息中心主任都感叹："我们花了很多钱购买存储设备，但依然觉得不够用。"医疗数据激增，造成医院普遍存在着较大的存储扩容压力。如今，医院的存储设备大多是由不同厂商构成的完全异构的存储系统，这些不同的存储设备利用各自不同的软件工具来进行控制和管理，这样就增加了整个系统的复杂性，而且管理成本非常高。

只有妥善处理好存储架构，大数据才能给医院带来大价值，才不会成为大问题。

当下数据的应用决定着一切，无论是不是大数据。而大数据相关的技术，如 NOSQL 等，短期内还无法进入医院的主流技术中，安全、效率和成本问题仍然困扰着决策者的思路。如果抛开大数据的概念，换一种想法，考虑如何进行采集数据，分析整理，把医疗数据转化为生活数据，将日常生活中个人的身体信息进行收集分析，使医疗信息进一步融入个人生活，或许就是一条更加有趣的道路。

7.2.3　大数据与智慧医疗

7.2.3.1　大数据服务心脏病患者

位于美国旧金山的加州太平洋医疗中心是加利福尼亚州最大的私营、非营利性学术医疗中心。该医疗中心旨在向社会提供高品质、经济高效的健康保健服务，并且他们得到了教育和研究领域的支持和鼓励。该中心心脏病研究主管理查德·肖博士负责心脏病研究项目，在发现最有效的新治疗方法和技术方面起了重要作用。肖博士和心脏病研究团队通常会执行10～15 次持续研究，以测试旨在提高心脏病患者成活率的治疗程序是否有效。

心脏病研究项目的教学人员还参与了由研究员发起的研究，其中许多研究利用了来自整个萨特集团 Apollo 心脏病患者数据库的数据，该数据库不断加入患者数据。最新的项目包含对在非保护性左主干疾病治疗中使用了冠脉支架的患者的长期研究，以及使用药物洗脱冠脉支架治疗 HIV 患者的晚期成果的研究。此外，还使用了一个庞大的外科手术数据库来研究接受外科手术的患者，包括评估手术更换主动脉瓣的长期成果以及通过手术治疗心房颤动患者的晚期成果。

由于这些复杂、多学科的项目生成了海量的患者数据，肖博士和他的团队希望有一种解决方案，能够使他们：

迅速、准确地管理、跟踪和分析不同患者的海量数据；

准确地预测患者在冠心病治疗之后发生并发症的风险；

强化标准的诊断测试，使用决策模型实现更快和更准确的诊断，从而更恰当地使用资源和更有效地进行测试；

由于更有效的治疗，潜在地缩短了住院时间并改善了长期治疗成果。

肖博士的团队使用 IBM SPSS Statistics 软件，管理和分析数千个数据元素，跟踪数千名具有心脏病的患者和接受心脏移植的患者的治疗成果。

这些分析结果使心脏病实习生和医生能够发现更有效的治疗方式，开发可供全球心脏病学家共享和采用的新的治疗规程。这样一来，心脏病团队能够开发准确的心脏病风险模型，改善患者的长期治疗成果，通过由整个医院的医疗团队生成的患者统计数据库，可以预测哪些患者将发展成多支冠心病，同样也可以改善糖尿病手术患者的恢复时间，缩短患者的住院时间，并减少治疗成本。

而麻省理工学院、密歇根大学和一家妇女医院创建了一个计算机模型，可利用心脏病患者的心电图数据进行分析，预测在未来 1 年内患者心脏病发作的概率。在过去，医生只会花 30 s 来观看用户的心电图数据，缺乏对之前数据的比较分析，这使得医生对 70% 的心脏病患者再度发病缺乏预判，而现在通过机器学习和数据挖掘，医生可以发现高风险指标。

7.2.3.2　"魔毯"病人的监控

"魔毯"是 GE 和 Intel 联合开发的一个项目，其原型是使用家中地毯内装的传感器，感应缺乏照料的老人下床和行走的速度和压力，一旦这些数据发生异常，机器就向老人的亲人发送一个警报。虽然内置传感器装置对大多数人来讲依然昂贵，但斯莫兰称，由于这些对自身数据量化的小工具越来越受到欢迎，用户可以清楚地了解和改变他们的行为，从而提高他们的健康状况。

7.2.3.3　大数据监测脑外伤病人恢复

IBM 公司、Excel Medical Electronics 公司与加州大学洛杉矶分校（UCLA）神经外科部门，在实验如何利用大数据技术来预测脑外伤病人的脑部压力情况。

这是一次典型的大数据在医疗领域的实际应用。IBM 研究院与 Excel Medical Electronics 公司则负责对该实时监测系统进行设计，而加州大学洛杉矶分校负责进行实际测试。监测系统会收集并分析病人的生命特征数据、颅内压力数据、呼吸系统数据等，以便预测未来可能会出现的病理变化（图 7－14）。

图 7－14　科学家利用大数据监控脑伤病人的恢复情况

加州大学洛杉矶分校的研究目的是及时提醒内科医生及护士其病人的脑外伤状况的恶化情况。该监控系统融合了 IBM InfoSphere Streams 软件以及 Excel Medical Electronics 公司的 BedMasterEX 分析应用的功能，目前美国 80% 的大型医疗机构都在使用这些软件。监控系统在病人脑部压力低于临界值时就会关闭警报，院方必须确诊病人出现了何种病变。加州大学洛杉矶分校目前正在 Ronald Reagan UCLA 医疗中心的重症监护室内部署该实时分析监控系统。

加州大学洛杉矶分校神经外科部门得到了来自美国国家神经疾病与中风研究协会的 120 万美元经费。足够的经费可以使其更好地研究如何应对病人颅内压力变化，并为此开发新的监测警报系统。加州大学洛杉矶分校在脑外伤方面有着 8 年的研究经验，而现在他们又得到了 IBM 与 Excel Medical Electronics 的帮助。

从应用角度来看，数据分析与大数据在商业领域中的成功案例比较多，但在医疗领域中成功案例就相对较少。很早以前，美国以及其他一些国家就认为，医疗机构发展的同时，相关的管理及研发成本也必须得到控制，而现在信息技术正是满足这一需求的关键。接下来，一些像美国通用电气和 IBM 这样的企业涌现了出来，他们开始在医院系统内部署应用，比如屈臣氏超市的客户端应用等。换句话说，医疗机构正逐渐成为大数据应用的最佳测试场所。

7.2.3.4　大数据帮助实现个性化用药和诊断

每个人的基因都是不同的，因而对于不同种类的药物会有不同情况的耐药性。但是，目前，在医疗诊断和用药中往往不会去考虑个人基因的差异性。

比如，氯吡格雷是目前心脑血管系统预防血栓的一线用药，用于预防和治疗因血小板高聚集引起的心脑及其他动脉循环障碍疾病，如近期发作的脑卒中、心肌梗死和确诊的外周动脉疾病。2013 年，氯吡格雷的全球销售额在 120 亿美元左右。

然而，针对我们黄种人的基因，氯吡格雷在使用中有可能出现代谢不同的状况，从而导致出现不良反应。在国内的使用过程中，根据研究表明，存在约 9.3% 的出血事件。

因此，亟须建立针对特定基因的个性化用药指南和标准，建立相应数据库，帮助医生依据个人基因情况来实现个性化的诊断和用药。

图 7-15 给出了一种可行的研究方案：

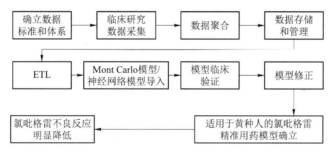

图 7-15　建立个性化的用药模型

7.2.3.5　大数据助力医学新发现

传统医学研究多采用统计学方法或者荟萃分析方式，医生面对的都是枯燥的医学数据和统计结果。如果缺乏经验，甚至连如何解读这些数据都是个问题。

但在大数据时代，基于数据密集型方法，我们可以提供很多新的思路和手段来帮助理解和洞察这些医学数据，比如我们之前所说的数据可视化方法。

近几年来，国内帕金森患者的数量开始逐渐增多。目前国内超过 600 万患者，且每年以 5%～10% 的速度递增，到 2020 年预计诊疗产值将达 20 亿元。医学研究表明，经典帕金森具备四大核心症状：运动迟缓、震颤、强直、步态障碍。但是，有些情况下出现了这些症状并不能说明就一定患了帕金森病。且医学研究的重点不光是治疗，还要预防，为此，也非常关心这些症状的早期出现能否预示帕金森病，或者指示处于帕金森病的哪个时间，以便帮助医生进行医疗决策。

图 7-16 展示了利用数据可视化方式对帕金森患者数据的可视化分析结果。这种数据可

视化来展示结果的方式更加适合我们人类对于结果的理解。利用这种大数据可视化技术及人工智能算法，结果发现面具脸也是帕金森症的潜在核心症状，进而还建立了更准确的帕金森病风险预测模型，成功修订了 WHO 发布的帕金森病新版诊疗指南。

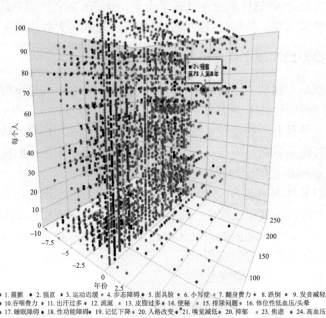

图 7-16　利用可视化手段分析病症

7.2.4　可穿戴技术

7.2.4.1　可穿戴技术的概念

首先来看看什么是可穿戴技术。可穿戴技术是指探索和创造能直接穿在身上，或是整合进用户的衣服或配件的设备的科学技术。

可穿戴技术是 20 世纪 60 年代美国麻省理工学院媒体实验室提出的创新技术，利用该技术可以把多媒体、传感器和无线通信等技术嵌入人们的衣着中，可支持手势和眼动操作等多种交互方式。

之所以要开发可穿戴设备，是为了通过"内在连通性"，实现快速的数据获取。通过超快的分享内容能力，高效地保持社交联系，摆脱传统的手持设备而获得无缝的网络访问体验（图 7-17）。

可穿戴健康设备是随着可穿戴设备的产生、发展而逐渐衍生出来的可穿戴设备的又一分支。1960 年以来，可穿戴设备逐渐兴起。到了 20 世纪 70 年代，发明家艾伦·路易斯打造的配有数码相机功能的可穿戴计算机能预测赌场轮盘的结果。1977 年，Smith-Kettlewell 研究所视觉科学院的科林为盲人做了一款背心，他把头戴式摄像头获得的图像通过背心上的网格转换成触觉意象，让盲人也能"看"得见，从广义上来讲，这可以算是世界上第一款可穿戴健康设备。

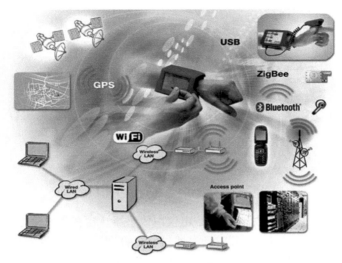

图 7-17　可穿戴设备

Every 实验室认为，健康领域才是可穿戴设备应该优先发展、最有前途的领域，可穿戴健康设备本质是对于人体健康的干预和改善。可穿戴设备也正从"信息收集"向"直接干预"发展，可穿戴健康设备只针对城市人群的各种常见病。例如，随时随地给颈椎做个放松按摩，甚至直接干预脑电波助人睡眠。而国外的 Melon 以及国内的 Every 都在此方面提出了自身的创新产品。

一般说来，对可穿戴设备有以下几方面的基本要求：

1）佩戴舒适，甚至无感。想做到完全无感，对现在的可穿戴健康设备而言还是天方夜谭。但是尽量做到轻便小巧，则是所有企业的努力方向。可穿戴健康设备和专业医疗设备相比，虽然效果不及专业设备，但其优势就在于可以方便地随时随地对身体进行保健治疗，对于预防、缓解疾病有很大优势。

2）使用过程不应干扰正常生活。消费者不能接受需要专门花费时间、不断挑战自己耐心的健康设备。所以，可穿戴健康设备在设计上应该充分考虑不要影响使用者的正常生活、工作。

3）外观应适合使用场合和环境。有时候，可穿戴设备并不可能"隐形"。但是，如果这些设备的外观足够贴合环境，甚至足够酷，那么用户也不介意戴着这样的设备走在路上。

7.2.4.2　可穿戴设备简析

（1）美信：生命体征测量 T 恤

美信公司试制出了嵌有多种传感器、能够测量生命体征数据的 T 恤，并在"2013 International CES"上面向嘉宾进行了展示。该公司称之为"Fit 衫"（图 7-18）。

Fit 衫利用内嵌的传感器来测量心电图、体温及用户活动量等，供医疗机构用来持续监测患者的生命体征。T 恤中采用了美信的多种 IC，目的还在于展示该公司技术的先进性。另外，有预测认为，将来这种穿着型器件的市场会扩大，因此美信期待其成为新的应用市场。

T 恤里的传感器所测得的心率、活动量及心电图等数据可显示在平板电脑的显示器上。

图 7-18　Maxim 生命体征测量 T 恤

　　这款 T 恤在两个袖子等四处嵌入了心电仪用传感器（含有参照信号用传感器）。传感器同时会测到多种噪声信号，而从多种信号中抽出想要的信号的算法则属于新加坡 Clearbridge VitalSign 公司的技术。另外，为减轻 T 恤穿着时的不适感，Fit 衫将采用美国 Orbital Research 公司开发的干式电极。

　　在 T 恤胸部嵌入了封装有各种控制电路的电路板和充电电池。控制 IC 采用美信的 MCU "MAXQ 612"，电源管理 IC 采用 "MAX 8671"，温度传感器采用 "MAX 6656"，ESD 保护 IC 采用 "MAX 3204"。此外还配备有蓝牙通信功能，可将传感器获得的信息发送到外部。

　　目前 Fit 衫尚处于试制品阶段，因此只能用内置的充电电池驱动 7.5 小时左右。但是，通过今后 2 年左右的开发及优化，Fit 衫将实现用纽扣电池驱动 24 小时。

　　（2）TI 的 Health Tech 产品

　　为了开发出更新的健身监控装置，TI 开发了一系列以创新方式提高整合度、降低功耗，并拥有智能连接的组件，让健身装置更灵活，价格更实惠。

　　TI 提出了全面性系统架构图、选择表和关键的设计工具等想法，协助制造商加快创新。TI 的 Health Tech 产品组合整合了 TI 的全球企业资源，以大量模拟及嵌入式处理器组件知识和在健身应用领域的经验为用户提供服务（图 7-19）。

图 7-19　TI 公司的 Health Tech

　　例如，心跳/健身监控装置可衡量一个人的运动量和速率（如动作节奏）。通常情况下，手表或腕戴显示器可用于控制并提供反馈。存储的数据可以通过 USB 或无线 USB dongle 下载到计算机。所有的系统组件都需要超低功耗嵌入式控制器和功率 RF 通信组件。心跳监测和运动输出监控（如运动速度传感器或传感器电源）则需要额外的信号调理。

（3）Valencell：可随身穿戴的微型生理监测模块

Valencell 开发出一种生理监测模块并提供授权，包含一个传感器模块、一个数字信号处理（DSP）芯片以及生物辨识韧体与应用程序编程接口，让 OEM 代工业者能将之整合至耳塞式耳机、臂带或腕带等可穿戴式运动与健身产品。

此种生物传感器包含了一个光学机械传感器模块，其中还运用了 DSP 技术，能感测并计算用户的心律、行走速度和距离以及燃烧的卡路里数与血氧信息，用户只要透过智能型手机便能查询（图 7-20）。

图 7-20　Valencell：可随身穿戴的微型生理监测模块

（4）Google Glass

2012 年 6 月 28 日，谷歌通过 I/O 产品发布会发布了这款可穿戴式 IT 产品。Google Glass 结合了声控、导航、照相与视频聊天等功能，预示了未来世界可能的样貌。一块右眼侧上方的微缩显示屏，一个右眼外侧平行放置的 720 p 画质摄像头，一个位于太阳穴上方的触摸板以及喇叭、麦克风、陀螺仪传感器和可以支撑 6 小时电力的内置电池。谷歌在 I/O 大会上公开了研发多时的 Google Glass，一个近似配戴眼镜方式的辅助信息系统。尽管谢尔盖·布林并未透露更多 Google Glass 的工程细节，但 1 500 美元的 2013 年预订价格，暗示了 Google Glass 的性质，至少按照无线传输和电池系统之间的能耗关系，Google Glass 还无法实现很多以往科幻小说中的诸多设想。

对于这款眼镜，谷歌方面自然十分重视，公司多次向公众传达这样一个理念：穿戴式计算将成为未来的趋势。谷歌公司创始人谢尔盖·布林称，这副眼镜改变了他的活动方式。他举了一个例子：将自己的儿子用双手反复抛向空中，Google Glass 可以拍照，并记录这一时刻。布林说："用智能手机或照相机根本无法做到。"谷歌产品经理史蒂夫·李则表示，打造这款眼镜的目标是提升人们的社交生活，不是炫耀技术。谷歌 Project Glass 团队主管巴巴卡·帕韦兹称，希望人们能把科技穿在身上——眼睛、耳朵和手。纽约时报的专栏作者尼克·比尔顿甚至将 Google Glass 与历史上的印刷机和电影的发明相提并论，认为这一技术将改变世界。他说："当这项技术成熟，我们就能获得解放。可穿戴计算机将使我们摆脱紧盯 4 in 屏幕的生活。我们不再需要无时无刻看着设备，相反，这些可穿戴设备会回过来看着我们。"（图 7-21）

图 7-21　Google Glass

美国西北大学梅迪尔新闻学院的最新调查显示，人们对 Google Glass 不感兴趣的两大主要原因为分散注意力和价格。不过，有意思的是，这项调查发现，Google Glass 的关注度非常高，在受访的 1 210 位移动产品拥有者中，有超半数的人知道 Google Glass。此外，在听说过 Google Glass 并对其感兴趣的人群中，男性的比例稍高于女性。

约 2/3 的受访者称，他们可能将在旅行等某些特定情况下使用 Google Glass。当被问及为何不戴 Google Glass 时，2/3 的受访者称分散注意力，1/3 的受访者认为售价太高。针对早期开发者的 Google Glass 的售价为 1 500 美元的情况，谷歌尚未宣布其消费者版本的售价。此外，还有约 1/4 的受访者担忧个人隐私问题。而一些男子则特别担心，使用 Google Glass 会看起来傻乎乎的。

虽然售价 1 500 美元对大多数人而言，确实非常昂贵，但也有约 1/3 的受访者称，即使 Google Glass 再便宜，他们也不会购买。40%的受访者称，Google Glass 最多值 100 美元，另有 20%的受访者认为，其最高售价为 200 美元。

不过，西北大学的调查结果明显好于移动应用开发商 Bite Interactive 曾经进行过的另外一项调查。Bite Interactive 的调查显示，只有一成美国人表示会在未来经常佩戴 Google Glass。

（5）苹果 iWatch

如今智能设备已经不再局限于手机和平板电脑，由谷歌研发的 Google Glass "拓展现实" 眼镜让我们眼前一亮。随着科技的进步，人类已经具备了之前很多科幻电影里面才会出现的设备。苹果为了挑战谷歌，也推出了一款智能设备，这就是由概念设计师安德斯·谢尔贝格设计的智能手表——iWatch（图 7-22），这款手表内置了 iOS 系统，并且支持 Facetime、WiFi、蓝牙、Airplay 等功能，同时最令人惊喜的是，iWatch 支持 Retina 触摸屏，这款手表和 iPod nano 一样，也具备 16 GB 的存储空间，令人兴奋的是 iWatch 还具备 8 种个性化的表带，让你尽情挥洒个性。

（6）BrainLink 意念头箍

BrainLink 意念头箍是由深圳市宏智力科技有限公司专为 iOS 系统研发的配件产品，它是一个安全可靠、佩戴简易方便的头戴式脑电波传感器（图 7-23）。作为一款可佩戴式设备，它可以通过蓝牙无线连接智能手机、平板计算机、手提计算机、台式计算机或智能电视等终端设备。配合相应的应用软件就可以实现意念力互动操控。Brainlink 引用了国外先进的脑机接口技术，其独特的外观设计、强大的培训软件深受广大用户的喜爱。它能让手机或平板计算机及时地了解到用户的大脑状态，例如，是否专注、紧张、放松或疲劳等。用户也可以通过主动调节自己的专注度和放松度来给予手机平板计算机指令，从而实现神奇的"意念力操控"。

图 7-22　苹果的 iWatch

图 7-23　BrainLink 意念头箍

7.2.4.3　可穿戴设备与智慧医疗

据相关媒体报道，苹果公司最早被外界曝光正在秘密研发一款智能手表。随后不久，谷歌公司对外展示了带有摄像头的智能眼镜，人们戴上这款眼镜后就可以随时查看邮件、和朋友的对话聊天。另外，美国运动外设厂商 Jawbone 已经推出了 Jawbone UP 智能手环，戴在手腕上，就能监测自己的日常活动、睡眠情况和饮食习惯等数据。人们可以将这款智能设备插在 Android 或者苹果 iPhone 手机以显示这些监测数据，并给出一个长时间段的统计和分析结果。由此可见，可穿戴式智能设备热潮兴起，不仅苹果、谷歌、百度等 IT 巨头热衷于此，而且英特尔、TI、美信等半导体厂商亦瞄准了可穿戴设备的研发与创新，并乐此不疲。目前，消费市场出现了一股新趋势——个人健身装置。心率监控器、可穿戴式健身追踪器、可分析人体成分的体重计，都只是运动员和健身爱好者们用来测量和监控其个人化健身锻炼和日常活动的选项。

那可穿戴设备在医疗领域有哪些应用呢？

目前市场上与健康相关的可穿戴式传感器主要有两大类：

第一，体外数据采集。主要通过带 G-sensor 的三维运动传感器或 GPS 获取运动状况、运动距离和运动量，来帮助用户进行运动和睡眠的管理，同时帮助用户引入社交平台概念，让用户之间进行数据衡量和对比，来推动其持续产生行为，改变用户的健康状况，并且在后端服务领域，引入专业的运动和睡眠实验室的数据分析模型，来对个体的运动和睡眠的改进提供收费建议。在这个领域，国外 Fitbit、Jawbone、Nike 是这个领域的领头羊。

这类设备面临的问题只能满足用户自我量化的需求，并激发用户通过锻炼等预防行为来改善身体状况，但无法发现健康异常状况并做出风险预警。

第二，通过体征数据（如心率、脉率、呼吸频率、体温、热消耗量、血压、血糖和血氧、激素和 BMI 指数、体脂含量）监测来帮助用户管理重要的生理活动。现阶段可以利用的体征数据传感器包括：

1）体温传感器。

2）热通量传感器，用来监测热量消耗能力，可以用于血糖辅助计算和新陈代谢能力推算。

3）体重计量传感器，用于计算 BMI 指数。

4）脉搏波传感器，推算血压、脉率等数据。

5）生物电传感器，可用于心电、脑电数据采集，也可用来推算脂肪含量等。

6）光学传感器，推算血氧含量、血流速。

这些数值交叉分析的结果可以用来分析用户现在的体质状况，进行健康的风险评估，并结合数据可以给出几项关键生理活动：睡眠、饮食、运动和服药的个性化改善建议，让用户保持一个稳定的身体健康状况。

但是利用可穿戴设备来解决医疗问题，目前还存在一些问题，比如测量的精准度以及人们使用的随意性等。

7.2.4.4 思维启示——可穿戴设备的缺陷

可穿戴设备浪潮冲击移动互联网市场。目前可穿戴设备不少，可穿戴市场是否能成为下一个创新蓝海市场？

可穿戴设备在近两年成为一个热得发烫的话题，自从 Google Glass 发布以来，移动可穿戴设备概念成为市场中的焦点。有人甚至认为可穿戴设备将代替以智能手机为代表的移动设备潮流，进一步智能化、简便化人们的生活和工作。比如，Google Glass、健康手环、智能腕带、智能手表，等等。硬件能力的微型化和高性能演进，尤其是无线网络技术的深耕密植，让技术应用的概念更加紧密地围绕在人的身边。

可穿戴设备被认为是继平板电脑、智能手机之后的又一颠覆性产品。这一切都源于"互联网化"浪潮的推动——互联网让生活变得更加便捷和智能。Google Glass 也因为仅能支撑五六个小时的电量而频遭质疑。未来可穿戴设备想要在智能市场站稳脚跟，在技术上就不得不趋于完善，从而出现更多杀手级应用。智能穿戴，将孕育出更多高科技产品，它们将更好地服务于生活。

科技很大程度上是服务于我们人体自身的。我们最大的共同点是拥有身体，身体是我们与世界接触的主要界面。在移动互联网时代，物联网技术建立了身体和世界的联系。其形式是手机，还是穿戴在身上的设备，或许这并不是一件关键的事，重要的是如何更好地满足我们的沟通和应用需要。随着可穿戴设备技术的快速发展，这些设备会逐渐融入我们生活中的每一个角落。我们不会像从前那样仅仅去使用技术，尽管我们的生活已经被科技包围。

可穿戴设备根植于物联网，产品范围从智能设备到健康与行为感应器应有尽有。由此造就了新的大数据时代，可供我们利用的数据收集手段在逐渐增多，可挖掘的数字资源也在成倍扩展。数据扩展和应用的广泛化，使得围绕人自身的一切改善和推进都可以借助科技来实现。因为我们的身体就是计算机，身体即数据，给人体扩展新空间提供了更大空间。现在已经开展市场推广的健身、健康智能穿戴设备，主要是通过对人体自身的实时监测和数据处理，来达到帮助人们改善自身的身体状态和健康状况的目的。科技为人服务，只有人性化关注才是好的技术。

目前可穿戴设备多以具备部分计算功能、可连接手机及各类终端的便携式配件形式存在，主流的产品形态包括以手腕为支撑的 Watch 类（包括手表和腕带等产品）、以脚为支撑的 Shoes 类（包括鞋、袜子或者将来的其他腿上佩戴产品）、以头部为支撑的 Glass 类（包括眼镜、头盔、头带等）以及智能服装、书包、拐杖、配饰等各类非主流产品形态。可穿戴设备将人与互联网连接得更加紧密，个人隐私也将受到极大的挑战。人类即将迎来大数据时代，但在大数据的发展过程中，人们对隐私的保护问题越来越担心。

在今天的大数据时代，人们对网络的依赖日益增强，可穿戴设备强化了这种依赖性，当到处印刻着健康指数、行为习惯、生活偏好和工作履历痕迹时，个人隐私泄露的危险大大增加。毫无疑问，可以获得的个人数据量越多，其中的隐私信息量就越大。只要拥有了足够多的数据，就可能发现关于一个人的一切。我们知道，互联网将每时每刻都释放出海量数据，无论是围绕企业销售，还是个人的消费习惯、身份特征，等等，都变成了以各种形式存储的数据。大量数据的背后隐藏着大量的经济与政治利益，尤其是通过数据整合、分析与挖掘，其所表现出的数据整合与控制力量已经远超以往。

可穿戴设备可以提供大量可供处理的数据，其中也有许多的隐私信息。这些大数据如同一把双刃剑，我们因大数据的使用而获益匪浅，但个人隐私也无处遁形。关于数据安全和隐私的问题，现在还没有办法给出任何妥帖的答案。因为人们希望通过这种技术来更多地了解自己，但同时又不想他人了解自己太多。无论什么行业，离开人为中心的作业模式都必将走向衰落，如今科技产品已经变得无处不在。新一代的人类从学会走路开始起就与科技产品打交道，科技又会发展到什么程度？似乎科技永远走在前面，高科技和个人隐私的矛盾，可穿戴设备在未来的大规模市场化中，无疑会放大这种困境。

尽管现阶段的可穿戴设备还存在着一系列推广难题，未来也将面临隐私保护的问题，可穿戴设备将对人类社会产生前所未有的深刻影响力，让用户习惯这种随身携带的智能化。但同时可能会暴露的隐私保护问题也需要重视起来，推广的前提是良好的体验、可控的隐私风险，需让科技服务于人，以避免陷入新的数据迷局。

第四部分　语

第 8 章
结　　语

8.1　数据带来的挑战

大数据是继云计算、物联网之后 IT 产业又一次颠覆性的技术变革。大数据概念的背后对应着一套新的解决问题的流程，即通过收集、整理生活中方方面面的数据，对其进行分析挖掘，从而获得有价值的信息，最终衍化出一种新的商业模式。

虽然目前大数据在国内还处于初级阶段，但是其商业价值已经显现出来。

首先，手中握有数据的公司站在金矿上，基于数据交易即可产生很好的效益。

其次，基于数据挖掘会有很多商业模式产生。比如，帮企业做内部数据挖掘，就可以使它更精准地找到用户，降低营销成本，提高企业销售率，增加利润。

未来，数据可能会成为最大的交易商品。但仅数据量大并不能算是大数据，大数据的特征是数据量大、数据种类多、非标准化数据的价值最大化，因此，只有数据共享、交叉复用后才能获取最大的数据价值。未来的大数据，将会如基础设施一样，有数据提供方、管理者、监管者，数据的交叉复用将大数据变成一大产业，大数据将带来新的洞察力（图 8-1）。

图 8-1　大数据带来新的洞察力

据国际数据公司（IDC）预测，到 2020 年全球将总共拥有 35 ZB 的数据量，而麦肯锡则预测，未来大数据产品将产生 7 000 亿美元的潜在市场，未来中国大数据产品的潜在市场规模有望达到 1.57 万亿元。

既然大数据时代已经来临，就该做好迎接这个时代的准备。特别是正在学习阶段的学生，更要努力去学好大数据时代所需要的技巧和知识，成为迎接这个时代的弄潮儿。

那么，大数据时代的来临究竟会给我们带来什么样的挑战呢？

8.1.1 数据规模

目前数据增长的速度已经远远超过了计算和存储资源增长的速度。未来，该如何有效存储并管理大规模且迅速增长的数据？

处理器设计面临功率墙的限制，无法再依靠单纯提升时钟速度的方法来提升系统整体性能，需要通过增加核心的数目来提升速度。但海量计算资源带来的是更多的问题，如何考虑任务在节点间的划分？如何保证节点间数据的一致性？如何考虑对资源竞争的处理？

移动终端设备的大量使用，使电池供电有效时间成为一项重要考量。即使是电源供电系统，出于节能环保考虑，也要考虑能耗、功耗问题。数据处理系统将有可能需要主动去管理系统硬件的功耗，那么该如何设计、建造和运行能耗有效的数据处理组件？

云计算在发展，具有不同性能目标的工作负载如今将聚集成非常大的集群。如何在昂贵的大型集群上进行资源共享？如何用较低的代价来完成每一个工作负载的目标，并处理系统故障？图8-2所示为分布式计算。

传统的 I/O 子系统正在发生巨变，硬盘驱动器正在逐步被固态硬盘取代，其他技术如内存计算等即将来临。在大数据时代，该如何设计数据处理系统的存储子系统？如何实现数据的安全搬移，快速拷贝超大规模的数据？如何保证拷贝过程的无误？

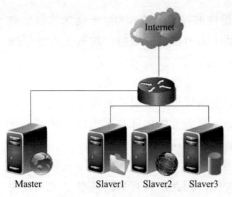

图 8-2 分布式计算

8.1.2 数据的多样性和异构性

目前的机器分析算法只能处理同构的数据，不能理解自然语言的细微差别。因此，现阶段数据分析的第一步就是将数据结构化。那么，该如何实现对半结构化，甚至非结构化数据的高效表达、存取和分析？

8.1.3 数据的不可靠问题

如何检测、验证数据的真伪？如何分辨出哪些是真正有用的数据、哪些数据才是真正客观地反映出了自然界和人类社会规律的？即使在数据分析之前进行了数据的清洗和纠错，数据仍有可能存在缺失和错误。如何对这些缺失和错误数据进行处理呢？

8.1.4 数据的实时性要求

速度是规模的另一面。要处理的数据集越大，分析所花费的时间将越长。在大数据背景下，许多时候要求立即得到分析结果。如何快速而高效地分析数据，得出结论？如何保证可以快速将需要的数据传递到任何一个需要的角落？

对于给定的一个大数据集，往往需要从中找出符合指定要求的元素。在数据分析的过程中，这种搜索可能反复出现。如何设计新的索引结构来支持此类查询？如何快速建立多模态、多类型数据的关联索引？

8.1.5 数据隐私问题

数据隐私是一个引人关注的大问题，在大数据环境下，该问题更为突出（图 8-3）。该如何有效地管理隐私？如何分享私人数据，才能既保证在数据隐私不被泄露的同时，它能够正常使用？在大数据环境下，信息共享的安全性如何保障？想利用大数据来解决问题，又担心自己的隐私被泄露，怎么办？用还是不用？

8.1.6 人机协作问题

在理想的情况下，大数据的分析将不是纯粹由计

图 8-3　大数据时代的隐私保护

算系统完成的，而是人机交互的（图 8-4）。那么，应该如何通过可视化分析实现面向数据处理的人机交互？大数据是全世界人民的共有资源，未来如何利用可视化技术使数据挖掘更加平民化，让普通民众也可以享受大数据的红利？

图 8-4　大数据要求多领域人机协作

在当今复杂的世界，要理解某种现象，往往需要来自不同领域的专家共同协作。一个大数据分析系统必须支持多专家输入以及结果的同步探查。如何利用人类的集体智慧来解决问题？传统的多方协作依靠简单的逻辑操作来实现，大数据时代下是否依然可行？

8.1.7 数据的访问与共享

尽管通过网络可以访问到大量的数据，但是很多有价值的数据被某些公司牢牢握在手中，形成了新的数据垄断，影响了全球数据的流动性。未来，怎么防范数据变成一种新的垄断资源？应该怎样保证数据被用来为全世界人类谋福利？

8.1.8 数据运用的合理性

人们收集到的数据的来源是一个有限的人群，所分析出来的结果究竟能在多大程度上代表整个人类社会？如何根据对数据的分析发现异常情况？人们在数据中要寻找的是大概率事件还是小概率事件？如何证实所找到的异常是真正的异常，还是由于数据运用得不正确所导致的？

8.1.9　小结

由此可见，大数据时代的来临，虽然可以让人们享受到很多的机遇，但是机遇与挑战并存，要求人们要不断革新，不断创造，用新的技术和理念去享受数据红利。

8.2　数据带来的机遇

根据麦肯锡全球研究院的预测，在未来几年，光是美国本土的数据方面的人才就会有十几万的空缺。对于我们来说，数据带来的机遇，最直观的感受就是就业机遇。

8.2.1　数据科学家的定义

什么是数据科学家呢？

我们可以从数据科学家所拥有的特质来定义它：

第一，数据科学家是科学家，他们能从生硬的数据中，找出潜在的趋势，形成知识与智慧。

第二，数据科学家是艺术家，他们可以解锁数据，从中解读出精彩的故事，是分析家与艺术家的结合。

第三，数据科学家是探险家，他们能运用多种技巧，找到数据背后深藏的秘密，发掘出新的宝藏和机遇。

第四，数据科学家是革命家，因为他们是数据与智慧的桥梁，将数据带给人类，改变世界。

第五，数据科学家还是一位"超人"，因为他们不仅是计算机科学家，还是统计学家，懂数学、明算理、知人文、会创造、能发现。

8.2.2　数据科学家的从业前景

在大数据时代，企业之间正在为了吸引并留住商业智能和信息管理的专业人才而展开竞争。在 InformationWeek 每年公布的 IT 从业人员薪金调查中可以看出，大数据从业人员面临巨大的缺口。

回顾 InformationWeek 多年的 IT 薪金调查报告，Business Intelligence（BI）和 Information Management（IM）专业人才一直是 IT 领域中的高收入人群。Information 2012 年的调查报告显示，BI 从业者的平均薪金为 90 000 美元，而 2011 年的数字为 85 000 美元。BI 管理者的平均薪水为 119 000 美元，相比去年同期 110 000 美元，增长了 9 000 美元。而在数据整合领域的薪金则更高，普通从业者和管理者的薪金分别为 97 000 美元和 120 000 美元，相比 2011 年（普通从业者和管理者的薪金分别为 98 000 美元和 118 000 美元），变化不大。

大数据从业人员的平均薪金看起来已经相当不错，但还有哪个职位可以获得更多的薪水？大数据浪潮正在推进 CEO 寻找能够告诉他未来发展的人才。

这类人才具有前瞻性和预见性的见解。埃森哲人才与组织绩效服务线下属的文化变革小组负责人表示，"他们通常是统计学家并且精通数据建模，同时他们知道如何在可用数据中使用最佳的算法，这极具技术含量"。他们帮助组织在大量信息中挖掘有价值的数据，并将数据转化为深入的认知和精准预测的模型。

大数据时代也迫使许多行业发生变革，当今制造商就在研究需求的数据和供应链信息，以便削减产品开发周期，提高制造和供应链的效率。同时，AOL、comScore、eHarmony 等互联网企业正在对客户的单击流数据进行分析，以提供有价值的定位服务，同时帮助找到最合适的客户进行精准营销。

从星巴克到沃尔玛，他们正在分析密集型数据，以便得出最合适的产品选型和定价。对于医疗，如哈佛医学院通过对临床资料的分析为患者提高诊断、治疗的效率。总之，企业和政府机构越来越看重通过数据驱动决策，这导致他们对分析和信息管理专业人才的需求不断增加。以下是大数据领域从业人员的十个趋势。

（1）趋势一：薪金将继续增长

BI 分析和 IM 专业人才现今薪金水平已经优于许多其他 IT 职位，但未来这样的趋势还会继续下去，尤其是管理人员，未来 BI 管理者的薪金将达 134 000 美元（在 InformationWeek 所调查的 23 个 IT 职位中排名第四），而普通 BI 从业者未来薪金将达到 96 000 美元（在 InformationWeek 所调查的 23 个 IT 职位中排名第十）。而数据整合和数据仓库管理人员薪金在未来将达到 131 000 美元，普通工作人员薪金也有 101 000 美元。（它们在 InformationWeek 所调查的 23 个 IT 职位中分别排名第六和第七）。

（2）趋势二：大数据人才供不应求

事实上，麦肯锡全球研究院预测，在未来 6 年，仅在美国本土就可能面临缺乏 14 万～19 万具备深入分析数据能力人才的困境，而通过分析大数据能为企业做出有效决策的管理人员和分析师也有 150 万人的缺口。而美国和其他经济体所面临的人才短缺的问题不能仅仅通过研究生和毕业生的涌入来解决。而《大数据：创新、竞争和生产力的下一个浪头》则认为培训相当数量的大数据人才是相当必要的。图 8-5 所示为麦肯锡对数据科学方面人才需求空缺的预测。

来源：麦肯锡报告：《大数据：创新、竞争和生产力的下一个浪头》。

图 8-5　麦肯锡对数据科学方面人才需求空缺的预测

（3）趋势三：雇用外包

BI 分析和 IM 人才需求的另一个迹象是外包，在调查报告中，660 名外包工作受访者的薪金要高于平均水平。25%的组织将其大数据分析业务外包给美国和境外企业，17%的组织表示只外包给美国境内企业，22%的组织表示外包业务完全交给境外企业。而在 InformationWeek 参与调查的 13 880 位 IT 专业人士中，这个数字分别为 18%、15%和 18%。从大的系统集成商（像 Accenture 和 IBM），到软件和平台商（像 SAS 和 TeraData），他们提供特定行业的资讯和分析服务，这些企业在填补大数据分析缺口中发挥了重要的作用。

（4）趋势四：人才团队内出现分歧

埃森哲表示分歧将出现在 BI 分析和 IM 团队之中，新生代和老一代的专业人员之间的差别不仅表现在年龄方面，态度也是很重要的一方面。新生代的从业人员更喜欢使用开放的开源工具和云计算。埃森哲的研究同时表明，新生代从业人员还会与他们的同行对比收入情况。新生代从业人员要确保他们正在使用的技术是最新、最好的，以便跟上市场和商业化发展的脚步。而对于企业来说，不利的因素是新生代对他们的工作环境更加敏感，一旦他们无法与志同道合的同事合作，或是无法看到自己的见解对实际业务的影响，那么就会离开企业。

（5）趋势五：大数据专业人士需要不断进步

BI 分析、IM 从业人员和管理人员需要引入更多特定技术培训和认证课程。而统计学和分析学的培训是非常有价值的。更重要的是，对于在金融和市场营销等领域的业务技能培训，其价值要远高于普通 IT 培训。

（6）趋势六：精通大数据的专业人才将成为最重要的业务角色

BI 分析和 IM 专业人才将要比他们的同龄人承担更多非 IT 领域的职责。在 660 位受访者中，55%的管理和工作人员表示，他们具备 IT 以外的相关经验。BI 和 IM 管理人员对 IT 以外的领域负有更多的责任，如业务的发展、研究与开发方向等。

（7）趋势七：大数据领域需要数据科学家

前面我们提到过的美国家谱网站家谱网.com 正在雇用大数据从业人员，美国家谱网站的史葛·索伦森表示，他们正在犹他州和旧金山聘请大约 80 名具备从业能力的新员工。新员工将填补 Web 开发、数据库管理等职位。同时公司也聘请了十多名精通大数据的专业人士，这其中包括少数的数据科学家。而数据科学家到底如何定义？史葛·索伦森认为，对于数据科学家，很难找到权威的定义。但史葛·索伦森表示，数据科学家擅长将统计学方式用于开发算法。大多数时间他们是统计数专家，他们了解如何建立统计模型，使企业在处理大数据时开发出新的算法。

（8）趋势八：高校回应大数据人才缺口

企业都在寻找基于 R 语言统计编程以及基于 Hadoop、MapReduce 编程的人员。美国家谱网站家谱网.com 就试图从谷歌、雅虎和微软等公司招募员工。同时，他们也将目光着眼于学校，旨在引入机器学习课程学位的学生。史葛·索伦森表示，"当今卡耐基梅隆大学、加州州理工大学以及加州大学伯克利分校等众多大学都在加强机器学习的相关课程"。

（9）趋势九：数据驱动的工作令人满意并充满挑战

BI 分析和 IM 管理专业人员相比普通 IT 人员，他们对工作和职业生涯所面临的挑战都较为满意。在调查中，69%的 BI 和数据整合从业人员选择了"非常满意"和"满意"。当被问及他们的工作是否对其智力有所挑战时，91%的 BI 分析和 IM 人员以及 93%的管理人士表示，事实上他们确实正受到一些挑战。

（10）趋势十：大数据专业人士将拥抱未来

时代在变，以往的历史查询和报告能力在当今的大数据时代显然已经力不从心，BI 和 IM 领域的"老兵"或许已经领取不菲的薪金，但他们完全可以提高自己的薪酬待遇并延长职业生涯，这需要其做出改变，他们应当熟悉下一代专业知识的方法和技术。而大数据平台、非结构化信息管理技术、文本分析技术和先进的分析方法正在成为未来业务洞察力的关键因素。

明智的企业和聪明的员工应该接受大数据时代所带来的变化。图 8-6 形象地表示了数据科学从业人员的未来成长性。

图 8-6　数据科学从业人员的未来成长性

8.3　数据带来的误区

8.3.1　数据不是万能的

有这样一个故事。一位大型银行的首席执行官正在考虑是否要退出意大利市场，因为经济形势不景气，而且未来很可能出现一场欧元危机。

这位 CEO 手下的经济学家描绘出一片惨淡的景象，并且计算出经济低迷对公司意味着什么。但是最终，他还是在自己价值观念的指引下做出了决定：不退出意大利市场。

这家银行在意大利已经有了几十年的历史，他不希望意大利人觉得他的银行只能同甘不能共苦。他不希望银行的员工认为他们在时局艰难之际会弃甲而逃。他决定留在意大利，不管未来有什么危机都要坚持下去，即便付出短期代价也在所不惜。

做决策之时他并没有忘记那些数据，但最终他采用了另一种不同的思维方式。当然，他是正确的。商业建立在信任之上。信任是一种披着情感外衣的互惠主义。在困境中做出正确决策的人和机构能够赢得自尊和他人的尊敬，这种感情上的东西是非常宝贵的，即便它不能为数据所捕捉和反映。

这个故事反映出了数据分析的长处和局限。目前这一历史时期最大的创新就在于，我们的生活现在由收集数据的计算机调控着。在这个时代，头脑无法理解的复杂情况，数据可以帮我们解读其中的含义。数据可以弥补我们对直觉的过分自信，数据可以减轻欲望对直觉的扭曲程度。

那么来看看数据在哪些方面并不擅长：

（1）数据不懂社交

大脑在数学方面很差劲（不信请迅速心算一下 437 的平方根是多少），但是大脑懂得社会认知。人们擅长反射彼此的情绪状态，擅长侦测出不合作的行为，擅长用情绪为事物赋予价值。图 8-7 形象地说明了数据的优势和不足。

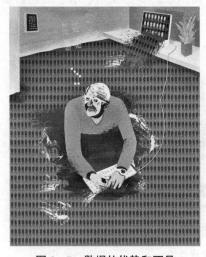

图 8-7　数据的优势和不足

（2）计算机数据分析擅长的是测量社会交往的"量"而非"质"

网络科学家可以测量出你在 76%的时间里与 6 名同事的社交互动情况，但是他们不可能捕捉到你心底对那些一年才见两次的儿时玩伴的感情。因此，在社交关系的决策中，不要愚蠢到放弃头脑中那台充满魔力的机器，而去相信你办公用的那台机器。

（3）数据不懂背景

人类的决策不是离散的事件，而是镶嵌在时间序列和背景之中的。经过数百万年的演化，人脑已经变得善于处理这样的现实。人们擅长讲述交织了多重原因和多重背景的故事。数据分析则不懂得如何叙事，也不懂得思维的浮现过程。即便是一部普普通通的小说，数据分析也无法解释其中的思路。

（4）数据会制造出更大的"干草垛"

这一观点是纳西姆塔勒布（著名商业思想家，著有《黑天鹅：如何应对不可知的未来》等著作）提出的。随着我们掌握的数据越来越多，可以发现的统计上的相关关系也就越来越多。这些相关关系中，有很多都是没有实际意义的，在真正解决问题时很可能将人引入歧途。这种欺骗性会随着数据的增多而逐步增长。在这个庞大的"干草垛"里，我们要找的那根针越埋越深。大数据时代的特征之一就是，"重大"发现的数量被数据扩张带来的噪声淹没。

（5）大数据无法解决大问题

如果你只想分析哪些邮件可以带来最多的竞选资金赞助，你可以做一个随机控制实验。但假设目标是刺激衰退期的经济形势，你就不可能找到一个平行世界中的社会来当对照组。最佳的经济刺激手段到底是什么？人们对此争论不休。尽管数据像海浪一般涌来，据我所知，在这场辩论中没有哪位主要"辩手"因为参考了数据分析而改变立场的。

（6）数据偏爱潮流，忽视杰作

当大量个体对某种文化产品迅速产生兴趣时，数据分析可以敏锐地侦测到这种趋势。但是，一些重要的（也是有收益的）产品在一开始就被数据摒弃了，仅仅因为它们的特异之处不为人熟知。

（7）数据掩盖了价值观念

《"原始数据"只是一种修辞》中的要点之一就是数据从来都不可能是"原始"的，数据总是依照某人的倾向和价值观念被构建出来。数据分析的结果看似客观公正，其实价值选择贯穿了从构建到解读的全过程。

上面所说的这些是数据不擅长的，并不是要批评大数据不是一种伟大的工具。只是，和任何一种工具一样，大数据有拿手强项，也有不擅长的领域。正如耶鲁大学的爱德华·图弗特教授所说："这个世界的有趣之处，远胜于任何一门学科。"好钢要用在刀刃上，我们要从各个方面去充分了解数据科学的优势和不足之处，从而更好地去运用它。

8.3.2 大数据时代的伦理忧思

在本书 6.4 节中，谈到了美国和加拿大等国的"棱镜门"事件。尽管在"棱镜门"背景下，各国政府是利用数据来维护国内的稳定和安全，出发点是好的，但是"棱镜门"事件的持续发酵，还是不可避免地引发了更多的对于大数据时代隐私安全的顾虑。在大数据时代，隐私安全该如何去维护呢？

隐私是我们最基本也是最神圣的一种权利。但是在 Web 2.0 时代，面对如此众多的社交和共享应用，我们的这一权利正在慢慢地被剥夺了。事实上，一些专家认为，这一权利已经丢失了。

数据安全往往涉及很多隐私，数据被谁掌握，怎样能够保证安全，是一直困惑我们的问题，这一问题在大数据时代下再一次被放大。在信息爆炸的信息化社会，保护隐私安全不仅仅是我们所谈到的大数据技术或者个人的单独行为，它是整个社会的行为。所有东西都不可能通过单一的技术手段解决，它还要使用法律手段和道德手段。

就像是对于之前的各种科技发明的态度一样，人们已经开始讨论大数据带来的究竟是天堂还是地狱。

"棱镜门"事件引发了公众对大数据的恐慌，人们害怕在大数据的洞察和检测下成为没有隐私的"透明人"。因此大数据作为一种基础设施，必须建立自己的规则，对掌握大数据的人要有所约束，以保证其应用到了对的地方。

此外，还有学者在探讨的一个问题是：大数据时代，自然规律能够被轻易地发现和预测，但是对于主观性更强、所思与所做常常大相径庭的人类行为，预测产生的价值究竟有多大？

《大数据时代》一书的作者维克托·迈尔·舍恩伯格就曾有过这样的担忧：大数据在欧美国家已经被应用到了警察这一行业，如果按照一个人过往的行为数据分析，预测他两年之后可能成为一个杀人犯，那么是放任其自由还是现在就要给他贴上"杀人犯"的标签，开始对他进行监控或者直接投入监狱？

事实上，没有人能够给出答案。

试想，如果通过数据分析出哪个姑娘最适合你但你却对她没有心动的感觉；在你下班的时候没有决定去哪里但数据预测却清楚地点出了你即将出现的目的地……人们面对这些预测的时候，是否会失去选择的权利？

只有将大数据用到对的地方，才能为我们带来更加欣喜的明天，造福人类生活。

因此，大数据带来的究竟是天堂还是地狱，我们认为，重点在于是否要对掌握大数据的人有所约束。一方面要对数据使用者进行道德和法律上的约束，另一方面，还是要加强我们自身的保护意识。

8.3.3 不可被数据战胜

我们说数据记载了过去，数据描述了历史长河中事物运行的规律，温故知新，对数据的分析和理解可以帮助我们了解规律，掌握趋势，甚至预测未来。有人会觉得，也许数据就像是巫婆的水晶球，能够预知一切。但如果未来真的可预测，你的命运都通过数据提前告诉了你，你是会遵从数据的结论，顺应命运呢，还是会依旧无怨无悔地去拼搏和改变？

让我们来温习一部电影吧。

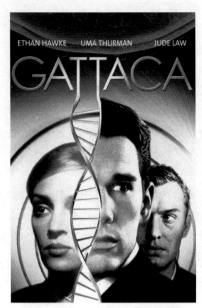

图8-8 《千钧一发》电影海报

《千钧一发》（*Gattaca*）是一部1997年上映的美国科幻电影（图8-8），讲述了在不久的未来，通过基因工程加工出生的人才是正常人，而自然分娩的孩子则被视为"病人"。主人公文森特就是这样一个病人，而他的弟弟安东则是正常人。

在这个未来世界，每个人的命运都不再是充满未知。当一个生命刚刚诞生（甚至在他/她刚刚可以被称作生命之时），他/她的人生路径就已基本确定，通过对基因大数据的分析，就知道了他将面对的一切，除非有一些意想不到的非基因因素出现。

从基因的角度来说，文森特是个不幸的人。他一出生就被宣布带有一定的基因缺陷，长大后的他将是近视和心脏病患者，更可怕的是：根据基因推断，他只有30年的生命。

文森特的父母非常想要一个优秀的儿子，因此用基因优选法为他生了一个弟弟。尽管文森特在成长的过程中事事努力，但仍受到不公正的基因歧视。

他喜欢与弟弟进行游泳比赛，事实也证明他并不比弟弟差，然而这一切又有什么用呢？人们相信的只有基因大数据分析的结果！

文森特痴迷于太空，为了实现飞上天去的梦想，他离家出走，历尽人间风雨，最后终于在太空中心找到了一份清洁工的工作。连他自己也不知道，这是否意味着他缩短了离自己梦想的距离。

这时，他结识了具有优秀基因但却因意外事故而下身瘫痪的杰罗姆。杰罗姆同意与他交换身份，帮助他完成进入太空的梦想。经过一系列精心的准备，文森特终于以杰罗姆的身份成为太空中心的一级领航员。不久他得到通知：一个星期后将踏上飞往泰坦星的征程。

作为文森特的幕后支持者，杰罗姆的工作就是每天为他准备应付太空中心严密基因核查的用品，如尿样、血样，甚至毛发、皮屑。

而文森特则每天都要在进入太空中心前进行烦琐细致的全身清洗，以免将自己的毛发、皮屑遗落在太空中心。这些不起眼的东西会使他暴露真实身份。

正当一切都按计划发展之时，太空中心的一位关键人物被谋杀了。警探根据一根含有劣质基因的睫毛，很快就怀疑上了他。

这天早上，文森特正准备进入办公室，不想却从女友伊莲妮处得到一个令他震惊的坏消息：警探正准备对他进行更深入的基因核查。

文森特迅速躲了起来。警探强迫伊莲妮前往文森特的家，文森特立即暗中通知家里的杰罗姆。当警探赶到时，杰罗姆已经用惊人的毅力从地下室爬到楼上的会客厅。警探抽取杰罗姆的静脉血核查基因，结果令他大惑不解：面前这个人的确有着优秀的基因。

与此同时，谋杀案的真凶已经归案。而侦探就是文森特多年不见的弟弟。

在登上飞船之前，还有最后一关，就是尿检。然而文森特的坚持打动了尿检的医生，医生其实早就知道他的一切，于是睁一只眼闭一只眼放了水。

文森特终于实现了飞上太空的梦想。在飞船中，他打开杰罗姆临别时送给他的信封，里面是一绺含有杰罗姆优秀基因的头发。此时，杰罗姆也结束了自己的生命。

这是一部忧伤的电影，但电影里面所传递的思想却是非常具有正能量的。他讲述的是一个被数据分析认定人生无望的孩子，不向数据低头，依靠自己的坚持、努力和奋斗实现梦想，改变了数据分析所认定的命运的故事。

不可否认，数据记载了过去，记载了之前所有事物运行的规律。但是，人与别的生物不一样的地方就在于人的创造性，人是可以改变命运的。正如生物进化过程中的突变，即使按照数据分析，依照历史规律认为有些事情是完全不可能发生的，靠我们自己的努力，也许也能去实现它。

所以，一定要牢记，即使在大数据时代背景下，数据科学也只是我们的一项科学技术，它是为我们所用的，只是我们的工具，而不是我们的主人。要人驭兵，莫要兵驭人。

8.3.4 提防进入数据使用的误区

首先，数据的可接近性并不会使得它的使用合乎伦理。大数据为监测和预示人们的生活提供了极大的方便，然而个人隐私也随之暴露在无形的"第三只眼"之下。无论是电子商务、搜索引擎还是微博等互联网服务商都对用户行为数据进行了挖掘和分析，以获得商业利益，这一过程中不可避免地威胁到普通人的隐私。以往人们认为网络的匿名化可以避免个人信息的泄露，然而在大数据时代里，数据的交叉检验会使得匿名化失效。许多数据在收集时并非具有目的性，但随着技术的快速进步，这些数据最终被开发出新的用途，而个人并不知情。不仅如此，运用大数据还可能预测并控制人类的潜在行为，在缺乏有效伦理机制的情况下，有可能造成对公平、自由、尊严等人性价值的践踏。

其次，越大的数据并不是越好的数据。对数据的盲目依赖会导致思维和决策的僵化。当越来越多的事物被量化，人们也更加容易陷入只看重数据的误区里。关于数据在何时何地有意义的争议，已经不再局限于"标准化考试是否能够衡量学生素质"之类的讨论，而是拓展到更加广阔的领域。另外，如果企业甚至政府在决策过程中滥用数据资料或者出现分析失误，将会严重损害民众的安全和利益。如何避免成为数据的奴隶，已经成为迫在眉睫的问题。

最后，大数据的有线接入会产生新的垄断和数码沟。面对大数据，谁能接入？为何目的？在何种情境下？受到怎样的限制？数据大量积累的同时，却也出现了数据垄断的困境。一些企业或国家为了维护自己的利益而拒绝信息的流动，这不仅浪费了数据资源，而且阻碍了创新的实现。与互联网时代的数码沟问题一样，大数据的应用同样存在着接入和技能的双重鸿沟。对于数据的挖掘和使用，主要限于那些具有计算机开发和使用背景的专业人士，这也就意味着谁不占据优势，谁就败下阵来，以及由此而来的面对谁更有权力的拷问。

进入大数据时代，数据的掌握者们是否会平等地交换数据，促进数据分析的标准化，在数据公开的同时，如何与知识产权的保护相结合，不仅涉及政府的政策，也与企业的未来规划息息相关。

8.4 结语

我们都很清楚自己知道什么，也知道有些东西是我们不知道的，但是大数据将开启"你不知道你不知道"的世界。

它将如新世纪的"石油"一般，石油有采光的一天，数据只会越挖越多，它是我们取之不尽的宝藏；它也是我们的"小苹果"，是我们崭新的智慧泉源，帮助我们在行行业业擦出新的火花。

正如兵圣孙武很多年说过的那样，"多算胜，少算不胜"，数要勤算算，必胜无疑。

再套句唐太宗李世民的经典名言，"以铜为镜，可以正衣冠；以史为镜，可以知兴替；以人为镜，可以明得失；以数为镜，可以卜未来"。

能够生活在大数据时代，应该是我们这代人最大的幸运！